理工系の基礎数学
【新装版】

フーリエ解析

JN048554

理工系の基礎数学【新装版】

フーリエ解析
FOURIER ANALYSIS

福田 礼次郎　Reijiro Fukuda

An Undergraduate Course
in Mathematics
for Science and Engineering

岩波書店

理工系数学の学び方

数学のみならず，すべての学問を学ぶ際に重要なのは，その分野に対する「興味」である．数学が苦手だという学生諸君が多いのは，学問としての数学の難しさもあろうが，むしろ自分自身の興味の対象が数学とどのように関連するかが見出せないからと思われる．また，「目的」が気になる学生諸君も多い．そのような人たちに対しては，理工学における発見と数学の間には，単に役立つという以上のものがあることを強調しておきたい．このことを諸君は将来，身をもって知るであろう．「結局は経験から独立した思考の産物である数学が，どうしてこんなに見事に事物に適合するのであろうか」とは，物理学者アインシュタインが自分の研究生活をふりかえって記した言葉である．

一方，数学はおもしろいのだがよく分からないという声もしばしば耳にする．まず大切なことは，どこまで「理解」し，どこが分からないかを自覚することである．すべてが分かっている人などはいないのであるから，安心して勉強をしてほしい．理解する速さは人により，また課題により大きく異なる．大学教育において求められているのは，理解の速さではなく，理解の深さにある．決められた時間内に問題を解くことも重要であるが，一生かかっても自分で何かを見出すという姿勢をじょじょに身につけていけばよい．

理工系数学を勉強する際のキーワードとして，「興味」，「目的」，「理解」を強調した．編者はこの観点から，理工系数学の基本的な課題を選び，「理工系の基礎数学」シリーズ全10巻を編纂した．

1. 微分積分
2. 線形代数
3. 常微分方程式
4. 偏微分方程式
5. 複素関数
6. フーリエ解析
7. 確率・統計
8. 数値計算
9. 群と表現
10. 微分・位相幾何

各巻の執筆者は数学専門の学者ではない．それぞれの専門分野での研究・教育の経験を生かし，読者の側に立って執筆することを申し合わせた．

　本シリーズは，理工系学部の1〜3年生を主な対象としている．岩波書店からすでに刊行されている「理工系の数学入門コース」よりは平均としてやや上のレベルにあるが，数学科以外の学生諸君が自力で読み進められるよう十分に配慮した．各巻はそれぞれ独立の課題を扱っているので，必ずしも上の順で読む必要はない．一方，各巻のつながりを知りたい読者も多いと思うので，一応の道しるべとして相互関係をイラストの形で示しておく．

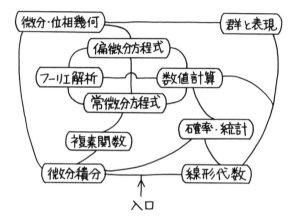

　自然科学や工学の多くの分野に数学がいろいろな形で使われるようになったことは，近代科学の発展の大きな特色である．この傾向は，社会科学や人文科学を含めて次世紀にもさらに続いていくであろう．そこでは，かつてのような純粋数学と応用数学といった区分や，応用数学という名のもとに考えられていた狭い特殊な体系は，もはや意味をもたなくなっている．とくにこの10年来の数学と物理学をはじめとする自然科学との結びつきは，予想だにしなかった純粋数学の諸分野までも深く巻きこみ，極めて広い前線において交流が本格化しようとしている．また工学と数学のかかわりも近年非常に活発となっている．コンピュータが実用化されて以降，工学で現われるさまざまなシステムについて，数学的な(とくに代数的な)構造がよく知られるようになった．そのため，これまで以上に広い範囲の数学が必要となってきているのである．

　このような流れを考慮して，本シリーズでは，『群と表現』と『微分・位相幾何』の巻を加えた．さらにいえば，解析学中心の理工系数学の教育において，代数と幾何学を現代的視点から取り入れたかったこともその1つの理由である．

　本シリーズでは，記述は簡潔明瞭にし，定義・定理・証明を羅列するようなスタイルはできるだけ避けた．とくに，概念の直観的理解ができるような説明を心がけた．理学・工学のための道具または言葉としての数学を重視し，興味をもって使いこなせるようにすることを第1の目標としたからである．歯ごたえのある部分もあるので一度では理解できない場合もあると思うが，気落ちすることなく何回も読み返してほしい．理解の手助けとして，また，応用面を探るために，各章末には演習問題を設けた．これらの解答は巻末に詳しく示されている．しかし，できるだけ自力で解くことが望ましい．

　本シリーズの執筆過程において，編者も原稿を読み，上にのべた観点から執筆者にさまざまなお願いをした．再三の書き直しをお願いしたこともある．執筆者相互の意見交換も活発に行われ，また岩波書店から絶えず示された見解も活用させてもらった．

　この「理工系の基礎数学」シリーズを征服して，数学に自信をもつようになり，より高度の数学に進む読者があらわれたとすれば，編者にとってこれ以上の喜びはない．

　　1995年12月

編者　吉川圭二

和達三樹

薩摩順吉

まえがき

本書では，フーリエ級数，フーリエ変換に関連する事項を扱う．この分野をフーリエ解析とよんでいる．サインやコサインという関数に初めて出会うのは，高等学校の数学の授業においてであろう．これらの関数の特徴は，周期性をもっていて同じパターンを繰り返すことである．すべての周期関数はサインやコサインの和で書けることが発見されてから，フーリエ級数の分野がスタートする．フーリエ変換まで進めば，周期関数でなくても，すべての関数はサインとコサインを重ね合わせることで表現できる．これらの事実は，数学のみならず，ほとんどすべての理学上の理論形成，工学上の応用面で今日までに実に大きな影響を及ぼしてきた．自然科学の全領域にわたって，フーリエ解析は最も頻繁に使われている数学の手法のひとつであるといってよい．

　著者は物理学が専門であるので，物理学上の理論や現象を通してフーリエ解析を学んできた．しかしじつをいえば，フーリエ解析で知られている結果を使ってきたのであって，フーリエ解析学を研究したという経験はない．じつはこの両者の間の隔たりはかなりのものであることを，この本を書いてみて実感した．つまり，フーリエ解析そのものを数学的に研究することと，結果を使うこととは別物なのである．例えば上に述べた重ね合わせの定理を数学的に証明することはかなりやっかいな問題を含んでいる．このことはサインやコサインが振動する関数で，そのような関数を無限に足し合わせたときの極限を議論しなければならないという事実から，納得していただけると思う．一方，いったん定理を認めてしまえば，その有用さ，面白さは理工学に携わる者は誰しも肌で感じることができる．結果は簡単で明快だからである．

　理工学の立場からは，もちろん使えることの方が大切である．しかし最低限の数学的な基礎事項を知っておくことは（著者を含めて少々のつらい努力は払わなければならないが）必要であろう．そこで本書は，一方では数学的な基本

概念や手法を理解すること，他方では読者が将来フーリエ解析を駆使するときのために応用力を身につけること，この双方を目標として書いたつもりである．そのため，数学的厳密さは満足のいくものとなっていない．あらかじめそのことをお断りしておく．

理工系の学部学生を念頭において書いたので，必要な数学は微分積分の標準的な知識で十分である．複素関数論も使うがごく初歩的なものばかりであって，それも必要に応じて使う定理を述べてある．フーリエ解析を実感していただくために，例題をできる限り多く取り入れた．著者の興味と経験を反映して，例題も直接的には物理学上のものが多くなった．しかし，これらはすべて工学などの他分野で現われる基本的問題に共通するはずである．第2章では数学的な事項をまとめてあるが，上に述べた目標に沿うように，ごく初歩的なことにとどめた．第4章はフーリエ解析と線形空間の関係を議論したややユニークな章となっている．その他の章は標準的なフーリエ解析の教科書と思っている．全体を通して，理工系の学生がフーリエ解析を学ぶ際，このような進みかたもあるのではないかという，著者のひとつの試みとなっている．読者の方々の一助となれば幸いである．

著者の原稿に何度も目を通して，多くの貴重な批判や示唆をしていただいた薩摩順吉教授に感謝する．また岩波書店編集部片山宏海氏には一読者の立場から数々の建設的ご意見をいただいた．深く感謝する．

　　　1996年12月

福田礼次郎

目　　次

1 フーリエ級数

同じ振舞いを規則的に繰り返す関数を周期関数とよび，この章ではそのような周期関数 $f(x)$ を扱う．周期関数の代表的な例は三角関数である．フーリエ級数とは，任意の周期関数 $f(x)$ をサインやコサインの無限級数として書こうというものである．

　この章ではフーリエ級数の定義からはじめて，いくつかの簡単な例で実際にフーリエ級数をつくってみる．そのうえでフーリエ級数がもとの関数を再現していることを示す．また，フーリエ級数の応用として簡単な常微分方程式の解をフーリエ級数を用いて議論する．

1-1 フーリエ級数とは

1つの周期関数を考えよう．周期関数には周期がある．このことを見るために図1-1に周期関数の例を示してある．横軸が変数 x，縦軸が周期関数 $f(x)$ である．x 軸上で $x=L$，$-L$ の点をそれぞれ A, B とすると，$f(x)$ は AB 間の形を繰り返している．つまり $f(x)$ は周期 $2L$ の周期関数である．

　ところがよく見ると，x 座標が任意の値 x である点 C と x 座標の値が $x+2L$ である点 D の間を1周期とみてもよいのである．$f(x)$ はこの間の形を繰り返しているともいえる．$2L$ だけ隔たった2点における $f(x)$ の値はどこを

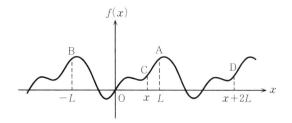

図 1-1

とっても等しいのである．つまり

$$f(x+2L) = f(x) \tag{1.1}$$

がすべての x について成立する．これが周期 $2L$ の周期関数の定義である．

ところが(1.1)からすぐに

$$f(x+4L) = f(x+2L+2L) = f(x+2L) = f(x)$$

となって，$4L$ もまた周期である．このような周期は無数にあるが，そのうちで最小のものを基本周期とよぶ．図 1-1 では $2L$ が基本周期である．この $2L$ の幅をもつ区間は x 軸上どこでもよいことはすでに述べたが，以下では

$$-L < x < L \tag{1.2}$$

と決める．$f(x)$ はさらに(1.2)の区間内で連続，または高々有限個の不連続点をもつとする．$f(x)$ の例が図 1-1 の他に図 1-2〜図 1-6 に示されている．図 1-2 では $x=0$ と L で不連続である．$f(L-0)$ と $f(-L+0)$ は等しくないが $f(L+0)=f(-L+0)$ の意味で周期的である．他の例についても同様である．

一方周期関数としてわれわれは $\cos x, \sin x$ をすぐに思い浮かべる．もっと一般化して $n=0,1,2,\cdots$ に対して

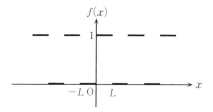

図 1-2

$$\cos\frac{n\pi}{L}x, \quad \sin\frac{n\pi}{L}x$$

は(基本周期ではないが)周期 $2L$ の周期関数である.実際に(1.1)を満たしていることが,次のようにして分かる.

$$\sin\frac{n\pi}{L}(x+2L) = \sin\left(\frac{n\pi}{L}x+2\pi n\right) = \sin\frac{n\pi}{L}x$$

$\cos\dfrac{n\pi}{L}x$ についても同様.以下では基本周期かどうかにはこだわらずに周期 $2L$ の関数 $f(x)$ に対して次の問題を考える.

「$f(x)$ を $\sin\dfrac{n\pi}{L}x$ と $\cos\dfrac{n\pi}{L}x$ $(n=0,1,2,\cdots)$ の無限級数で書けないだろうか?」 $\quad(1.3)$

この問題がフーリエ級数の出発点である.まず,上のように書けたと仮定しよう.そしてそれを次のように書こう.

$$f(x) = \frac{a_0}{2} + \sum_{n=1,2,\cdots}^{\infty}\left(a_n\cos\frac{n\pi}{L}x + b_n\sin\frac{n\pi}{L}x\right) \quad(1.4)$$

$a_0/2$ の項は $n=0$ の $\cos\dfrac{n\pi}{L}x$ の項をとり出して書いたもので,$1/2$ をつけたのはあとでの便宜上である.(1.4)で $n<0$ の値を省略したのは次の理由による.$n<0$ も含めて

$$f(x) = \frac{a_0{}'}{2} + \sum_{n=\pm1,\pm2,\cdots}\left(a_n{}'\cos\frac{n\pi}{L}x + b_n{}'\sin\frac{n\pi}{L}x\right) \quad(1.5)$$

と書けたとしよう.$\sin(-\theta)=-\sin\theta$, $\cos(-\theta)=\cos\theta$ であるから,(1.5)において,$n>0$ に対して

$$a_0{}' = a_0, \quad a_n{}'+a_{-n}{}' = a_n, \quad b_n{}'-b_{-n}{}' = b_n$$

と置けば(1.5)は(1.4)の形と一致する.以下では(1.4)の展開を考えることにする.そしてそれを $f(x)$ の**フーリエ級数**(Fourier series)とよぶ.

さて n,m を1以上の整数(自然数)として,次の公式を用いる.

$$\int_{-L}^{L}\cos\frac{n\pi}{L}x\cos\frac{m\pi}{L}x\,dx = \frac{1}{2}\int_{-L}^{L}\left\{\cos\frac{(n+m)\pi}{L}x + \cos\frac{(n-m)\pi}{L}x\right\}dx$$

$$= \begin{cases} 0 & (n\ne m) \\ L & (m=n) \end{cases} \quad(1.6\mathrm{a})$$

$$\int_{-L}^{L} \cos\frac{n\pi}{L}x \sin\frac{m\pi}{L}xdx = 0 \qquad\qquad (1.6\mathrm{b})$$

$$\int_{-L}^{L} \sin\frac{n\pi}{L}x \sin\frac{m\pi}{L}xdx = \frac{1}{2}\int_{0}^{L}\left\{\cos\frac{(n-m)\pi}{L}x - \cos\frac{(n+m)\pi}{L}x\right\}dx$$

$$= \begin{cases} 0 & (n \neq m) \\ L & (n = m) \end{cases} \qquad\qquad (1.6\mathrm{c})$$

ここで(1.4)に $\sin\dfrac{n\pi}{L}x$ または $\cos\dfrac{n\pi}{L}x$ を掛けて $-L$ から L まで積分する.
このとき，いったん(1.4)の中の n についての和を1からある正の整数 N ま
でで止めておき，最後に $N\to\infty$ とする．こうすると項別積分が許されるので，
(1.6a)～(1.6c)を用いて

$$a_n = \frac{1}{L}\int_{-L}^{L} f(x)\cos\frac{n\pi}{L}xdx \qquad (n=0,1,2,\cdots) \qquad (1.7\mathrm{a})$$

$$b_n = \frac{1}{L}\int_{-L}^{L} f(x)\sin\frac{n\pi}{L}xdx \qquad (n=1,2,3,\cdots) \qquad (1.7\mathrm{b})$$

として展開係数がきまる．これらの a_n, b_n を**フーリエ係数**（Fourier coeffi-
cient）とよぶ．ここで逆に(1.7a, b)できまる a_n, b_n を用いて，$n=N$ までの和

$$\frac{a_0}{2} + \sum_{n=1}^{N}\left(a_n\cos\frac{n\pi}{L}x + b_n\sin\frac{n\pi}{L}x\right) \qquad (1.7\mathrm{c})$$

をつくったとしよう．さて，問題の核心は

「$N\to\infty$ で(1.7c)は収束するか？ そして収束するなら

その極限関数はもとの関数 $f(x)$ と一致するか？」

(1.8)

ということである．

 1-3節や次章の2-1節で見るように，この問題に対する答は，（ある性質を
もった関数 $f(x)$ に対しては）yes である．そのことから(1.4)はたしかに正し
い等式であるといえる．

 このことを示す前に，次の1-2節で $f(x)$ のいくつかの例を取りあげ，a_n, b_n
を計算し，(1.4)を作る．そしてそれが $N\to\infty$ で $f(x)$ を与えるかどうかを調
べることにする．a_n, b_n を求めるのは簡単だが，(1.4)の無限和（$N=\infty$ で）を
実際に計算するのは難しい．数学的な詳細は次章の2-1節にゆずって，ここ

では次節の例で得た a_n, b_n のうちの1つについて，(1.4)の無限級数の和をとることができてもとの関数を再現していることを確かめよう．その前に，いくつかの準備をしておかなくてはならない．

実用上，(1.7a)～(1.7c)の特別な場合がよく現われるので，まずそのことについて触れておく．

<u>$f(x)$ が偶関数のとき</u>　　$f(x)=f(-x)$ と(1.7a)～(1.7c)から，コサインのみ現われることが分かる．

$$a_n = \frac{2}{L}\int_0^L f(x)\cos\frac{n\pi}{L}xdx, \qquad b_n = 0 \qquad (1.9\text{a})$$

$$f(x) = \frac{a_0}{2} + \sum_{n=1}^{\infty} a_n \cos\frac{n\pi}{L}x \qquad (1.9\text{b})$$

これを**フーリエコサイン**(cosine)**展開**とよぶ．

<u>$f(x)$ が奇関数のとき</u>　　$f(x)=-f(-x)$ を用いて，同様に

$$a_n = 0, \qquad b_n = \frac{2}{L}\int_0^L f(x)\sin\frac{n\pi}{L}xdx \qquad (1.10\text{a})$$

$$f(x) = \sum_{n=1}^{\infty} b_n \sin\frac{n\pi}{L}x \qquad (1.10\text{b})$$

これを**フーリエサイン**(sine)**展開**とよぶ．

さてフーリエ展開を行なう際，複素数 $e^{i\frac{n\pi}{L}x}$ を用いた複素フーリエ展開を用いると便利な場合が多い．まず，**オイラー**(Euler)**の公式**

$$e^{i\theta} = \cos\theta + i\sin\theta$$

から得られる関係式

$$\cos\frac{n\pi}{L}x = \frac{e^{i\frac{n\pi x}{L}}+e^{-i\frac{n\pi x}{L}}}{2}, \qquad \sin\frac{n\pi}{L}x = \frac{e^{i\frac{n\pi x}{L}}-e^{-i\frac{n\pi x}{L}}}{2i}$$

を(1.4)へ代入し整理しなおして，複素係数 c_n を定義する．その結果次の展開を得る．

$$f(x) = \sum_{n=0,\pm1,\pm2,\cdots} c_n e^{i\frac{n\pi x}{L}} \qquad (1.11)$$

$$c_0 = \frac{a_0}{2}, \quad c_n = \frac{a_n - ib_n}{2}, \quad c_{-n} = \frac{a_n + ib_n}{2} \quad (n = 1, 2, 3, \cdots) \quad (1.12)$$

(1.11)が**複素フーリエ展開**である. さらに, (1.7a), (1.7b)から

$$c_n = \frac{1}{2L} \int_{-L}^{L} f(x) e^{-i\frac{n\pi x}{L}} dx \quad (n = 0, \pm 1, \pm 2, \cdots) \quad (1.13)$$

となることも分かる. もし $f(x)$ が実数値をとる関数なら a_n, b_n は実数なので,

$$c_n{}^* = c_{-n}$$

を満たす. ここで * は複素共役の意味である.

関係式(1.6a, b, c)を利用すると, 複素数で書いた次の式が成立することも確かめられる.

$$\frac{1}{2L} \int_{-L}^{L} dx e^{i\frac{n\pi}{L}x} e^{-i\frac{m\pi}{L}x} = \begin{cases} 0 & (m \neq n) \\ 1 & (m = n) \end{cases} \quad (1.14)$$

ここで1周期のとり方について一言注意しておく. ここまでは $-L < x < L$ を1周期と考えてきたが, 式を簡略化するために, 次のように周期をとり直す場合もある.

<u>$-\pi < x < \pi$ で考える</u>　　これは単に便宜上のことであるが, 以下ではしばしば $y = \frac{\pi}{L}x$ と変数変換し y を新たに x と書いて1周期を $-\pi < x < \pi$ とする. このとき公式が次のようなすっきりした形になる.

$$a_n = \frac{1}{\pi} \int_{-\pi}^{\pi} f(x) \cos nx \, dx \quad (1.15a)$$

$$b_n = \frac{1}{\pi} \int_{-\pi}^{\pi} f(x) \sin nx \, dx \quad (1.15b)$$

$$f(x) = \frac{a_0}{2} + \sum_{n=1}^{\infty} (a_n \cos nx + b_n \sin nx) \quad (1.16)$$

複素数表示では

$$c_n = \frac{1}{2\pi} \int_{-\pi}^{\pi} f(x) e^{-inx} dx \quad (1.17)$$

$$f(x) = \sum_{n=0, \pm 1, \cdots} c_n e^{inx} \quad (1.18)$$

である.

1-2 フーリエ級数の例

さていよいよここで，いくつかの例に対するフーリエ級数を作ってみよう．前節の終りで述べたように，1 周期の範囲を $-\pi < x < \pi$ にとる．使う公式は $(1.15\mathrm{a},\mathrm{b}), (1.16)$ である．

[例1]
$$f(x) = \begin{cases} 1 & (0 < x < \pi) \\ 0 & (-\pi < x < 0) \end{cases} \tag{1.19}$$

これは図 1-2 で $L = \pi$ とおいたものである．このとき

$$a_0 = \frac{1}{\pi} \int_0^\pi dx = 1, \quad a_n = \frac{1}{\pi} \int_0^\pi \cos nx\,dx = 0 \tag{1.20a}$$

$$b_n = \frac{1}{\pi} \int_0^\pi \sin nx\,dx = \frac{1}{\pi} \frac{1-(-1)^n}{n} \tag{1.20b}$$

よって展開(1.4)が成立しているとすると，次のようなフーリエ級数を得る．

$$f(x) = \frac{1}{2} + \frac{1}{\pi} \sum_{n=1}^\infty \frac{1-(-1)^n}{n} \sin nx$$
$$= \frac{1}{2} + \frac{2}{\pi} \left(\sin x + \frac{\sin 3x}{3} + \frac{\sin 5x}{5} + \cdots \right) \tag{1.21}$$

もしこれが成立しているとすると，奇妙な感じを受けるかもしれない．なぜなら，(1.19)を見ると，$0 < x < \pi$ の間で x を動かしても(1.21)の右辺の和は 1 という定数をとらなければならないからである．$-\pi < x < 0$ では 0 である．このことは次の 1-3 節で議論することとして，ここでは(1.21)が正しいものとしよう．そして特に $x = \pi/2$ とおいてみると，ある関係式が出る．$\sin \dfrac{2m+1}{2}\pi = (-1)^m\ (m = 1, 2, 3, \cdots)$ を用いると

$$\frac{\pi}{4} = 1 - \frac{1}{3} + \frac{1}{5} - \frac{1}{7} + \cdots \tag{1.22}$$

が公式として得られる．右辺が収束すること，そしてその無限和の値が $\pi/4$ であることはライプニッツ(Leibniz)の級数として知られている．この事実は(1.21)が少なくとも $x = \pi/2$ では正しいことを示唆している．

　というわけで，(1.21)を数値的に調べるのは重要であることが分かる．実際には和を最初の N 項で止めて，右辺を数値的に評価するのである．次の1-3節で調べるように，N を増していくと複雑な振舞いをしながらも，たしかに(1.19)の関数に近づいていく様子が見える．N を増すと振幅の小さい，早い周期の細かい振動項が現われて，それが(1.19)を再現するのに役立っていることがわかる．

　一方，(1.21)が本当に(1.19)と同じかどうかを解析的に調べることもできる．特に $x=0, \pi$ などの不連続点でどうなっているかにも興味がある．しかしこれらのことは後にまわし，ここではもうすこしフーリエ級数の例を見ていくことにしよう．

　[例2] $$f(x) = x \qquad (-\pi < x < \pi) \tag{1.23}$$
これは図1-3のような波形，いわゆるのこぎり波を表わす．ここでも L を π とおいた．$f(-\pi) \neq f(\pi)$ であるから，例えば $x = \pm\pi$ で不連続性をもっている．$f(x)$ は x の奇関数であるから $a_n = 0$ で，b_n の方は，$n \geqq 1$ として

$$b_n = \frac{2}{\pi}\int_0^\pi x\sin nx\,dx = \frac{-2}{\pi}\left.\frac{x\cos nx}{n}\right|_0^\pi + \frac{2}{\pi}\int_0^\pi \frac{\cos nx}{n}\,dx$$

$$= \frac{2}{n}(-1)^{n+1} \tag{1.24}$$

よって，(1.4)の右辺をつくると，(1.23)のフーリエ級数は

$$x = \sum_{n=1}^\infty \frac{2}{n}(-1)^{n+1}\sin nx = 2\left(\sin x - \frac{\sin 2x}{2} + \frac{\sin 3x}{3} - \frac{\sin 4x}{4} + \cdots\right) \tag{1.25}$$

となる．

　もし(1.4)が正しいなら，(1.25)の右辺はのこぎり波を表わしているはずで

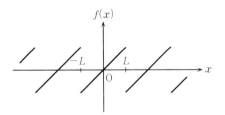

図 1-3

ある．そして $-\pi<x<\pi$ では

$$x = 2\left(\sin x - \frac{\sin 2x}{2} + \frac{\sin 3x}{3} - \cdots\right) \tag{1.26}$$

となるはずである．ここで $x=\pi/2$ とおくと，ふたたび(1.22)を得る．

[例3] $\qquad f(x) = |x| \qquad (-\pi<x<\pi) \tag{1.27}$

これは図1-4のような連続な関数である（$L=\pi$ とした）．これは x について偶関数だから $b_n=0$，そして $n\neq0$ では

$$a_n = \frac{2}{\pi}\int_0^\pi x\cos nx dx = \frac{2}{\pi}x\frac{\sin nx}{n}\Big|_0^\pi - \frac{2}{\pi n}\int_0^\pi \sin nx dx$$

$$= \frac{2}{\pi n^2}\{(-1)^n-1\} \tag{1.28a}$$

$n=0$ では

$$a_0 = \frac{2}{\pi}\int_0^\pi xdx = \pi \tag{1.28b}$$

よって，もし(1.4)が成立するならば

$$|x| = \frac{\pi}{2} + \sum_{n=1}^\infty \frac{2}{\pi n^2}\{(-1)^n-1\}\cos nx$$

$$= \frac{\pi}{2} - \frac{4}{\pi}\left\{\cos x + \frac{\cos 3x}{3^2} + \frac{\cos 5x}{5^2} + \cdots\right\} \tag{1.29}$$

これは $x=\pi/2$ では恒等式であり，$x=0$ では

$$\frac{\pi^2}{8} = 1 + \frac{1}{3^2} + \frac{1}{5^2} + \cdots \tag{1.30}$$

を得るが，これも正しい式である（章末演習問題[2](a)参照）．

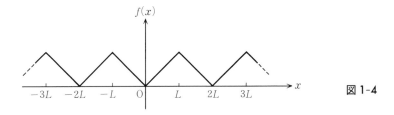

図1-4

もし(1.29)で項別微分が許されるなら，両辺を x で微分すると

$$\pm 1 = \frac{4}{\pi}\Big(\sin x + \frac{\sin 3x}{3} + \frac{\sin 5x}{5} + \cdots\Big) \tag{1.31a}$$

となる．ここで左辺の ± 1 の意味は $0<x<\pi$ なら $+1$ をとり，$-\pi<x<0$ なら -1 をとるということである．(1.31a)の右辺は例1の式(1.21)を用いると $2(f(x)-1/2)$ となっているが，これがちょうど(1.31a)の ± 1 と一致している．このことは $f(x)$ に(1.19)を代入してみれば確かめられる．たしかに(1.29)では項別微分が許されているのである．

後の便宜上ここに現われた $\frac{1}{2}\Big(f(x)-\frac{1}{2}\Big)$ を改めて $f(x)$ と書き例3′ としよう．以上をまとめると

[例3′]
$$f(x) = \begin{cases} 1 & (0<x<\pi) \\ -1 & (-\pi<x<0) \end{cases}$$
$$= \frac{4}{\pi}\Big(\sin x + \frac{\sin 3x}{3} + \frac{\sin 5x}{5} + \cdots\Big) \tag{1.31b}$$

となる．なお項別微分の可能性については，次章の 2-3 節で議論する．

[例4]
$$f(x) = \frac{1}{2}x^2 \qquad (-\pi<x<\pi) \tag{1.32}$$

$f(x)$ は図1-5において $L=\pi$ にとった関数であり，$x=\pm\pi$ で連続である．$f(x)$ は偶関数であるから $b_n=0$ であって，

$$a_0 = \frac{2}{\pi}\int_0^\pi x^2 dx = \frac{2\pi^2}{3} \tag{1.33}$$

$n\geqq 1$ では

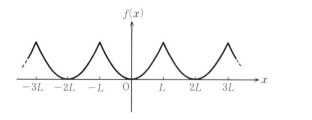

図1-5

$$a_n = \frac{2}{\pi}\int_0^\pi x^2 \cos nx\,dx = \frac{2}{\pi}x^2\frac{\sin nx}{n}\Big|_0^\pi - \frac{2}{\pi n}\int_0^\pi 2x\sin nx\,dx$$

$$= \frac{4}{\pi n^2}x\cos nx\Big|_0^\pi - \frac{4}{\pi n^2}\int_0^\pi \cos nx\,dx = \frac{4(-1)^n}{n^2} \qquad (1.34)$$

よって(1.4)は，$-\pi<x<\pi$ で

$$x^2 = \frac{\pi^2}{3} + 4\sum_{n=1}^\infty \frac{(-1)^n}{n^2}\cos nx$$

$$= \frac{\pi^2}{3} - 4\Big(\cos x - \frac{\cos 2x}{2^2} + \frac{\cos 3x}{3^2} - \frac{\cos 4x}{4^2} + \cdots\Big) \qquad (1.35)$$

ここで $x=0$ とおくと

$$\frac{\pi^2}{12} = 1 - \frac{1}{2^2} + \frac{1}{3^2} - \frac{1}{4^2} + \cdots \qquad (1.36)$$

を得る．もし項別微分が可能であるとすれば，(1.35)から

$$x = 2\Big(\sin x - \frac{\sin 2x}{2} + \frac{\sin 3x}{3} - \frac{\sin 4x}{4} + \cdots\Big) \qquad (1.37)$$

となり，これは(1.26)と同じである．よって(1.35)の場合も項別微分は許されると考えられる．

じつは図1-5を微分すると図1-3となっている．上で述べたことは，「(1.32)をフーリエ級数展開したものを項別微分すると(1.23)のフーリエ級数展開が得られる」ということをいっているのである．

逆に(1.26)を x について 0 から x まで両辺を積分し，項別積分が右辺に対して許されるとすれば，

$$\frac{x^2}{2} = 2\Big(-\cos x + \frac{\cos 2x}{2^2} - \frac{\cos 3x}{3^2} + \frac{\cos 4x}{4^2} - \cdots + 1 - \frac{1}{2^2} + \frac{1}{3^2} - \frac{1}{4^2} + \cdots\Big)$$

$$= 2\cdot\frac{\pi^2}{12} - 2\Big(\cos x - \frac{\cos 2x}{2^2} + \frac{\cos 3x}{3^2} - \cdots\Big) \qquad (1.38)$$

ここで(1.36)を用いた．(1.38)が(1.35)と一致するので，(1.26)に対しては項別積分が許されることが分かる．

[例5] $\qquad f(x) = |\sin x| \qquad (-\pi<x<\pi) \qquad (1.39)$

図 1-6 を見ると分かるように，この関数は $0<x<\pi$ における $\sin x$ をくり返したものである．もし $-\pi<x<\pi$ で $f(x)=\sin x$ なら，フーリエ級数は $a_n=0$，$b_1=1$，$b_n=0\,(n\neq1)$ である．つまり $\sin x$ のフーリエ展開式は $\sin x=\sin x$ という恒等式となる．しかし $|\sin x|$ となると無限級数でしか表わせない．実際 $b_n=0$ であるが，

$$a_0=\frac{2}{\pi}\int_0^\pi \sin xdx=\frac{4}{\pi},\qquad a_1=\frac{2}{\pi}\int_0^\pi \sin x\cos xdx=0 \qquad(1.40)$$

$n\geqq2$ に対しては

$$a_n=\frac{2}{\pi}\int_0^\pi \sin x\cos nxdx=\frac{1}{\pi}\int_0^\pi(\sin(n+1)x-\sin(n-1)x)dx$$

$$=\frac{1}{\pi}\left\{\frac{(-1)^n+1}{n+1}-\frac{(-1)^n+1}{n-1}\right\}=\frac{-2}{\pi}\frac{(-1)^n+1}{(n-1)(n+1)} \qquad(1.41)$$

よってフーリエ級数(1.4)は次のようになる．

$$|\sin x|=\frac{2}{\pi}-\frac{2}{\pi}\sum_{n=2}^\infty\frac{(-1)^n+1}{(n-1)(n+1)}\cos nx$$

$$=\frac{2}{\pi}-\frac{4}{\pi}\left\{\frac{\cos 2x}{1\cdot3}+\frac{\cos 4x}{3\cdot5}+\frac{\cos 6x}{5\cdot7}+\cdots\right\} \qquad(1.42)$$

ここで a_n のうち偶数の n のみ現われたのは，じつは(1.39)の 1 周期をもっと小さく $0<x<\pi$ にとれたことと関係している．

さて(1.42)で特に $x=\pi/2$ とおくと，

$$1=\frac{2}{\pi}-\frac{4}{\pi}\left\{-\frac{1}{1\cdot3}+\frac{1}{3\cdot5}-\frac{1}{5\cdot7}+\cdots\right\}$$

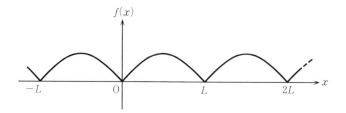

図 1-6

つまり

$$\frac{\pi}{4} - \frac{1}{2} = \frac{1}{1\cdot3} - \frac{1}{3\cdot5} + \frac{1}{5\cdot7} - \cdots \tag{1.43}$$

を得る. (1.42)を項別微分すると, $0<x<\pi$ の範囲で

$$\cos x = \frac{4}{\pi}\left\{\frac{2\sin 2x}{1\cdot3} + \frac{4\sin 4x}{3\cdot5} + \frac{6\sin 6x}{5\cdot7} + \cdots\right\} \tag{1.44}$$

という級数を得る. これが正しいことも $0<x<\pi$ で $\cos x$ である関数を周期的にすべての x へ拡張した関数のフーリエ級数を実際つくって確かめることができる. 一方, (1.42)を $0<x<\pi$ として 0 から x まで項別積分すると

$$1-\cos x = \frac{2}{\pi}x - \frac{4}{\pi}\left\{\frac{\sin 2x}{1\cdot2\cdot3} + \frac{\sin 4x}{3\cdot4\cdot5} + \frac{\sin 6x}{5\cdot6\cdot7} + \cdots\right\}$$

つまり

$$x - \frac{\pi}{2} + \frac{\pi}{2}\cos x = 2\left\{\frac{\sin 2x}{1\cdot2\cdot3} + \frac{\sin 4x}{3\cdot4\cdot5} + \cdots\right\} \tag{1.45}$$

さて, もし右辺の級数が左辺の関数の正しいフーリエ級数になっていれば, フーリエ級数(1.42)に対して項別積分も許されるということになる. このことを調べるため, (1.45)において, $x - \frac{\pi}{2} = y$ と変換してみる.

$$y - \frac{\pi}{2}\sin y = 2\left(-\frac{\sin 2y}{1\cdot2\cdot3} + \frac{\sin 4y}{3\cdot4\cdot5} - \frac{\sin 6y}{5\cdot6\cdot7} + \cdots\right) \tag{1.46}$$

x の範囲は $0<x<\pi$ であるから $-\pi/2<y<\pi/2$ である. また(1.46)の左辺は y の奇関数であるから, $0<y<\pi/2$ を1周期と考えて, $y<0$ へは奇関数として拡張してもよい. そのときのフーリエ級数は $0<y<\pi/2$ で定義された関数として計算できるので,

$$a_n = 0 \tag{1.47}$$

$$b_n = \frac{4}{\pi}\int_0^{\pi/2}\left(y - \frac{\pi}{2}\sin y\right)\sin 2ny\,dy = 2\frac{(-1)^n}{(2n-1)2n(2n+1)}$$

となる. これはまさに(1.46)の右辺のフーリエ係数と一致している.

1-3　フーリエ級数はもとの関数を再現するか

数学的にはこの問題が中心テーマとなる．以下では $f(x)$ に対する具体的な例を取りあげて，次の2つの方法で調べることにする．

数値的に：　フーリエ級数を第 N 項で切断した(1.7c)を考え，$N=1,2,3,$ … についてその関数が数値的にどのように $f(x)$ を再現しているのかを調べる．

解析的に：　フーリエの無限級数，つまり(1.7c)で $N\to\infty$ として無限和を解析的に実行する．

例としては 1-2 節の例1で取り上げた(1.19)で与えられる関数を考える．これからつくったフーリエ級数は(1.21)である．

　(1)数値的に：　(1.19)で与えられる $f(x)$ が数値的にどれくらいよく近似されているかを，(1.7c)の有限級数を用いて調べる．$N\to\infty$ の場合を知りたいのであるが，これは数値的な方法では不可能なので，$N=1,2,3,\cdots$ と変化させて，その動きを見て $N\to\infty$ を類推する．問題を見やすくするため，(1.19)の代りに，

$$g(x) = \frac{\pi}{2}\Big(f(x)-\frac{1}{2}\Big) = \begin{cases} -\dfrac{\pi}{4} & (-\pi<x<0) \\[2mm] \dfrac{\pi}{4} & (0<x<\pi) \end{cases} \tag{1.48}$$

という関数を考える．$g(x)$ に対するフーリエ級数は，第 n 項までとると

$$g_n(x) = \sin x + \frac{\sin 3x}{3} + \frac{\sin 5x}{5} + \cdots + \frac{\sin(2n-1)x}{2n-1} \tag{1.49}$$

となる．$n=1$ のとき $g_1(x)=\sin x$ であり，第1段階では(1.48)を $\sin x$ で近似するのである．$n=2$ では $g_2(x)=\sin x+\dfrac{\sin 3x}{3}$．図 1-7(a)で見るように，たしかに $n=1$ で大きすぎたところは減らし，小さすぎるところは増やしている．このようなことが起こるのは，$\dfrac{\sin 3x}{3}$ が $\sin x$ にくらべて振幅が小さくかつ速く振動する関数なので，微調整が可能となるからである．さらに微調整す

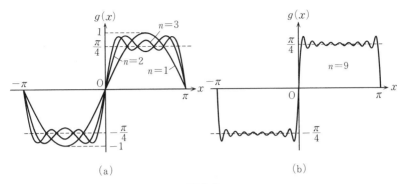

図 1-7

るために $\dfrac{\sin 5x}{5}$ を加えてというように，だんだんと $g(x)$ との誤差が小さくなっていくように見える．$\dfrac{\sin(2n-1)x}{2n-1}$ は n が大きいと振幅はたいへん小さく非常に速く振動しているので，関数の微細な構造を再現するために有効に用いられていることが分かる．図 1-7 を参照されたい．図 1-7(b) では $n=9$ について示してある．$n=9$ では (1.48) にかなり近づいていることが分かる．

　しかし，この方法ではどうしても改善できない点がある．それは $g(x)$ が不連続となる点においてである．不連続点 $x=0$（$x=\pm\pi$ でも同じ）において (1.49) は 0 となるが，(1.48) では $x=0$ は定義されておらず $x=0$ へ左右から近づいたときの値

$$\lim_{x \to +0} g(x) = g(+0) = \frac{\pi}{4} \qquad (1.50\text{a})$$

$$\lim_{x \to -0} g(x) = g(-0) = -\frac{\pi}{4} \qquad (1.50\text{b})$$

が与えられているのみである．ここで $+0$ は 0 へ $+$ の方から近づくことを意味する．-0 についても同様である．しかるに (1.49) はすべての N において $x=0$ で 0 を与えてしまう．この不連続点における事実は，数学的には解決ずみで

　　「不連続点上ではフーリエ級数の値は，もとの関数の不連続点へ右から近
　　づいた値と左から近づいた値の相加平均と一致する」

ということが知られている．このことは次節で示すが，上の例では $0=\dfrac{1}{2}\Big(\dfrac{\pi}{4}$

$-\dfrac{\pi}{4}\Big)$ であって，たしかにこの定理をみたしている.

不連続点に関してはもう1つ厄介な事実がある．それは図1-7にも見られるように，Nを大きくしていくと $x=0$ の近くの両側に「ツノ」が出て，これは $N\to\infty$ でも残りそうである．実際 $N\to\infty$ でツノの幅はゼロに近づくが高さは有限に残る．このことは**ギブス(Gibbs)現象**として知られていて，これについても次節ですこしくわしく調べる.

結局，不連続点の近くをのぞけば(1.49)は $N\to\infty$ で $g(x)$ に近づいており，しかも不連続点以外ではその近づき方は一様であることも納得できるであろう．ここで関数列 $g_n(x)$ がある区間 $a<x<b$ で一様に $g(x)$ に収束するとは，ある正の量 ε が勝手に与えられたとき，この区間内の <u>x の値によらずに</u> N が存在して，$n>N$ である限り

$$|g(x)-g_n(x)| < \varepsilon$$

とできることを意味する．不連続点を含む区間内ではフーリエ級数の収束は一様ではなく，区間内に不連続点がなければ，その区間内では一様に収束するのである．このことも次章でもっとくわしく議論する.

図1-7をもういちど見てみよう．$x=\pm\pi$ のごく近くでは $|g(x)-g_n(x)|$ という量は n がどんなに大きくても有限にとどまってしまって，小さくはなれない．よって ε が適当に小さいと一様性の条件は破れてしまう.

(2)**解析的に**：　解析的に $g_n(x)$ の極限関数を求めてみよう．これができれば，数値的なことと合わせてフーリエ級数がたしかにもとの関数を再現しているという確信をもてるであろう.

まず(1.49)で与えられる $g_n(x)$ の形を簡単な関数で表わそう．z を複素数として，自然対数 $\log(1+z)$ のテイラー(**Taylor**)展開

$$\log(1+z) = z-\frac{z^2}{2}+\frac{z^3}{3}-\frac{z^4}{4}+\cdots \tag{1.51}$$

から出発しよう．$z=e^{i\theta}$ とおくと

$$\log(1+e^{i\theta}) = e^{i\theta}-\frac{e^{2i\theta}}{2}+\frac{e^{3i\theta}}{3}-\frac{e^{4i\theta}}{4}+\cdots \tag{1.52}$$

となる．ド・モアブルの公式

$$e^{in\theta} = \cos n\theta + i \sin n\theta \qquad (n = 1, 2, 3, \cdots)$$

を用い，(1.52)の両辺の虚数部を等しいとおく．一般に複素数 $z = a + ib$ $(a, b$ は実数)の虚数部を $\operatorname{Im} z = b$ と書くと

$$\operatorname{Im} \log(1 + e^{i\theta}) = \sin\theta - \frac{\sin 2\theta}{2} + \frac{\sin 3\theta}{3} - \frac{\sin 4\theta}{4} + \cdots \qquad (1.53)$$

となる．これで $g_n(x)$ の $n \to \infty$ の形に近づいたが，(1.53)は $\sin 2\theta$ や $\sin 4\theta$ などの余計な項を含んでいる．これらが現われないようにするには，(1.51)の かわりに

$$\frac{1}{2}\{\log(1 + z) - \log(1 - z)\} = z + \frac{z^3}{3} + \frac{z^5}{5} + \cdots \qquad (1.54)$$

を考えればよい．実際

$$\operatorname{Im} \frac{1}{2}\{\log(1 + e^{i\theta}) - \log(1 - e^{i\theta})\} = \sin\theta + \frac{\sin 3\theta}{3} + \frac{\sin 5\theta}{5} + \cdots$$
$$= g_\infty(\theta) \qquad (1.55)$$

となって，望んでいた形が出た．この結果は，(1.49)において，$n = \infty$ とした 無限級数の和をとることができ(1.55)になる，ということをいっている．以下，x のかわりに θ を用いて(1.55)の $g_\infty(\theta)$ を考えよう．

さてここで，任意の複素数 z（上の z とは関係がない）に対する log の性質

$$\log z = \log|z| + i \arg z \qquad (1.56)$$

を用いる．ここで $|z|$ は z の絶対値，$\arg z$ は z を極座標表示 $z = re^{i\theta}$ としたと きの偏角 θ である．つまり $|z| = r$，$\arg z = \theta$ である．関係式(1.56)は log 関 数の基本的性質 $\log z_1 z_2 = \log z_1 + \log z_2$ を用いて，次のように導くことができ る．

$$\log re^{i\theta} = \log r + \log e^{i\theta} = \log r + i\theta = \log|z| + i \arg z \qquad (1.57)$$

$\log z$ の虚数部は z の偏角に等しいことが分かったので，(1.55)により $g_\infty(\theta)$ は

$$\frac{1}{2}\{\log(1 + e^{i\theta}) - \log(1 - e^{i\theta})\} = \frac{1}{2}\log\frac{1 + e^{i\theta}}{1 - e^{i\theta}} \qquad (1.58)$$

という複素数の偏角で与えられる．

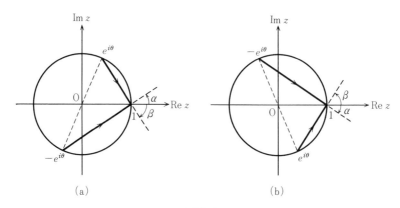

(a)　　　　　　　　　(b)

図 1-8

　さて，ガウスの複素平面上に単位円を書くと，その円周上偏角 θ の位置で $e^{i\theta}$ が表わされる（図 1-8 参照）．図のように角度 α, β を定義する．図 1-8(a)は $0<\theta<\pi$ の場合を，図 1-8(b)は $-\pi<\theta<0$ の場合を表わし，いずれの場合も

$$\arg \log(1+e^{i\theta}) = \alpha, \quad \arg \log(1-e^{i\theta}) = \beta$$

で与えられる．$\pi>\theta>0$ なら $\alpha>0$，$\beta<0$ であり，$-\pi<\theta<0$ なら $\alpha<0$，$\beta>0$ である．図中で 2 つの直線に付けられた矢印は $1-e^{i\theta}$ とか $1+e^{i\theta}=1-(-e^{i\theta})$ で与えられるガウス平面上でのベクトルの方向を示している．明らかに 2 つの ベクトルは直交しているので

$$\begin{cases} \alpha-\beta = \dfrac{\pi}{2} & (0<\theta<\pi) \\[2mm] \alpha-\beta = -\dfrac{\pi}{2} & (-\pi<\theta<0) \end{cases}$$

を結論できる．(1.55)に戻れば

$$g_\infty(\theta) = \begin{cases} \dfrac{\pi}{4} & (0<\theta<\pi) \\[2mm] -\dfrac{\pi}{4} & (-\pi<\theta<0) \end{cases}$$

となって，もとの関数(1.48)を再現している．

$\theta=0,\pi$ のときは図 1-8(a),(b)の直角三角形の 1 辺の長さがゼロとなって，上の議論は使えなくなる．このことは，もとに戻って(1.49)の $n\to\infty$ の極限で現われるギブス現象とも関係している．

解析的に和をとることができる例として $g_\infty(x)$ を考えたが，この方法はたまたま使えたのであって，もっと一般的に「フーリエ級数はもとの関数を再現するか」という問題を考えたい．そのために次章の 2-1 節で，すこし数学的にはなるが，一般的な議論を展開することにする．

留数定理と無限和　　最後に留数定理を用いてフーリエ級数の無限和をとる方法を紹介しよう．すこし計算は複雑になるが，この方法も応用範囲の広い興味深い手法である．例えばこの方法によると，この章に出てきた多くの式を別途証明できる．

例として(1.22)を考えよう．次の式から出発する．

$$\sum_{m=0,1,2,\cdots}\frac{(-1)^m}{2m+1}=1-\frac{1}{3}+\frac{1}{5}-\frac{1}{7}+\cdots$$

$$\sum_{m=-1,-2,\cdots}\frac{(-1)^m}{2m+1}=1-\frac{1}{3}+\frac{1}{5}-\frac{1}{7}+\cdots$$

この両者を加えて 2 で割ると

$$1-\frac{1}{3}+\frac{1}{5}-\frac{1}{7}+\cdots=\frac{1}{2}\sum_{m=0,\pm1,\cdots}\frac{(-1)^m}{2m+1}$$

さて，z を複素数として，関数

$$\frac{1}{e^{i\pi z}+1}$$

を考えると，これは $z=n$ $(n=\pm1,\pm3,\cdots)$ のところに 1 位の極をもっている．そしてその留数は

$$\lim_{z\to n}\frac{z-n}{e^{i\pi z}+1}=\lim_{z\to n}\frac{\frac{d}{dz}(z-n)}{\frac{d}{dz}(e^{i\pi z}+1)}=\frac{i}{\pi}$$

である．ここで極限に関するド・ロピタル(de L'Hospital)の定理を用いた．

　ここで，複素積分に対する**コーシー**（Cauchy）**の積分定理**（留数の定理）を必要とするので，その内容を証明なしに紹介する．

　留数 の定理　　複素平面上の関数 $f(z)$ が $z=a$ において m 位の極を有する場合を考えると，

$$f(z) = \frac{R_m}{(z-a)^m} + \frac{R_{m-1}}{(z-a)^{m-1}} + \cdots + \frac{R_2}{(z-a)^2} + \frac{R_1}{z-a} + \tilde{f}(z)$$

と書ける．ここで $\tilde{f}(z)$ は $z=a$ で正則である．このとき

$$\frac{1}{2\pi i}\int_C f(z)dz = R_1$$

が成立する．ここで C は $z=a$ を内部に含む閉曲線で，この中には $z=a$ 以外に特異点はないとする．C の方向は内部を左に見る，つまり反時計まわりとする（図 1-9 参照）．

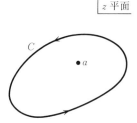

図 1-9

　この定理を用いると，次のように複素積分で，無限級数を表わすことができる：

$$1 - \frac{1}{3} + \frac{1}{5} - \frac{1}{7} + \cdots = \lim_{n \to \infty} \int_{C_n} \frac{i}{4} \frac{1}{z} \frac{e^{i\frac{\pi}{2}z}}{e^{i\pi z}+1} dz$$

積分路 C_n は図 1-10 のように $z=\pm 1, \pm 3, \pm 5, \cdots, \pm(2n-1)$ のまわりを反時計まわりにまわる小さな閉曲線の和である．分子の因子 $e^{i\frac{\pi}{2}z}$ は左辺に符号が交代して現われる（交代級数）ことを保証するために必要である．

　まず n を有限としておいて最後に $n \to \infty$ の極限をとることにする．次に C_n を図 1-11 のように変形する．このようにしても積分の値が変わらないことは，図 1-11 のような合成された 1 つの閉曲線の中の特異点は図 1-10 の小さな閉曲

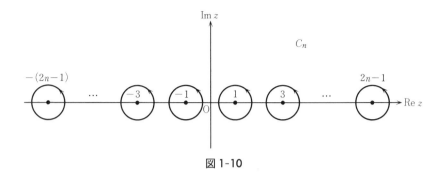

図 1-10

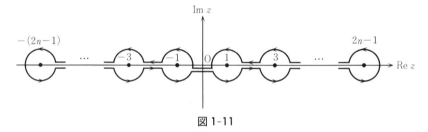

図 1-11

線の中の特異点と変わらないからである. 原点 $z=0$ は上の積分表示の被積分関数に $1/z$ があるため特異点となっているので, 図 1-11 では原点を閉曲線内に取りこまないようにしてある.

ここで図 1-12 のように $\bar{C}_{n+}$ と $\bar{C}_{n-}$ を加えて上半面と下半面の 2 つの閉曲線 C_{n+}, C_{n-} をつくる. $\bar{C}_{n\pm}$ は半径 $2n$ の半円で $n \to \infty$ とともに $\bar{C}_{n\pm}$ 上の複素積分はゼロへいくことが証明できれば, つまり

$$\lim_{n \to \infty} \int_{\bar{C}_{n\pm}} \frac{e^{i\frac{\pi}{2}z}}{e^{i\pi z}+1} \frac{dz}{z} = 0$$

がいえれば,

$$1 - \frac{1}{3} + \frac{1}{5} - \frac{1}{7} + \cdots = \lim_{n \to \infty} \left(\int_{C_{n+}} + \int_{C_{n-}} \right)$$

となる. ここで C_{n+} (C_{n-}) は上(下)半平面内の曲線すべてを表わすので, お

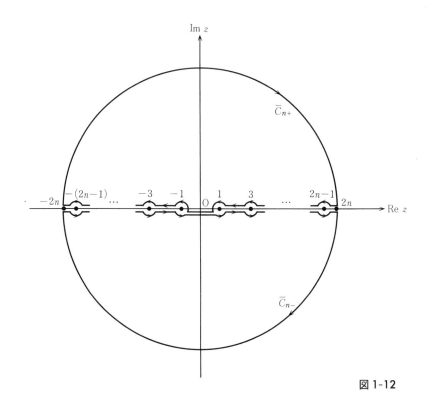

図 1-12

のおの閉じた曲線をつくる.

　ここでふたたび留数定理を用いると，閉曲線内の 1 位の極のみが積分に効く.
それは $z=0$ の 1 位の極であって，C_{n+} 内にある. よって

$$\int_{C_{n-}} = 0, \quad \int_{C_{n+}} = \frac{i}{4}\cdot\frac{1}{2} 2\pi i (-1) = \frac{\pi}{4}$$

を得る. $\int_{C_{n+}}$ に現われる最後の -1 は，積分が時計まわりだからである. 結局，
$n\to\infty$ として

$$1-\frac{1}{3}+\frac{1}{5}-\frac{1}{7}+\cdots = \frac{\pi}{4}$$

を得た.

$\bar{C}_{n\pm}$ 上の積分がゼロへいくこと　このことを厳密に証明するには，すこしこみ入った議論が必要である．（最初に読むときはとばしてもよい．）まず $\bar{C}_{n+}$ について考える．$z = R_n e^{i\theta}$（$R_n = 2n$，$0 \leqq \theta \leqq \pi$）とおくと，積分は

$$\int_0^\pi \frac{e^{\frac{\pi}{2}iR_n\cos\theta}e^{-\frac{\pi}{2}R_n\sin\theta}}{e^{\pi iR_n\cos\theta}e^{-\pi R_n\sin\theta}+1}id\theta$$

$0 < \theta < \pi$ では $\sin\theta > 0$ のため，$n \to \infty$ つまり $R_n \to \infty$ では分子の $e^{-\frac{\pi}{2}R_n\sin\theta}$ がゼロへいくので，この積分はゼロへいくことが予想される．しかし θ が 0 と π の近くで $\sin\theta$ が小さいので，本当にゼロとなるのかどうか，不安である．そこで θ を 0 と π の近くの領域とそれ以外の領域とに分ける．

$$\int_0^\pi (\cdots)d\theta = \int_0^{\varepsilon_n}(\cdots)d\theta + \int_{\varepsilon_n}^{\pi-\varepsilon_n}(\cdots)d\theta + \int_{\pi-\varepsilon_n}^\pi(\cdots)d\theta$$

ここで $\varepsilon_n = \dfrac{a}{R_n{}^\alpha}$ にとると便利である．ただし $1/2 < \alpha < 1$ とする．$a > 0$ はある定数である．領域 $\varepsilon_n < \theta < \pi - \varepsilon_n$ では

$$R_n\sin\theta > R_n\sin\frac{a}{R_n{}^\alpha}\xrightarrow[R_n\to\infty]{}aR_n{}^{1-\alpha}$$

であるから

$$e^{-\frac{\pi}{2}R_n\sin\theta}\xrightarrow[R_n\to\infty]{}0, \qquad e^{-\pi R_n\sin\theta}\xrightarrow[R_n\to\infty]{}0$$

よって

$$\lim_{R_n\to\infty}\int_{\varepsilon_n}^{\pi-\varepsilon_n}(\cdots)d\theta = 0$$

次に $\int_0^{\varepsilon_n}(\cdots)d\theta$ を考えよう．この領域の上端 $\theta = \varepsilon_n$ では

$$R_n\cos\theta = R_n\cos\frac{a}{R_n{}^\alpha}\xrightarrow[R_n\to\infty]{}R_n\Big(1-\frac{a^2}{R_n{}^{2\alpha}}\Big)\xrightarrow[R_n\to\infty]{}R_n = 2n$$

となる．これは下端 $\theta = 0$ での $R_n\cos\theta$ の値に等しい．よってこの領域では $R_n\cos\theta = 2n$ とおいてよく $e^{i\pi R_n\cos\theta} = 1$ となる．

$$\lim_{R_n\to\infty}\int_0^{\varepsilon_n}(\cdots)d\theta = \lim_{R_n\to\infty}\int_0^{\varepsilon_n}\frac{(-1)^ne^{-\frac{\pi}{2}R_n\sin\theta}}{1+e^{-\pi R_n\sin\theta}}d\theta$$

ここまでくると，分母がゼロになる心配はないことが分かる．$R_n \to \infty$ で $\varepsilon_n \to 0$

であるから積分範囲がゼロへいくので，$\int_0^{\varepsilon_n}(\cdots)d\theta$ は実際ゼロに近づく．残りの積分 $\int_{\pi-\varepsilon_n}^{\pi}(\cdots)d\theta$ についても同様に議論できる．さらに $\bar{C}_{n-}$ については積分を

$$\int_{\bar{C}_{n-}}\frac{i}{4}\frac{e^{-i\frac{\pi}{2}z}}{e^{-i\pi z}+1}\frac{dz}{z}$$

と書いて $-z=z'$ と変換すれば $\bar{C}_{n+}$ のときと同様にできる．

1-4　フーリエ級数の応用──常微分方程式

フーリエ級数の応用の1つとして，微分方程式の解をフーリエ級数の形で求めよう．この節では力学でよく現われる例をとって考えることにする．

　質量 m の質点がバネ定数 k のバネの先にとりつけてある．さらに外から時間 t に関して周期的な力 $F(t)$ がかかっているとする．質点の位置座標をバネの自然長からのずれとして測って $x(t)$ とする．ニュートン（Newton）の運動方程式は次のように書ける．

$$m\frac{d^2}{dt^2}x(t) = -kx(t)+F(t) \tag{1.59}$$

ここで，m で両辺を割って $k/m=\omega^2$, $F(t)/m=f(t)$ とおくと

$$\frac{d^2}{dt^2}x(t)+\omega^2 x(t) = f(t) \tag{1.60}$$

$f(t)$ を周期 T の周期関数としてフーリエ展開する．

$$f(t) = \frac{a_0}{2}+\sum_{n=1}^{\infty}\left(a_n\cos\frac{2n\pi}{T}t+b_n\sin\frac{2n\pi}{T}t\right) \tag{1.61}$$

　さて微分方程式の一般論から，(1.59)の一般解は，(1.59)で $f(t)=0$ とした斉次方程式

$$\frac{d^2}{dt^2}x(t)+\omega^2 x(t) = 0 \tag{1.62}$$

の一般解 $x_0(t)$ と，非斉次方程式(1.59)の特殊解 $\tilde{x}(t)$ の和で書ける．

$$x(t) = x_0(t)+\tilde{x}(t) \tag{1.63}$$

$x_0(t)$ は 2 つの独立な解をもち，いまの場合は $\sin\omega t$ と $\cos\omega t$ の 1 次結合である．結局

$$x(t) = c_1\sin\omega t + c_2\cos\omega t + \tilde{x}(t) \tag{1.64}$$

が(1.59)の一般解となる．c_1, c_2 は初期条件を 2 つ与えれば決まる．$\tilde{x}(t)$ の方は(1.59)の任意の解を 1 つ取ってくればよいのである．

以下は初期条件によらない $\tilde{x}(t)$ について着目する．$\tilde{x}(t)$ も $f(t)$ と同じ周期 T の周期関数であると仮定して解をさがす．見つかりさえすればそれでよいのである．そこで

$$\tilde{x}(t) = \frac{a_0'}{2} + \sum_{n=1}^{\infty}\left(a_n'\cos\frac{2n\pi}{T}t + b_n'\sin\frac{2n\pi}{T}t\right) \tag{1.65}$$

と仮定してみる．項別微分を許すとして

$$\frac{d^2\tilde{x}(t)}{dt^2} = \sum_{n=1}^{\infty}\left\{-\left(\frac{2n\pi}{T}\right)^2\left(a_n'\cos\frac{2n\pi}{T}t + b_n'\sin\frac{2n\pi}{T}t\right)\right\} \tag{1.66}$$

(1.61), (1.65), (1.66)を(1.60)に代入して

$$\omega^2\frac{a_0'}{2} - \frac{a_0}{2} + \sum_{n=1}^{\infty}\left\{\left(-\left(\frac{2n\pi}{T}\right)^2 + \omega^2\right)a_n' - a_n\right\}\cos\frac{2n\pi}{T}t$$
$$+ \sum_{n=1}^{\infty}\left\{\left(-\left(\frac{2n\pi}{T}\right)^2 + \omega^2\right)b_n' - b_n\right\}\sin\frac{2n\pi}{T}t = 0 \tag{1.67}$$

これがすべての t で成立するので，次の関係式を得る．

$$a_0' = \frac{a_0}{\omega^2}$$
$$a_n' = \frac{1}{\omega^2 - \left(\frac{2\pi n}{T}\right)^2}a_n \qquad (n\geqq 1) \tag{1.68}$$
$$b_n' = \frac{1}{\omega^2 - \left(\frac{2\pi n}{T}\right)^2}b_n \qquad (n\geqq 1)$$

(1.68)は(1.63)の両辺に $m=0,1,2,\cdots$ として $\cos\frac{2m\pi}{T}t, \sin\frac{2m\pi}{T}t$ を掛けて，t について 0 から T まで積分しても得ることができる．(1.68)をふたたび(1.65)に代入すれば，求める $\tilde{x}(t)$ が得られる．具体例をいくつか見てみよう．

[例 1]
$$f(t) = f_0 \sin \omega_0 t \tag{1.69}$$

これは周期 $2\pi/\omega_0 \equiv T$ の周期関数である．このとき(1.7b), (1.6b, c)から $b_1 = f_0$ 以外はすべてゼロである．よって(1.68)を用いると(1.65)においても b_1' 以外はすべてゼロであることが分かる．$\omega \neq \omega_0$ とすると $b_1' = \dfrac{f_0}{\omega^2 - \omega_0^2}$．よって

$$\tilde{x}(t) = \frac{f_0}{\omega^2 - \omega_0^2} \sin \omega_0 t \tag{1.70}$$

$\tilde{x}(t)$ は外力 $f(t)$ と同じ振動数で振動している．

$\omega = \omega_0$ のときは(1.70)はそのままでは使えない．このことはいわゆる共鳴に対応していて，別に取り扱う必要がある．まず(1.64)で与えられる一般解のうち $c_1 \sin \omega t$ から一部借りてきて $\tilde{x}(t)$ の方へ入れて $\omega \to \omega_0$ の極限がとれるようにする．こうしても(1.60)の解であることには変わりない．そこで

$$\tilde{x}(t) = \frac{f_0}{\omega^2 - \omega_0^2} \sin \omega_0 t - \frac{f_0}{\omega^2 - \omega_0^2} \sin \omega t \tag{1.71}$$

を考えれば，これも(1.60)の解である．ここで $\omega \to \omega_0$ とすると

$$\tilde{x}(t) = \frac{-f_0}{2\omega_0} t \cos \omega_0 t \tag{1.72}$$

これが共鳴をあらわす解であり，t が大きくなると振幅がどんどん大きくなる．

[例 2] 1-2 節の例1をとり上げる．t の1周期を $-T/2 < t < T/2$ に変更して，次の $f(t)$ を考える．

$$f(t) = \begin{cases} 1 & (0 < t < T/2) \\ 0 & (-T/2 < t < 0) \end{cases} \tag{1.73}$$

もちろんこれを周期的に $-\infty < t < \infty$ へ拡張したものを考えるのである．
(1.20a), (1.20b)から，$\omega_0 = 2\pi/T$ として

$$a_0 = \frac{2}{T} \int_0^{T/2} dx = 1, \quad a_n = \frac{2}{T} \int_0^{T/2} \cos n\omega_0 t\, dt = 0$$

$$b_n = \frac{2}{T} \int_0^{T/2} \sin n\omega_0 t\, dt = \frac{1 - (-1)^n}{n\pi} \tag{1.74}$$

よって ω が $n\omega_0$ のどれとも等しくないときは

$$a_0' = \frac{1}{\omega^2}, \quad a_n' = 0, \quad b_n' = \frac{1}{\pi}\frac{1-(-1)^n}{n(\omega^2-n^2\omega_0^2)}$$

で与えられる. このとき

$$\tilde{x}(t) = \frac{1}{2\omega^2} + \frac{1}{\pi}\sum_{n=1}^{\infty}\frac{1-(-1)^n}{n(\omega^2-n^2\omega_0^2)}\sin n\omega_0 t$$

$$= \frac{1}{2\omega^2} + \frac{2}{\pi}\sum_{n=1,3,5,\cdots}^{\infty}\frac{\sin n\omega_0 t}{n(\omega^2-n^2\omega_0^2)} \tag{1.75}$$

という形に求まる. このままの形で n についての和をとることはすこし複雑
な計算を必要とするので, ここでは $\omega=0$ の場合を考えよう. $\omega\neq0$ について
は第3章の3-3節で例4として議論する.

(1.75)において $\omega\to0$ の極限をとると $1/2\omega^2$ の項のため, 困ったことになる.
これは例1で $\omega\to\omega_0$ としたとき(1.70)に無限大が現われたという事情とよく
似ている. そこで次のように変数を変える. まず(1.60)で $\omega=0$ として

$$\frac{d^2x(t)}{dt^2} = f(t) = \frac{1}{2} + \left(f(t)-\frac{1}{2}\right) \tag{1.76}$$

を考えよう. 便宜上, $1/2$ を $f(t)$ から分離して, $f(t)$ が中心値を $1/2$ として
このまわりに振動しているようにした. さて $y(t)$ として

$$x(t) = y(t) + \frac{t^2}{4} \tag{1.77}$$

を導入すると, $y(t)$ の微分方程式は

$$\frac{d^2y(t)}{dt^2} = f(t) - \frac{1}{2} \tag{1.78}$$

となる. ここで $f(t)-1/2$ をフーリエ級数に展開しよう. $x=2\pi t/T$ と考えれ
ば, (1.21)から $\omega_0=2\pi/T$ を考慮して

$$f(t) - \frac{1}{2} = \frac{2}{\pi}\sum_{n=1,3,5,\cdots}^{\infty}\frac{\sin n\omega_0 t}{n} \tag{1.79}$$

のように求まる. (1.78)の特殊解を

$$y(t) = \sum_{n=1,3,5,\cdots}^{\infty} b_n \sin n\omega_0 t \tag{1.80}$$

の形の中でさがそう. (1.80)を(1.78)へ代入して(1.79)を用いると

$$-n^2\omega_0{}^2 b_n = \frac{2}{\pi}\frac{1}{n}$$

つまり

$$b_n = -\frac{2}{\pi\omega_0{}^2}\frac{1}{n^3} \tag{1.81}$$

を得る. こうして $x(t)$ へもどれば

$$x(t) = \frac{t^2}{4}-\frac{2}{\pi}\frac{1}{\omega_0{}^2}\sum_{n=1,3,5,\cdots}^{\infty}\frac{\sin n\omega_0 t}{n^3} \tag{1.82}$$

となった. この式を(1.75)で $\omega\to0$ としたものと比べると,

$$\frac{1}{2\omega^2} \to \frac{t^2}{4}$$

と置き代っていることが分かる. この t のベキの振舞いは共鳴に特徴的なことであって, (1.72)でも現われた.

じつは(1.82)の無限和はこれまでの知識で計算できるのである. まず(1.79)を $0<t<\pi/\omega_0$ で考えよう. この範囲では

$$\frac{2}{\pi}\sum_{n=1,3,5,\cdots}^{\infty}\frac{\sin n\omega_0 t}{n} = \frac{1}{2} \tag{1.83}$$

である. $0<t<\pi/\omega_0$ として(1.83)の両辺を 0 から t まで積分する.

$$-\frac{2}{\pi}\frac{1}{\omega_0}\sum_{n=1,3,5,\cdots}^{\infty}\frac{\cos n\omega_0 t-1}{n^2} = \frac{1}{2}t$$

ここで(1.30)を用いて

$$-\frac{2}{\pi}\frac{1}{\omega_0}\sum_{n=1,3,5,\cdots}^{\infty}\frac{\cos n\omega_0 t}{n^2} = \frac{1}{2}t-\frac{\pi}{4\omega_0} \tag{1.84}$$

となる. さらにこの式を t について 0 から t まで積分して

$$-\frac{2}{\pi}\frac{1}{\omega_0{}^2}\sum_{n=1,3,5,\cdots}^{\infty}\frac{\sin n\omega_0 t}{n^3} = \frac{1}{4}t^2-\frac{\pi}{4\omega_0}t$$

を得るが, この関数が t の奇関数であることを用いて, $-\pi/\omega_0<t<0$ へ拡張する. このようにして

$$g(t) \equiv -\frac{2}{\pi}\frac{1}{\omega_0{}^2}\sum_{n=1,3,5,\cdots}^{\infty}\frac{\sin n\omega_0 t}{n^3}$$

$$=\begin{cases} \dfrac{1}{4}t\left(t-\dfrac{\pi}{\omega_0}\right) & \left(0<t<\dfrac{\pi}{\omega_0}\right) \\[3mm] -\dfrac{1}{4}t\left(t+\dfrac{\pi}{\omega_0}\right) & \left(-\dfrac{\pi}{\omega_0}<t<0\right) \end{cases} \tag{1.85}$$

という結果に到達する. この関数を図1-13に示した. そこでは周期 $2\pi/\omega_0$ を利用してすべての t について書いてある.

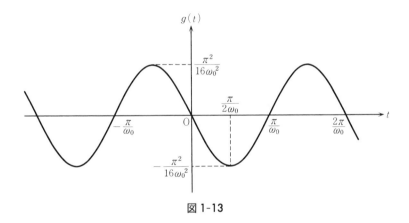

図 1-13

結局(1.76)の一般解は,

$$x(t) = At+B+\frac{t^2}{4}+g(t) \tag{1.86}$$

となる. この解をよく見ると $f(t)=1$ の領域つまり

$$\frac{2m}{\omega_0}\pi < t < \frac{2m+1}{\omega_0}\pi \qquad (m=0, \pm1, \pm2, \cdots)$$

では $x(t)$ の t^2 の係数は $\dfrac{1}{2}$ となり, $f(t)=0$ の領域つまり

$$\frac{2m-1}{\omega_0}\pi < t < \frac{2m}{\omega_0}\pi \qquad (m=0, \pm1, \pm2, \cdots)$$

では $x(t)$ の t^2 の係数はゼロ, すなわち $x(t)$ は t の1次式である. このこと

は，じつは微分方程式を解くこともなくいえるのであるが，ここでは微分方程式をフーリエ級数で解くという練習問題として取り上げた．

(1.86)の A, B は初期条件で決まる．いま特に

$$t = 0 \quad \text{で} \quad x(t) = 0, \quad \frac{dx(t)}{dt} = 0$$

という初期条件をとってみる．

$$t = 0 \quad \text{で} \quad g(t) = 0, \quad \frac{dg(t)}{dt} = -\frac{\pi}{4\omega_0}$$

であるから，$A = \pi/4\omega_0$，$B = 0$ となり

$$x(t) = \frac{\pi}{4\omega_0}t + \frac{1}{4}t^2 + g(t) \tag{1.87}$$

と求まる．物理的にいえば，(1.76)は外力 $f(t)$ のもとでの質点の運動を表わすニュートン方程式であるから，その解 $x(t)$ は

$$\frac{2m}{\omega_0}\pi < t < \frac{2m+1}{\omega_0}\pi \qquad (m = 0, \pm 1, \pm 2, \cdots)$$

では加速度 1 の等加速度運動を，

$$\frac{2m-1}{\omega_0}\pi < t < \frac{2m}{\omega_0}\pi \qquad (m = 0, \pm 1, \pm 2, \cdots)$$

では等速運動をしている．

第 1 章演習問題

[1] $-\pi < x < \pi$ を 1 周期とする周期関数

$$f(x) = x^3 - \pi^2 x \qquad (-\pi < x < \pi)$$

について，以下のことを示しなさい．

(a) $f(x)$ のフーリエ級数展開を求めなさい．

(b) 前問(a)を利用して，次の級数和の公式を示しなさい．

$$\frac{\pi^3}{32} = 1 - \frac{1}{3^3} + \frac{1}{5^3} - \frac{1}{7^3} + \cdots$$

[2] 1-3 節の最後に紹介した複素積分の方法を用いて，次の等式を証明しなさい.

(a) $\dfrac{\pi^2}{8} = 1 + \dfrac{1}{3^2} + \dfrac{1}{5^2} + \dfrac{1}{7^2} + \cdots$

(b) $\dfrac{\pi^2}{12} = 1 - \dfrac{1}{2^2} + \dfrac{1}{3^2} - \dfrac{1}{4^2} + \cdots$

(c) $\dfrac{\pi^2}{6} = 1 + \dfrac{1}{2^2} + \dfrac{1}{3^2} + \dfrac{1}{4^2} + \cdots$

(d) $\dfrac{\pi^4}{96} = 1 + \dfrac{1}{3^4} + \dfrac{1}{5^4} + \dfrac{1}{7^4} + \cdots$

[3] $k = 2, 4, 6, \cdots$ として

$$1 + \frac{1}{2^k} + \frac{1}{3^k} + \frac{1}{4^k} + \cdots$$

に対する公式をつくり，$k = 2, 4$ について具体的に書きなさい.

[4] 1-4 節の式(1.60)を拡張して，抵抗 γ の入った方程式

$$\frac{d^2x(t)}{dt^2} + 2\gamma \frac{dx(t)}{dt} + \omega^2 x(t) = f_0 \sin \omega_0 t$$

を考える. ただし $\gamma > 0$ とする.

(a) フーリエ級数の方法で一般解を求めなさい.

(b) $t \to \infty$ での $x(t)$ の振舞いを調べなさい.

2 フーリエ級数の性質

フーリエ級数のもつ数学的な性質をいくつか議論する．まずフーリエ級数を論ずる際もっとも大切な課題，つまりフーリエ級数はもとの関数を表わしているのかという問題を一般的に調べる．この問題は第1章では例を用いて議論した．

パーシバルの等式，項別微分積分に関する知識を得た後，超関数であるディラックのδ関数について学ぶ．δ関数はフーリエ級数を論ずる際に欠かすことのできない便利な関数であるが，見なれた関数とは異なるものであるので，詳しく述べることにしよう．そして関数の不連続点で起こる奇妙な現象(ギブス現象)について調べる．

2-1 フーリエ級数はもとの関数を一般に再現するか

前章の1-3節では例をとってフーリエ級数がたしかにもとの関数を再現することをみた．この節では一般的な証明を考えよう．$f(x)$を，証明のできる範囲の関数に制限する．

まず区分的になめらかという概念を導入しよう．図2-1のように区間$[a, b]$で定義された関数$f(x)$を考える．$f(x)$は有限個の小さな区間内ではその微分$f'(x)$が連続であるとする．そして不連続点$d_1, d_2, \cdots, d_n$の両側の極限値$f(d_i \pm 0), f'(d_i \pm 0)$は有限であるとする．ただし不連続点の右と左，つまり$+0$と

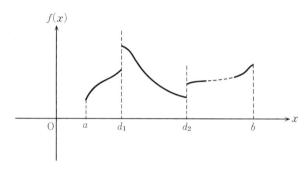

図 2-1

-0 とで $f(x)$ あるいは $f'(x)$ の値が異なっていてよい. ここで次の定理を証明しよう.

定理 2-1 区分的になめらかな周期関数のフーリエ級数は

(1)連続な点ではその関数値へ収束する.

(2)不連続な点ではその両側の極限値の相加平均へ収束する.

定理の内容を式で書こう. $f(x)$ の周期を 2π として $-\pi < x < \pi$ で考える. フーリエ係数(1.15a), (1.15b)をつくる.

$$a_n = \frac{1}{\pi} \int_{-\pi}^{\pi} f(x) \cos nx dx, \qquad b_n = \frac{1}{\pi} \int_{-\pi}^{\pi} f(x) \sin nx dx \qquad (2.1)$$

そして

$$S_N(x) = \frac{a_0}{2} + \sum_{n=1}^{N} (a_n \cos nx + b_n \sin nx), \qquad (2.2)$$

またはその複素表示(1.17), (1.18)より

$$S_N(x) = \sum_{n=0, \pm 1, \cdots, \pm N} c_n e^{inx} \qquad (2.3)$$

$$c_n = \frac{1}{2\pi} \int_{-\pi}^{\pi} f(x) e^{-inx} dx \qquad (2.4)$$

を考える. こうすると上記の定理は, (1), (2)をまとめて

$$\lim_{N \to \infty} S_N(x) = \frac{1}{2}(f(x+0)+f(x-0)) \tag{2.5}$$

と書ける.

［証明］　まず $S_N(x)$ を(2.3)の形で書いて，(2.4)を代入する.

$$S_N(x) = \sum_{n=\pm 1, \cdots, \pm N}\left(\frac{1}{2\pi}\int_{-\pi}^{\pi} f(y)e^{-iny}dy\right)e^{inx}$$

$$= \frac{1}{2\pi}\int_{-\pi}^{\pi} f(y)\sum_{n=0,\pm 1,\cdots,\pm N} e^{in(x-y)}dy$$

$$= \frac{1}{2\pi}\int_{-\pi-x}^{\pi-x} f(x+y)\sum_{n=0,\pm 1,\cdots,\pm N} e^{-iny}dy \tag{2.6}$$

ここで，$y-x$ を改めて y とおいた. いま

$$D_N(y) = \sum_{n=0,\pm 1,\cdots,\pm N} e^{iny} \tag{2.7}$$

と定義すると，$D_N(y)=D_N(-y)$, $D_N(y+2\pi)=D_N(y)$ である. さらに $f(x+y)$ も y の周期 2π の周期関数であるから，(2.6)はさらに書き変えられて

$$S_N(x) = \frac{1}{2\pi}\int_{-\pi}^{\pi} f(x+y)D_N(y)dy \tag{2.8}$$

となる. 等比数列(2.7)は次の性質をもつ.

$$D_N(y) = \frac{e^{-iNy}-e^{i(N+1)y}}{1-e^{iy}} = \frac{\sin(N+1/2)y}{\sin(y/2)} \tag{2.9}$$

$$\int_0^{\pi} D_N(y)dy = \pi \tag{2.10}$$

(2.10)は(2.9)から出る. または(2.7)に公式

$$\int_{-\pi}^{\pi} e^{iny}dy = \begin{cases} 0 & (n\neq 0) \\ 2\pi & (n=0) \end{cases}$$

と，$D_N(y)$ が偶関数であることを適用しても出せる. さて(2.6),(2.8),(2.10)を用いて，

$$S_N(x)-\frac{1}{2}\{f(x+0)+f(x-0)\}$$

$$= \frac{1}{2\pi}\Big\{ \int_0^\pi f(x+y)D_N(y)dy - \pi f(x+0)\Big\}$$

$$+ \frac{1}{2\pi}\Big\{ \int_{-\pi}^0 f(x+y)D_N(y)dy - \pi f(x-0)\Big\}$$

$$= \frac{1}{2\pi}\int_0^\pi \{f(x+y)-f(x+0)\}D_N(y)dy$$

$$+ \frac{1}{2\pi}\int_0^\pi \{f(x-y)-f(x-0)\}D_N(y)dy \qquad (2.11)$$

のように変形する．(2.11)の最後の等式の第2項では $y\to -y$ と変数変換し $D_N(y)=D_N(-y)$ を使った．さて $N\to\infty$ で(2.11)の2つの項がともにゼロへいくことを示そう．まず第1項について考える．$D_N(y)$ に(2.9)を代入すると，$0<y<\pi$ として分子の $\sin(N+1/2)y$ を除いて

$$\frac{f(x+y)-f(x+0)}{2\pi\sin(y/2)} \equiv g_x(y) \qquad (2.12)$$

という関数が現われる．$g_x(y)$ は，y が0へ右から近づいても $f(x)$ が区分的になめらかであるので，

$$\lim_{y\to +0} g_x(y) = \frac{1}{\pi}f'(x+0) \qquad (2.13)$$

で与えられる有限値をとる．これは x が連続な点ではもちろんのこと，不連続点であっても成立する式である．そこで $g_x(y)$ を，$0<y<\pi$ で区分的に連続な関数として定義できる．

　ここで閉区間 $[a,b]$ で $f(x)$ が区分的に連続であるとは，有限個の不連続点 $d_i (i=1,2,\cdots,n)$ を除いて，小さな区間内では $f(x)$ は連続で，不連続点 d_i で両側極限値 $f(d_i\pm 0)$ が存在することをいう．区分的になめらかな関数はもちろん区分的に連続である．その逆は正しくない．例として図2-2のような関数がある．この関数は $x=d$ を含む範囲で区分的に連続であるが $f'(d+0)=\infty$ ゆえ区分的になめらかではない．

　このようにして関数 $f(y)$ が区分的になめらかなら $g_x(y)$ は区分的に連続であることが分かった．しかし $g_x'(y)$ は $y=0$ で $\frac{1}{2\pi}f''(x)$ となり，これは $f(x)$ の微分が不連続な点で無限大となるので，$f(y)$ の区分的なめらかさは $g_x(y)$

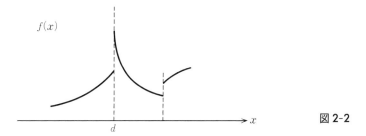

図2-2

にはそのまま受け継がれてはいない．結局 $g_x(y)$ は図 2-2 のような形をしている．ここで横軸を y にとり $d=0$ と思えばよい．$y=0$ 以外に不連続点が現われているが，これは(2.12)の定義において $f(x+y)$ が y のある値(x に依存するような値)で不連続点をもってもよいからである．

さて $S_N(x)$ の $N\to\infty$ の極限を考える際，(2.11)の第 1 項から((2.9)を考慮して)，

$$\frac{1}{2\pi}\lim_{N\to\infty}\int_0^\pi g_x(y)\sin\left(N+\frac{1}{2}\right)ydy \tag{2.14}$$

という項が現われる．ところがこれはすぐ後に述べるように，区分的に連続な関数に対するリーマンの補助定理に現われる形そのものである．以下で述べるようにそれによると(2.14)はゼロである．(2.11)の第 2 項についても同様に示せるので(2.11)は $N\to\infty$ でゼロ，つまり(2.5)が証明された．われわれはすでに 1-2 節のすべての例で(2.5)が成り立つことを検証ずみである．▌

さて，(2.5)の収束は x をある値に固定したときその x の各値で収束するものである．この意味で(2.5)は**各点収束**とよばれる．これに対し後で平均収束という概念が出てくる．

ここでリーマンの補助定理なるものを証明しよう．

リーマン(Riemann)の補助定理(リーマン-ルベーグ(Riemann-Lebesgue)
の定理ともいう) 閉区間 $[a,b]$ で $f(x)$ は区分的に連続とする．このとき

$$\lim_{N\to\infty}\int_a^b f(x)\sin Nxdx = 0 \tag{2.15}$$

が成立する.

[証明] 区間 $[a, b]$ をその中では連続ないくつかの小区間に分けて考えればよいので, はじめから $[a, b]$ で $f(x)$ は連続としてよい. このような区間 $[a, b]$ を n 個の等間隔区間 $[x_k, x_{k+1}]$ $(k = 1, 2, \cdots, n)$ に分ける. 間隔 $\varDelta$ は $\dfrac{b-a}{n}$ である.

$$x_1 = a, \quad x_{k+1} - x_k = \varDelta, \quad x_{n+1} = b \tag{2.16}$$

とおくと

$$\left| \int_a^b f(x) \sin Nx \, dx \right| = \left| \sum_{k=1}^n \int_{x_k}^{x_{k+1}} f(x) \sin Nx \, dx \right|$$

$$\leqq \sum_{k=1}^n \left| \int_{x_k}^{x_{k+1}} f(x) \sin Nx \, dx \right|$$

$$= \sum_{k=1}^n \left| \int_{x_k}^{x_{k+1}} \{ f(x) - f(x_k) \} \sin Nx \, dx + f(x_k) \int_{x_k}^{x_{k+1}} \sin Nx \, dx \right|$$

$$\tag{2.17}$$

ここで $f(x)$ が連続であるから, $\varepsilon > 0$ を与えたとき, n を十分大きく選んで, $x_k \leqq x, x' \leqq x_{k+1}$ $(k = 1, 2, \cdots, n)$ なら

$$|f(x') - f(x)| < \varepsilon \tag{2.18}$$

とできる. (2.18)を(2.17)へ代入する.

$$\left| \int_a^b f(x) \sin Nx \, dx \right| \leqq \sum_{k=1}^n \int_{x_k}^{x_{k+1}} |f(x) - f(x_k)| |\sin Nx| \, dx$$

$$+ \sum_{k=1}^n |f(x_k)| \left| \int_{x_k}^{x_{k+1}} \sin Nx \, dx \right|$$

$$\leqq \sum_{k=1}^n \varepsilon(x_{k+1} - x_k) + M \sum_{k=1}^n \frac{|\cos Nx_{k+1} - \cos Nx_k|}{N}$$

$$\leqq \varepsilon(b-a) + \frac{2nM}{N}$$

ここで $M = \underset{a \leqq x \leqq b}{\mathrm{Max}} f(x)$ とおいた. よって $N > \dfrac{2nM}{\varepsilon}$ のとき,

$$\left| \int_a^b f(x) \sin Nx \, dx \right| \leqq \varepsilon(b - a + 1)$$

$\varepsilon \to 0$ は $N \to \infty$ に対応するので補助定理が証明された. ∎

なお上の結論は $\sin Nx$ を $\cos Nx$ に置きかえても成立することは, 証明の道

筋から理解できると思う. よって

$$\lim_{N \to \infty} \int_a^b f(x) \cos Nx dx = 0 \tag{2.19}$$

以下の節ではフーリエ級数に関して欠かせない重要な数学的性質をいくつか調べることにする.

2-2　パーシバルの等式と完全性

関数系

$$1, \cos x, \sin x, \cos 2x, \sin 2x, \cos 3x, \sin 3x, \cdots \tag{2.20}$$

は(2.5)の意味で任意の区分的になめらかな関数を再現しうることを見た. これはそのような関数を展開するとき(2.20)以外のものは必要がないということを意味している. ちょうど線形ベクトル空間で(2.20)がすべての基底ベクトルを尽していて, その空間内の任意のベクトルは(2.20)の線形結合で表わされるという事実に対応している. この空間は基底ベクトルが無限個あるので無限次元である. 線形ベクトル空間との対応は第4章でくわしく議論する. 以下ではこれまでの議論に沿って, 区分的に連続な関数を考える.

$f(x), g(x)$ を2つの区分的に連続な実数値関数とし, その**内積**を

$$\langle f | g \rangle \equiv \int_{-\pi}^{\pi} f(x)g(x)dx \tag{2.21}$$

と定義する. もちろん積分は収束する場合のみを考える. (2.21)の左辺の記号の由来については第4章で述べる. この内積の意味で(2.20)の関数系は互いに直交している. さらに自分自身との内積の平方根を**ノルム**(norm)とよび, 次のように書く.

$$\|f\| = \left\{ \int_{-\pi}^{\pi} f^2(x)dx \right\}^{1/2} = \sqrt{\langle f | f \rangle} \tag{2.22}$$

ノルムが1の関数は**正規化されている**(normalized)という. (2.20)を正規化して, $u_i(x)$ $(i=1, 2, \cdots)$ のように名前をつける.

$$u_i(x) \equiv \frac{1}{\sqrt{2\pi}}, \frac{\cos x}{\sqrt{\pi}}, \frac{\sin x}{\sqrt{\pi}}, \frac{\cos 2x}{\sqrt{\pi}}, \frac{\sin 2x}{\sqrt{\pi}}, \cdots \tag{2.23}$$

こうすると，関数列 $u_i(x)$ は次のように正規直交関数系をなす.

$$\int_{-\pi}^{\pi} u_n(x)u_m(x)dx = \langle u_n | u_m \rangle = \delta_{nm} \tag{2.24}$$

ここで δ_{nm} はクロネッカー（Kronecker）のデルタとよばれるもので，

$$\delta_{nm} = \begin{cases} 1 & (n=m) \\ 0 & (n \neq m) \end{cases} \tag{2.25}$$

で定義される. $u_i(x)$ を用いると，フーリエ展開は

$$f(x) = \sum_{n=1}^{\infty} c_n u_n(x) \tag{2.26a}$$

$$c_n = \int_{-\pi}^{\pi} f(x)u_n(x)dx = \langle f | u_n \rangle \tag{2.26b}$$

と書ける. 上のような概念を用いてフーリエ級数のもつ 1 つの性質を調べよう.

まず勝手な実数 α_n を用いて有限和 $\sum_{n=1}^{N} \alpha_n u_n(x)$ をつくる. そしてこれも勝手な関数 $f(x)$ との差のノルムの 2 乗を考える.

$$\begin{aligned} J &\equiv \left\| f(x) - \sum_{n=1}^{N} \alpha_n u_n(x) \right\|^2 \\ &= \int_{-\pi}^{\pi} \left\{ f(x) - \sum_{n=1}^{N} \alpha_n u_n(x) \right\}^2 dx \\ &= \langle f | f \rangle - 2\sum_{n=1}^{N} \alpha_n \langle f | u_n \rangle + \sum_{n,m=1}^{N} \alpha_n \alpha_m \langle u_n | u_m \rangle \\ &= \langle f | f \rangle - 2\sum_{n=1}^{N} \alpha_n c_n + \sum_{n=1}^{N} \alpha_n^2 \end{aligned} \tag{2.27}$$

ここで (2.24), (2.26b) を用いた. さて J は次のように変形できる.

$$J = \langle f | f \rangle - \sum_{n=1}^{N} c_n^2 + \sum_{n=1}^{N} (\alpha_n - c_n)^2 \tag{2.28a}$$

$$\geqq \langle f | f \rangle - \sum_{n=1}^{N} c_n^2 \tag{2.28b}$$

ここで (2.28b) の等号は $\alpha_n = c_n$ のときである. つまり $f(x)$ を $\sum_{n=1}^{N} \alpha_n u_n(x)$ で

近似するとき $\alpha_n = c_n$ にとれば J を最小にするという意味で最もよい近似となる. フーリエ級数は最良近似の性質をもっているのである.

さてすべての α_n で $J \geqq 0$ であるから, $\alpha_n = c_n$ でも $J \geqq 0$, つまり (2.28a) から

$$\langle f | f \rangle \geqq \sum_{n=1}^{N} c_n{}^2 \tag{2.29}$$

ここでは $\langle f | f \rangle$ が有限の場合のみを考えているので, (2.29) により $\sum_{n=1}^{N} c_n{}^2$ は $N \to \infty$ で収束することが分かり,

$$\langle f | f \rangle \geqq \sum_{n=1}^{\infty} c_n{}^2 \tag{2.30}$$

これをベッセル(Bessel)の不等式とよぶ. さらに $\sum_{n=1}^{\infty} c_n{}^2$ が存在することから

$$\lim_{N \to \infty} c_N = 0 \tag{2.31}$$

これを具体的に書けば

$$\lim_{N \to \infty} \int_{-\pi}^{\pi} f(x) \cos Nx dx = 0$$

$$\lim_{N \to \infty} \int_{-\pi}^{\pi} f(x) \sin Nx dx = 0$$

これは (2.15), (2.19) ですでに現われたリーマンの補助定理と一致している.

正規直交系 $u_n(x)$ が完全系をなしているとは, (2.30) の等号が任意の $f(x)$ について成立するときをいう. このとき

$$\langle f | f \rangle = \sum_{n=1}^{\infty} c_n{}^2 \tag{2.32}$$

この条件を完備性(完全性)の条件といい, (2.32) をパーシバル(Parseval)の等式とよぶ. もし (2.32) が成立していると, (2.23) で与えられる $u_n(x)$ にさらに直交する連続関数 $v(x)$ は存在しないことになる. なぜなら (2.26b) の f を v と考えて, $c_n = \langle v | u_n \rangle = 0$ $(n = 1, 2, \cdots)$, よって (2.32) より $\langle v | v \rangle = 0$. $v(x)$ が連続関数なら $v(x) \equiv 0$.

ここで次のことに注意しよう. $\int_{-\pi}^{\pi} v^2(x) dx = 0$ から $v(x) = 0$ が出るのは $v(x)$ が連続関数のときである. もし $v(x)$ に不連続性を許すと, 例えば図 2-3

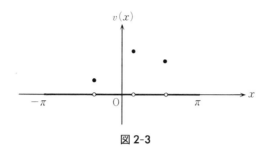

図 2-3

のようなゼロでない関数が存在する.

さて(2.32)が成立しているかどうかを，1-2節の例で見ていくことにしよう.

［1-2節例2］ (1.23)から

$$\langle f|f\rangle = \int_{-\pi}^{\pi} f^2(x)dx = \int_{-\pi}^{\pi} x^2 dx = \frac{2}{3}\pi^3$$

一方，(1.24)から(または(1.26)から) b_n と c_n の間に $\sqrt{\pi}$ の違いがあることに注意して

$$\sum_{n=1}^{\infty} c_n{}^2 = \sum_{n=1}^{\infty} \left(\frac{2\sqrt{\pi}}{n}\right)^2 = 4\pi \cdot \frac{\pi^2}{6} = \frac{2}{3}\pi^3$$

ここで

$$\frac{\pi^2}{6} = 1 + \frac{1}{2^2} + \frac{1}{3^2} + \cdots \tag{2.33}$$

を用いた(第1章演習問題[2](c)参照). よって(2.32)は成立している.

［1-2節例3］ (1.27)から

$$\langle f|f\rangle = \int_{-\pi}^{\pi} f^2(x)dx = \int_{-\pi}^{\pi} x^2 dx = \frac{2}{3}\pi^3$$

一方，(1.28a),(1.28b)から

$$\sum_{n=1}^{\infty} c_n{}^2 = \left(\frac{\pi\sqrt{2\pi}}{2}\right)^2 + \left(\frac{4\sqrt{\pi}}{\pi}\right)^2 \left(1 + \frac{1}{3^4} + \frac{1}{5^4} + \cdots\right)$$

ここで

$$\frac{\pi^4}{96} = 1 + \frac{1}{3^4} + \frac{1}{5^4} + \cdots \tag{2.34}$$

を用いると(第1章演習問題[2](d)参照),

$$\sum_{n=1}^{\infty} c_n{}^2 = \frac{\pi^3}{2} + \frac{\pi^3 \times 16}{96} = \frac{2}{3}\pi^3$$

となり,やはり(2.32)を満たしている.

　最後に平均収束と各点収束の違いについて述べよう.(2.32)を積分で書けば,$S_N(x) = \sum_{n=1}^{N} c_n u_n(x)$ とおいて

$$\lim_{N \to \infty} \int_{-\pi}^{\pi} \{f(x) - S_N(x)\}^2 dx = 0 \tag{2.35}$$

となるが,このことは(2.5)の各点収束

$$\lim_{N \to \infty} S_N(x) = f(x) \tag{2.36}$$

とは異なる.

　平均収束　　(2.35)が成立するとき,$S_N(x)$ は $N \to \infty$ で $f(x)$ に平均収束するという.差の関数のノルムがゼロへいくのである.(2.35)と(2.36)が異なるのは,例えば次の関数を考えてみれば分かる.

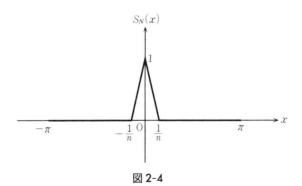

図 2-4

$$S_N(x) = \begin{cases} 0 & \left(-\pi<x<-\dfrac{1}{N},\ \dfrac{1}{N}<x<\pi\right) \\[3mm] N\left|x-\dfrac{1}{N}\right| & \left(-\dfrac{1}{N}<x<\dfrac{1}{N}\right) \end{cases}$$

これは図 2-4 のような関数で，$N\to\infty$ の極限で

$$\lim_{N\to\infty} S_N(x) = \begin{cases} 0 & (x\neq 0) \\ 1 & (x=0) \end{cases} \tag{2.37}$$

となる．$f(x)\equiv 0$ にとると

$$\lim_{N\to\infty}\int_{-\pi}^{\pi}\{f(x)-S_N(x)\}^2 = 0$$

つまり $S_N(x)$ は平均収束の意味では $f(x)\equiv 0$ へ近づくが，各点収束の意味では (2.37) という別の関数へ近づく．

　ここでは 1-2 節の例 2 と例 3 において (2.32) が成立していることを見た．つまりフーリエ級数展開に用いる $u_n(x)$ は完全系をなしているらしい．実際，数学的には次の定理がある．この証明はこみ入っているのでここでは省略する．

　定理 2-2　(2.23) の関数系 $u_n(x)$ は $-\pi<x<\pi$ で周期的なすべての連続関数に関して完全系をなす．

1-2 節の例 2，例 3 はこの定理の条件をみたしている．

2-3　一様収束性と項別微分

この章のはじめに，(2.5) で不連続点も含めてフーリエ級数の各点収束性を示した．それでは $-\pi<x<\pi$ の範囲にわたって x を動かしたとき，その収束性は x に関して一様であるだろうか？　これに関しては，$f(x)$ が区分的になめらかでしかも $f(x)$ が連続な部分区間に関するかぎり，一様収束であることが分かっている．定理の形で述べると次のようになる．

　定理 2-3　周期 2π の関数 $f(x)$ が区分的になめらかでしかも連続であるとする．このとき $S_N(x)$ は一様に $f(x)$ に収束する．つまり $-\pi\leqq x\leqq\pi$ を満たす x に関して，$\varepsilon>0$ を任意に与えたとき x によらない N_0 が ε に依存して

とれて, $N>N_0$ であるかぎり

$$|S_N(x)-f(x)| < \varepsilon \qquad (2.38)$$

が成立する.

不連続な関数についてはこの定理は成り立たない. そのことを例で見てみよう. 1-2節の例1からつくった(1.48)で与えられる $g(x)$ は $x=0,\pi$ で不連続点を含む. 図1-7の示すように $x=0,\pi$ の近くでは $S_N(x)$ にツノが出て一様に $g(x)$ に近づいていないことが理解できる. N_0 をどんなに大きくとっても不連続点の近くの x について(2.38)が成立しないのである.

一方, 1-2節の例3, 例4, 例5は $f(x)$ が連続なので, フーリエ級数は一様収束が期待される. 「級数が一様収束すれば項別微分が許される」という基本的な定理があるので, そのことを例について見てみよう. すでに1-2節の各々の例のところで指摘したように, $-\pi<x<\pi$ の区間では

$$例3の微分 = 例3'$$
$$例4の微分 = 例2 \qquad (2.39)$$
$$例5の微分 = (1.44)$$

の関係がたしかに項別微分によって成立している. 例3, 例4, 例5は区分的になめらかで不連続点を含まないので, 定理の条件をみたしている.

項別微分が許されるときは, $f(x)$ のフーリエ係数 a_n, b_n と $f'(x)$ のフーリエ係数 a_n', b_n' の間に簡単な関係がある. (1.16)を x で微分して $f'(x)$ の展開と等しいと置く.

$$f'(x) = \sum_{n=1}^{\infty} (-na_n \sin nx + nb_n \cos nx)$$

$$\equiv \frac{a_0'}{2} + \sum_{n=1}^{\infty} (a_n' \cos nx + b_n' \sin nx)$$

よって $n \geqq 1$ に対して

$$a_n' = nb_n, \qquad b_n' = -na_n \qquad (2.40)$$

を得る. 複素表示ではさらに簡単で, $f(x)$ と $f'(x)$ の展開係数をそれぞれ c_n, c_n' とすると,

$$f(x) = \sum_{n=0, \pm 1, \cdots} c_n e^{inx} \qquad (2.41)$$

を微分して

$$f'(x) = \sum_{n=0, \pm 1, \cdots} in\pi c_n e^{inx} \qquad (2.42)$$

$$= \sum_{n=0, \pm 1, \cdots} c_n{}' e^{inx} \qquad (2.43)$$

よって

$$c_n{}' = inc_n \qquad (2.44)$$

を得る.

　それでは不連続点を含む例の微分はどうであろうか. これは上の定理にはあてはまらない関数であるが, 例1のフーリエ級数(1.21)を例にとって, ためしに項別微分をしてみよう.

$$f'(x) = \frac{2}{\pi}(\cos x + \cos 3x + \cos 5x + \cdots) \qquad (2.45)$$

となり, これは収束しない. 左辺も不連続点での微分を含んでいて, 意味がつけられないようにみえる. しかしこの節の後の方で見るように, δ 関数とよばれる超関数を導入すると(2.45)の右辺が定義できて, (2.40)が成立するのである!

2-4 項別積分

それでは項別積分の方はどうであろうか. $f(x)$ を区分的に連続(なめらかさは要請しなくてよい)な周期 2π の周期関数とする.

$$F(x) = \int_0^x f(y)dy \qquad (2.46)$$

を考えよう. $f(x)$ は積分可能であることに注意. さらに(1.16)の展開の初項 $a_0/2$ を用いて

$$G(x) = F(x) - \frac{a_0}{2}x \tag{2.47}$$

を定義すると，

$$G(x+2\pi) = \int_0^{x+2\pi} f(y)dy - \frac{a_0}{2}(x+2\pi)$$

$$= \int_0^x f(y)dy + \int_x^{x+2\pi} f(y)dy - \frac{a_0}{2}(x+2\pi)$$

ところが $f(y)$ の周期は 2π ゆえ

$$\int_x^{x+2\pi} f(y)dy = \int_{-\pi}^{\pi} f(y)dy = a_0\pi$$

よって

$$G(x+2\pi) = G(x) \tag{2.48}$$

が成立し，$G(x)$ は周期 2π の周期関数である．$f(x)$ が区分的に連続であれば，$f(x)$ の積分 $F(x)$ は区分的になめらかである．したがって $G(x)$ は区分的になめらかとなり，上記 2-3 節の項別微分が許される．したがって

$$G(x) = c_0 + \sum_{n=1}^{\infty}(c_n \cos nx + d_n \sin nx) \tag{2.49}$$

と展開したとき，

$$G'(x) = F'(x) - \frac{a_0}{2} = f(x) - \frac{a_0}{2}$$

$$= \sum_{n=1}^{\infty}(-nc_n \sin nx + nd_n \cos nx) \tag{2.50}$$

となる．(1.16)で与えられる $f(x)$ のフーリエ級数と(2.50)を比較して，$n \geqq 1$ に対して次の関係を得る．

$$a_n = nd_n, \quad b_n = -nc_n \tag{2.51}$$

c_0 については，$G(0) = F(0) = 0$ を用いると

$$G(0) = c_0 + \sum_{n=1}^{\infty} c_n = c_0 - \sum_{n=1}^{\infty}\frac{b_n}{n} \tag{2.52}$$

のように求まる．よって

$$F(x) = \int_0^x f(y)dy = \frac{a_0}{2}x + G(x)$$

$$= \frac{a_0}{2}x + \sum_{n=1}^{\infty}\frac{1}{n}\{-b_n(\cos nx - 1) + a_n \sin nx\} \qquad (2.53)$$

と決まった. これは直接(1.16)を x で 0 から x まで項別積分したものに等しい. 複素表示では(2.41)から

$$F(x) = \int_0^x f(y)dy$$

$$= c_0 x + \sum_{n=\pm 1, \pm 2}\frac{c_n}{in}(e^{inx} - 1)$$

としてフーリエ級数展開が求まる.

(2.39)の逆がそのまま項別積分の例となる. つまり

$$\int_0^x (例 3')dx = 例 3$$

$$\int_0^x (例 2)dx = 例 4$$

$$\int_0^x (1.44)dx = 例 5$$

となっていて, いずれも項別積分が可能なことを示している.

2-5 デルタ関数

ここでは複素表示を用い, さしあたり x を 1 周期 $-\pi < x < \pi$ に限ることにする. (1.18)を(1.17)へ代入して

$$f(x) = \sum_{n=0, \pm 1, \cdots} c_n e^{inx} = \sum_{n=0, \pm 1, \cdots}\left(\frac{1}{2\pi}\int_{-\pi}^{\pi}f(y)e^{-iny}dy\right)e^{inx}$$

$$= \int_{-\pi}^{\pi}f(y)\left\{\frac{1}{2\pi}\sum_{n=0, \pm 1, \cdots}e^{in(x-y)}\right\}dy \qquad (2.54)$$

$$\equiv \int_{-\pi}^{\pi} \Delta(x-y) f(y) dy \tag{2.55}$$

ここで(2.54)においては n についての無限和と y についての積分が交換できることを仮定し，(2.55)では $f(x)$ によらない決まった関数

$$\Delta(x-y) = \frac{1}{2\pi} \sum_{n=0,\pm 1,\cdots} e^{in(x-y)} \tag{2.56}$$

を定義した．(2.55)では，任意の $f(y)$ を右辺に入れたとき，同じ $f(x)$ が左辺に再現されている．x, y を行と列を指定する指標 i, j とし，積分を和と見なして

$$f_i = \sum_j \Delta_{ij} f_j \tag{2.57}$$

と書いてみる．いまは対応関係をみているので，正確に積分を和の極限で書く必要はない．こう書いてみると，(2.57)は行列の固有値方程式の形をしていて，任意のベクトル f_i に対して Δ は固有値 1 をもっていることを示している．よって Δ は単位行列で，その成分 Δ_{ij} は

$$\Delta_{ij} = \delta_{ij} \tag{2.58}$$

のはずである．ここで δ_{ij} はクロネッカーのデルタ(2.25)である．そこで(2.55)のように連続パラメーター x, y で指定される「単位行列」δ_{xy} があったとすると，それが $\Delta(x-y)$ のはずである．Δ は $x-y$ のみの関数であるから

$$\Delta(x-y) = \delta(x-y)$$

と書けるであろう．この $\delta(x)$ が超関数としてのデルタ(δ)関数である．これは量子力学の定式化の際，ディラック(Dirac)によって導入されたものであり，**ディラックの δ 関数**とよばれている．なお行列との対応関係は第 3 章でくわしく扱う．

もしこの δ 関数が存在するとすれば，(2.55)は任意の $f(x)$ について

$$f(x) = \int_{-\pi}^{\pi} \delta(x-y) f(y) dy \tag{2.59}$$

となるので，(2.59)の積分のうち $y=x$ の近くのみが効いているはずである．このことから $\delta(x-y)$ は次の 2 つの性質をもっていることが予想される．

（ i ） $\delta(x-y)$ は $x \neq y$ ではゼロである.

（ ii ） $\delta(x-y)$ は $x=y$ で積分(2.59)が成立するくらいに大きな(無限大の)値をもつ.

この無限大の程度は $f(y)=1$ とおいて

$$1 = \int_{-\pi}^{\pi} \delta(x-y)dy \tag{2.60}$$

が成立することからきまる. このことから $\delta(x-y)$ の $x=y$ での無限大は正であって, その近くの "面積" が1という性質が出てくる. そこで図2-5のように, 高さ R, 幅が $1/R$ の長方形関数 $\delta_R(x-y)$ を考える. こうすると長方形の面積は $S=R\cdot\dfrac{1}{R}=1$ であって

$$\lim_{R\to\infty} \delta_R(x-y) = \delta(x-y) \tag{2.61}$$

が成立すると期待される.

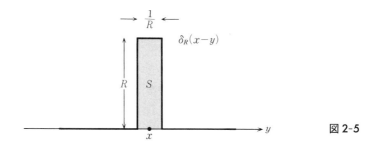

図 2-5

ここで(2.56)にもどろう. こんどは x の周期性も考慮する. (2.56)から $\varDelta(x-y)$ は $x-y$ の偶関数であり, $x-y \to x$ と置き換えて

$$\varDelta(x) = \frac{1}{2\pi} \sum_{n=0,\pm1,\cdots} \cos nx = \frac{1}{2\pi} + \frac{1}{\pi}(\cos x + \cos 2x + \cos 3x + \cdots) \tag{2.62}$$

と書ける. いま, 図2-6のようなパルスの列を考える. 1つ1つのパルスは図2-5に示された関数 $\delta_R(x)$ の形をしている. つまり図2-6では高さ R, 幅 $\dfrac{1}{R}$ のパルスの列が $x=0, \pm2\pi, \pm4\pi, \cdots$ を中心に連なっている.

この周期関数を $\varDelta_R(x)$ と書く. 1周期を $-\pi < x < \pi$ にとって $\varDelta_R(x)$ をフー

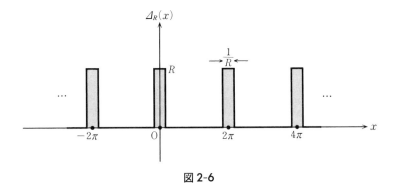

図 2-6

リエ級数展開すると，$b_n = 0$ で，a_n の積分に対しては $-1/2R < x < 1/2R$ のみが効いて

$$a_n = \frac{1}{\pi}\int_{-\pi}^{\pi} \Delta_R(x)\cos nx dx = \begin{cases} \dfrac{2R}{\pi}\dfrac{\sin(n/2R)}{n} & (n \neq 0) \\[3mm] \dfrac{1}{\pi} & (n=0) \end{cases} \qquad (2.63)$$

よって

$$\Delta_R(x) = \frac{1}{2\pi} + \frac{1}{\pi}\sum_{n=1}^{\infty}\frac{\sin(n/2R)}{n/2R}\cos nx \qquad (2.64)$$

となる．ここで両辺の $R \to \infty$ の極限を考える．左辺は(2.61)により δ 関数の列となる．

$$\lim_{R \to \infty}\Delta_R(x) = \sum_{n=0,\,\pm2,\,\pm4,\,\cdots}\delta(x-n\pi) \qquad (2.65)$$

右辺では $\displaystyle\sum_n$ と $\displaystyle\lim_R$ が交換すると仮定して

$$\lim_{R \to \infty}\frac{\sin(n/2R)}{n/2R} = 1 \qquad (2.66)$$

を用いる．結局，次の等式を得る．

$$\sum_{n=0,\,\pm2,\,\pm4,\,\cdots}\delta(x-n\pi) = \frac{1}{2\pi} + \frac{1}{\pi}(\cos x + \cos 2x + \cos 3x + \cdots) = \Delta(x) \quad (2.67)$$

$-\pi<x<\pi$ に限れば，左辺は $\delta(x)$ としてよい．一方，(2.67) の右辺と (2.62) の右辺は同じものであるから，当初の予想

$$\varDelta(x) = \delta(x) \tag{2.68}$$

つまり (2.56) の $\varDelta(x-y)$ は $\delta(x-y)$ に等しいことがいえた．この δ 関数は偶関数である：

$$\delta(x) = \delta(-x) \tag{2.69}$$

δ 関数の性質 (i), (ii) は図 2-5 のような長方形の極限のみで表わされるわけではない．図 2-7 のようなテント形の関数を考えてみると，これも $R\to\infty$ で $\delta(x)$ となる．そこでこれを用いて周期関数 $\bar{\varDelta}_R(x)$ を図 2-8 のようにつくってみる．$\bar{\varDelta}_R(x)$ のフーリエ係数は，$b_n=0$,

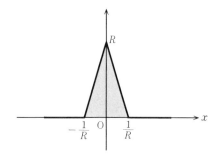

図 2-7

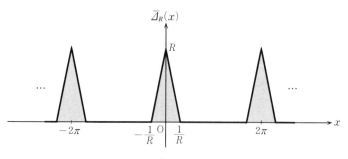

図 2-8

$$a_n = \frac{1}{\pi}\int_{-\pi}^{\pi}\bar{\Delta}_R(x)\cos nx dx = \frac{2}{\pi}\int_0^{1/R}R^2\Big(\frac{1}{R}-x\Big)\cos nx dx$$

$$= \begin{cases} \dfrac{2}{\pi}\Big(1-\dfrac{\sin(n/R)}{n/R}-\dfrac{\cos(n/R)-1}{n^2/R^2}\Big) & (n\neq0) \\ \dfrac{1}{\pi} & (n=0) \end{cases} \qquad (2.70)$$

ところが $n\neq0$ では $\lim_{R\to\infty}a_n=\dfrac{1}{\pi}$ であるから，$\bar{\Delta}_R(x)$ のフーリエ展開で両辺の $R\to\infty$ の極限をとれば，(2.67)と同じ式が得られる．このことは δ 関数を表現するのに性質(i), (ii)が満たされていればよく，細部にはよらないことを示している．このため以下では一般の $\Delta_R(x)$ を考えることとし $\delta_R(x)$ という記号を用いる．

超関数としての δ 関数　　δ 関数は $\delta_R(x)$ の $R\to\infty$ での極限として定義されるものであるから，$x=0$ でのみゼロでない値をもち，その値が無限大というもので，これはふつうの意味での関数の仲間には入らない．そこで関数の範囲をひろげて**超関数**(distribution)を考える．これは(2.59)の右辺のように，ある関数 $f(y)$ を掛けた後での積分を通してのみ定義されるものである．そしてこのときの関数 $f(y)$ は無限回微分可能で，x の全領域で考えるときは $x\to\pm\infty$ で x のどんなベキよりも早くゼロへいくものとする．このような性質をもつ任意の f について，δ 関数は

$$f(x) = \int_{-\infty}^{\infty}\delta(x-y)f(y)dy \qquad (2.71)$$

を満足する．このような定義に従うと，例えば

$$f(x)\delta(x-y) = f(y)\delta(x-y) \qquad (2.72)$$

が成立することは，両辺に任意の関数 $g(y)$ をかけて y で積分すると，両辺とも $f(x)g(x)$ となることから分かる．

(i)　**δ 関数の微分**

形式的に(2.71)の右辺を x で微分し，y 積分と x 微分が交換すると仮定する．

$$\frac{d}{dx}\delta(x-y) = -\frac{d}{dy}\delta(x-y)$$

を用いた後で部分積分すると

$$\int_{-\infty}^{\infty} \left(\frac{d}{dx}\delta(x-y)\right)f(y)dy = -\int_{-\infty}^{\infty} \frac{d}{dy}\delta(x-y)f(y)dy$$

$$= -\delta(x-y)f(y)\Big|_{-\infty}^{\infty} + \int_{-\infty}^{\infty} \delta(x-y)f'(y)dy$$

$$= f'(x)$$

となる．これは(2.71)の左辺を x で微分したものであるから，右辺では x 微分と y 積分を交換してよいという仮定が正しかったことを示している．$\delta'(x)$ に対する公式として，次式を得る．

$$\int \delta'(x-y)f(y)dy = f'(x) \tag{2.73}$$

または $x=0$ として，(2.69)から導かれる関係式

$$\delta'(-x) = -\delta'(x) \tag{2.74}$$

を用いて次式が示される．

$$\int \delta'(x-y)f(y)dy = -f'(x) \tag{2.75}$$

さらに n を自然数として

$$\int \delta^{(n)}(x-y)f(y)dy = (-1)^n f^{(n)}(x) \tag{2.76}$$

が成立する．ただし次の定義を導入した．

$$\delta^{(n)}(x-y) \equiv \frac{d^n}{dx^n}\delta(x-y)$$

$$f^{(n)}(x) \equiv \frac{d^n}{dx^n}f(x)$$

ここで $\delta'(x)$ がどのような関数形をしているかをみてみよう．微分の定義から

$$\delta'(x) = \lim_{\Delta \to 0}\frac{1}{2\Delta}(\delta(x+\Delta)-\delta(x-\Delta)) = \lim_{\Delta \to 0}\frac{1}{2\Delta}\lim_{R \to \infty}(\delta_R(x+\Delta)-\delta_R(x-\Delta))$$

ここで $\delta_R(x)$ は図2-5で与えられる長方形関数としよう．R, Δ とも有限にとめておくと $\delta'(x)$ は図2-9で示された関数の極限である．

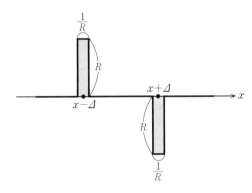

図 2-9

（ⅱ）δ関数の積分

$$\theta(x-a) = \int_{-\infty}^{x} \delta(y-a)dy \qquad (2.77)$$

を考えると、これは $x<a$ でゼロ、$x>a$ で 1 となる。この関数を**単位階段関数**とよぶことがある。逆に

$$\frac{d}{dx}\theta(x-a) = \delta(x-a) \qquad (2.78)$$

が成立する。δ関数を用いると $\theta(x-a)$ のような不連続関数も微分できるのである。(2.78)を用いて 1-2 節の例1、例2を見ることにしよう。これらの例はいずれも不連続点をもっている。

[例1]
$$f(x) = \begin{cases} 1 & (0<x<\pi) \\ 0 & (-\pi<x<0) \end{cases} \qquad (1.19)$$

$f(x)$ は θ 関数を用いて $-\pi<x<\pi$ では

$$\theta(x)-\theta(x-\pi)$$

と書ける。これを全区間へ周期的に拡張して、

$$f(x) = \sum_{n=0,\pm1,\cdots} \{\theta(x-2n\pi)-\theta(x-(2n+1)\pi)\} \qquad (2.79)$$

と書く。これを微分すると(2.78)から

$$f'(x) = \sum_{n=0,\pm 1,\cdots} \{\delta(x-2n\pi) - \delta(x-(2n-1)\pi)\} \tag{2.80}$$

この右辺に(2.67)を代入する. (2.80)の右辺第1項へはそのまま(2.67)を代入し, 第2項へは(2.67)において $x \to x - \pi$ としたものを代入する. その結果,

$$f'(x) = \frac{1}{\pi}(\cos x + \cos 2x + \cos 3x + \cdots) - \frac{1}{\pi}(-\cos x + \cos 2x - \cos 3x + \cdots)$$

$$= \frac{2}{\pi}(\cos x + \cos 3x + \cos 5x + \cdots) \tag{2.81}$$

を得る. これは例1のフーリエ展開(1.21)の右辺を項別微分したものである. (2.45)に関して述べたように, δ 関数にまで関数をひろげると, ふつうの意味では収束しない級数も意味がつけられるのである. もう1つの例として, 1-2節の例2を見よう.

[例2]
$$f(x) = x \qquad (-\pi < x < \pi) \tag{1.23}$$
$-\pi < x < \pi$ では, $f(x)$ は
$$f(x) = x\{\theta(x+\pi) - \theta(x-\pi)\} \tag{2.82}$$
と書けるので, x の全領域で

$$f(x) = \sum_{n=0,\pm 1,\pm 2,\cdots} (x-2n\pi)\{\theta(x-(2n-1)\pi) - \theta(x-(2n+1)\pi)\} \tag{2.83}$$

と書ける. 両辺を微分して

$$f'(x) = \sum_{n=0,\pm 1,\pm 2,\cdots} (x-2n\pi)\{\delta(x+\pi-2n\pi) - \delta(x-\pi-2n\pi)\}$$

$$+ \sum_{n=0,\pm 1,\pm 2,\cdots} \{\theta(x+\pi-2n\pi) - \theta(x-\pi-2n\pi)\} \tag{2.84}$$

(2.84)の右辺第1項において, 公式

$$x\delta(x-a) = a\delta(x-a) \tag{2.85}$$

を用いる. これは, (2.72)に $f(x)=x$, $y=a$ を代入すれば得られる. その結果, 右辺第1項は

$$-2\pi \sum_{n=0,\pm 1,\pm 2,\cdots} \delta(x+\pi-2n\pi) \tag{2.86}$$

と書ける．この式は $x=(2n-1)\pi$ のところで δ 関数で表わされる大きな値を
もっているが，これはもとの $f(x)$ が同じところで不連続だったことによる．
係数の -2π はそこでの $f(x)$ のとびの値である．

　ここで(2.86)に(2.67)の x を $x+\pi$ と置き換えたものを用いると，(2.86)は
次のようになる．

$$-2\pi\left\{\frac{1}{2\pi}+\frac{1}{\pi}(-\cos x+\cos 2x-\cos 3x+\cdots)\right\}$$
$$= -1+2(\cos x-\cos 2x+\cos 3x-\cdots) \qquad (2.87)$$

さて(2.84)の右辺第2項については，じつは，これはすべての x で1を与え
る関数であることが分かる．よって(2.84)の右辺は，(2.87)とともに

$$-1+2(\cos x-\cos 2x-\cos 3x-\cdots)+1$$
$$= +2(\cos x-\cos 2x+\cos 3x-\cdots) \qquad (2.88)$$

となる．これはちょうど(1.26)の右辺を項別微分したものになっている．つま
り例2のような不連続関数も δ 関数を用いれば項別微分が可能である．

2-6　ギブス現象

$f(x)$ の不連続点の近くで，フーリエ級数は奇妙な振舞いをする．図1-7を見
るとよく分かるように，不連続点 $x=0,\pm\pi,\cdots$ の近くでツノが出ることは，
すでに1-3節と2-3節で述べた．特に2-3節では，(2.2)で定義される $S_N(x)$ が
$N\to\infty$ で x について一様に $f(x)$ に収束するのは $f(x)$ が連続関数のときであ
ること，さらに，このツノのために不連続関数は一様収束しないことを述べた．

　さてここでは，このツノの大きさを実際の例で計算する．1-2節の例1につ
いて，図1-7を参考にしながら議論をすすめる．まず(1.21)を(1.48),(1.49)
で与えられるような $g(x),g_n(x)$ で書きなおす．つまり

$$f(x) = \frac{1}{2}+\frac{2}{\pi}g(x) \qquad (2.89)$$

$$g(x) = \lim_{N\to\infty}g_N(x) \qquad (2.90)$$

$$g_N(x) = \sin x + \frac{\sin 3x}{3} + \frac{\sin 5x}{5} + \cdots + \frac{\sin(2N-1)x}{2N-1} \tag{2.91}$$

となる．ここで(1.49)の n を N と書いた．$g_N(x)$ がどの x で最大値をとるかを調べるために，$g_N(x)$ を微分する．

$$g_N{}'(x) = \cos x + \cos 3x + \cdots + \cos(2N-1)x \tag{2.92}$$

この和は複素数で計算すると便利である．Re z を z の実数部とすると

$$g_N{}'(x) = \mathrm{Re}(e^{ix} + e^{3ix} + \cdots + e^{i(2N-1)x}) = \mathrm{Re}\, e^{ix}(1 + e^{2ix} + \cdots + e^{i2(N-1)x})$$

$$= \mathrm{Re}\, e^{ix} \frac{1 - e^{i2Nx}}{1 - e^{2ix}} = \frac{\mathrm{Re}\, e^{ix}(1 - e^{i2Nx})(1 - e^{-2ix})}{(1 - e^{2ix})(1 - e^{-2ix})}$$

$$= \frac{-2\sin x \,\mathrm{Im}(1 - e^{i2Nx})}{(1 - e^{2ix})(1 - e^{-2ix})} = \frac{2\sin x \sin 2Nx}{(1 - e^{2ix})(1 - e^{-2ix})} \tag{2.93}$$

よって $g_N{}'(x) = 0$ の解は $\sin x \sin 2Nx = 0$ から，n を整数として $x = n\pi, \dfrac{n}{2N}\pi$ のように求まる．以下では，$x = 0$ の両側に現われるツノの大きさを調べることにする．図1-7を見ると，このツノは $x = 0$ に最も近い極大(小)のところでおこるので，その x の値は $\sin 2Nx = 0$ をみたす $x = 0$ 以外の最小の x である．つまり

$$x = \pm \frac{\pi}{2N} \tag{2.94}$$

そこでの $g_N(x)$ の値が最大(小)値となる．その値を $g_N{}^{\pm}$ と書くと，

$$g_N{}^{\pm} = \pm\left(\sin\frac{\pi}{2N} + \frac{\sin\frac{3\pi}{2N}}{3} + \frac{\sin\frac{5\pi}{2N}}{5} + \cdots + \frac{\sin\frac{(2N-1)\pi}{2N}}{2N-1} \right)$$

$$= \pm\frac{\pi}{2}\frac{1}{N}\left(\frac{\sin\frac{\pi}{2N}}{\frac{\pi}{2N}} + \frac{\sin\frac{3\pi}{2N}}{\frac{3\pi}{2N}} + \cdots + \frac{\sin\frac{(2N-1)\pi}{2N}}{\frac{(2N-1)\pi}{2N}} \right)$$

ここで $\varDelta = \dfrac{\pi}{2N}$, $h(y) = \dfrac{\sin y}{y}$ とおくと

$$g_N{}^{\pm} = \pm\varDelta \sum_{k=1}^{N} h((2k-1)\varDelta) = \pm\frac{1}{2} 2\varDelta \sum_{k=1}^{N} h((2k-1)\varDelta)$$

よって

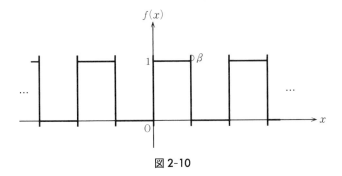

図 2-10

$$g_\infty{}^\pm \equiv \lim_{N\to\infty} g_N{}^\pm = \pm\frac{1}{2}\int_0^\pi \frac{\sin y}{y}dy \cong \pm\frac{1}{2}\times 1.85 \qquad (2.95)$$

ここで最後の積分に対する数値を代入した. $N\to\infty$ では図 1-7 は図 2-10 のようになる. さて, ツノの大きさ β は(2.89)を用いて求めることができる. $f(x)$ の最大値, 最小値 $f_{\max}, f_{\min}$ は

$$f_{\max} = \frac{1}{2}+\frac{2}{\pi}G_\infty{}^+ = \frac{1}{2}+\frac{2}{\pi}\frac{1}{2}\times 1.85 \cong 1.09$$

$$f_{\min} = \frac{1}{2}+\frac{2}{\pi}G_\infty{}^- = \frac{1}{2}-\frac{2}{\pi}\frac{1}{2}\times 1.85 \cong -0.09$$

であって図 2-10 の中のツノの大きさ $\beta=0.09$ を得る.

　他の例でも同じようにできる. 一般に不連続点の場所にはツノがでて, その大きさに対する公式も分かっている. (2.95)の公式を

$$g_\infty{}^\pm = \pm\frac{1}{2}\left\{\int_0^\infty \frac{\sin y}{y}dy-\int_\pi^\infty \frac{\sin y}{y}dy\right\}$$

$$= \pm\frac{1}{2}\left\{\frac{\pi}{2}-\int_\pi^\infty \frac{\sin y}{y}dy\right\}$$

と変形して, $f_{\max}$ から β を求めると次のようになる.

$$\beta = f_{\max}-1 = \frac{1}{2}+\frac{1}{\pi}\left(\frac{\pi}{2}-\int_\pi^\infty \frac{\sin y}{y}dy\right)-1$$

$$= -\frac{1}{\pi}\int_\pi^\infty \frac{\sin y}{y}dy \tag{2.96}$$

ここで$\int_0^\infty \frac{\sin y}{y}dy=\frac{\pi}{2}$を用いた．一般の公式は(2.96)に不連続点におけると
びの大きさdをかけたものが，その点におけるツノの大きさであることが知
られている．

$$\beta = -\frac{d}{\pi}\int_\pi^\infty \frac{\sin y}{y}dy \tag{2.97}$$

なお数値的には

$$-\frac{1}{\pi}\int_\pi^\infty \frac{\sin y}{y}dy = 0.09$$

である．一般公式(2.97)もここで行なった議論をすこし拡張して導くことがで
きる．興味ある読者は試みられることをお勧めする．

　このような不連続点における特異な現象は，フーリエ級数を実際に用いると
き念頭におくべきことである．例えば，数値的にフーリエ級数を評価する際，
不連続点の近くでは，フーリエ展開に現われる多数の項を取り入れないと，も
との関数を再現しないという現象が起こる．

　最後に，ここで述べたギブス現象は(2.5)に矛盾しないのか，という疑問が
おこると思う．答は次の通り．(2.5)においては$N\to\infty$の際，xは固定されて
いるのである．こうするとギブス現象は拾い出せない．ギブス現象を見るには，
xを(2.94)のように不連続点(この例では$x=0$)へNとともに近づいていくよ
うな点列を考えなければならないのである．その理由は，$f(x)$が，xのその
ような値で最大値をとるからである．

第2章演習問題

[1]　1-2節の例3′，例4について，パーシバルの等式が成立していることを示しなさ
い．

[2]　$b>0$として次の2つの例でリーマンの補助定理(2.15)が成り立っていることを確

かめたい. $N \to \infty$ で(a), (b)の積分がどのように振舞うか,その漸近形を求めなさい.

(a) $\displaystyle \int_0^b \cos ax \sin Nx dx$

(b) $\displaystyle \int_0^b x^n e^{-ax} \sin Nx dx$

[3] 次の例はリーマンの補助定理(2.15)に反するようにみえる. このことに関して次の問に答えなさい.

(a) $b_1 > 0$ として

$$\lim_{N \to \infty} \int_{-b_1}^{b_1} \frac{\sin Nx}{x} dx = \pi$$

を証明しなさい.

(b) この例がリーマンの補助定理と矛盾しないことを説明しなさい.

[4] ディラックの δ 関数について,次の等式を証明しなさい.

(a) $\delta(ax) = \dfrac{1}{|a|} \delta(x)$

(b) $\delta((x-a)(x-b)) = \dfrac{1}{|b-a|}(\delta(x-a) + \delta(x-b))$

[5] ディラックの δ 関数に関する次の等式を証明しなさい.

(a) $\displaystyle \lim_{\alpha \to \infty} \sqrt{\frac{\alpha}{\pi}} e^{-\alpha x^2} = \delta(x)$

(b) $\displaystyle \lim_{n \to \infty} \sum_{r=-n}^{n} e^{i2\pi rx} = \delta(x)$

3 フーリエ変換

前章までは有限の周期 $2L$ をもつ周期関数を考えた．そしてそのような関数は $\cos\dfrac{n\pi}{L}x, \sin\dfrac{n\pi}{L}x$ の無限級数として書けることを知った．

　それでは周期関数でない一般の関数をサインやコサインで書き表わすことはできるであろうか．ちょっと考えるとサインやコサインは周期関数なので，これらを集めても周期関数にしかならないような気がする．しかしそうではない．周期をもたない関数は，その周期が無限大であるとみなして，$L\to\infty$ の極限で考えるとよい．つまりフーリエ級数における n についての和を，この極限で考えるのである．$\omega_n = n\pi/L$ とおくと n が1つ変化すると ω_n は $\dfrac{\pi}{L}$ だけ変化し，$L\to\infty$ では連続に分布する．その結果 n についての和は $\cos\omega x$ や $\sin\omega x$ の ω についての積分になりそうである．周期をもたない関数に対しては，このような操作が実際に可能であることを示すのがこの章の目標である．

3-1　フーリエ級数からフーリエ変換へ

周期 $2L$ の周期関数 $f(x)$ において $L\to\infty$ とする．周期が無限大ということは周期的な関数ではないことになる．これを**非周期的関数**とよび以下このような関数を考えよう．当面は不連続点を含まない連続関数に限ることにする．

　$L\to\infty$ の極限を考えるのには，複素フーリエ展開を用いると便利である．

(1.13)を(1.11)へ代入して

$$f(x) = \sum_{n=0,\pm1,\pm2,\cdots} c_n e^{i\frac{n\pi}{L}x} = \sum_{n=0,\pm1,\pm2,\cdots} \left\{ \frac{1}{2L} \int_{-L}^{L} f(y) e^{-i\frac{n\pi}{L}y} dy \right\} e^{i\frac{n\pi}{L}x}$$

$$= \frac{1}{2\pi} \int_{-L}^{L} f(y) \left\{ \sum_{n=0,\pm1,\pm2,\cdots} \frac{\pi}{L} e^{in\left(\frac{\pi}{L}\right)(x-y)} \right\} dy \tag{3.1}$$

ここで積分と和の交換が許されると仮定した．(3.1)の{ }の中は$L\to\infty$で積分におきかわる．$\Delta\omega\equiv\pi/L$，$\omega_n=n\Delta\omega$ とおいて，$L\to\infty$ の極限をとると

$$\lim_{\Delta\omega\to0} \sum_{n=0,\pm1,\pm2,\cdots} \Delta\omega e^{i\omega_n(x-y)} = \int_{-\infty}^{\infty} d\omega e^{i\omega(x-y)} \tag{3.2}$$

と書けるので，(3.1)は

$$f(x) = \frac{1}{2\pi} \int_{-\infty}^{\infty} dy \int_{-\infty}^{\infty} d\omega f(y) e^{i\omega(x-y)} \tag{3.3}$$

という形に変形される．

$$F(\omega) = \int_{-\infty}^{\infty} f(y) e^{-i\omega y} dy \tag{3.4}$$

とおいて $F(\omega)$ を $f(y)$ の**フーリエ(積分)変換**(Fourier transformation)とよぶ．

フーリエ逆変換　　この $F(\omega)$ を用いると(3.3)から**フーリエ(積分)逆変換**(Fourier inverse transformation)

$$f(x) = \frac{1}{2\pi} \int_{-\infty}^{\infty} F(\omega) e^{i\omega x} d\omega \tag{3.5}$$

が得られる．(3.4),(3.5)は対称的なきれいな形をしているが，もっと対称性をよくするため，$\bar{F}(\omega)=\dfrac{F(\omega)}{\sqrt{2\pi}}$ を使う方法もある．このとき

$$\bar{F}(\omega) = \frac{1}{\sqrt{2\pi}} \int_{-\infty}^{\infty} f(y) e^{-i\omega y} dy \tag{3.6}$$

$$f(x) = \frac{1}{\sqrt{2\pi}} \int_{-\infty}^{\infty} \bar{F}(\omega) e^{i\omega x} d\omega \tag{3.7}$$

となるが，以下では(3.4),(3.5)の表示を用いることにする．

　∂関数　　さて(3.3)は

$$f(x) = \int_{-\infty}^{\infty} D(x-y)f(y)dy \tag{3.8}$$

$$D(x-y) = \frac{1}{2\pi} \int_{-\infty}^{\infty} e^{i\omega(x-y)} d\omega \tag{3.9}$$

の形をしているので, (3.8)が任意の $f(x)$ に対して成立することを考えると, $D(x-y)$ は 2-5 節で述べた δ 関数そのものであるはずである. 実際に(2.56) の $\Delta(x-y)$ を書きなおしてみよう. この $\Delta(x-y)$ は 1 周期内 $-\pi < x-y < \pi$ では $\delta(x-y)$ である. このことは(2.56)以下ですでに調べてある. これをすべての x へ周期的に拡張すれば(2.67)を得る.

ここで(2.56), (2.67)において 1 周期を $-L \sim L$ へ変換しよう. そのため

$$\Delta(x-y) = \sum_{n=0, \pm 2, \pm 4, \cdots} \delta(x-y-n\pi) = \frac{1}{2\pi} \sum_{n=0, \pm 1, \pm 2, \cdots} e^{in(x-y)}$$

において, $x = \frac{\pi}{L}x'$, $y = \frac{\pi}{L}y'$ のように変数変換する.

$$\sum_{n=0, \pm 2, \pm 4, \cdots} \delta\left(\frac{\pi}{L}(x'-y') - n\pi\right) = \frac{1}{2\pi} \sum_{n=0, \pm 1, \pm 2, \cdots} e^{i\frac{n\pi}{L}(x'-y')}$$

$$= \frac{L}{2\pi^2} \frac{\pi}{L} \sum_{n=0, \pm 1, \pm 2, \cdots} e^{i\frac{n\pi}{L}(x'-y')} \tag{3.10}$$

これで 1 周期を $-L < x' < L$ にとることができる. ここで両辺を $\frac{L}{\pi}$ で割って極限 $L \to \infty$ をとる.

$$\lim_{L \to \infty} \frac{\pi}{L} \sum_{n=0, \pm 2, \pm 4, \cdots} \delta\left(\frac{\pi}{L}(x'-y') - n\pi\right) = \frac{1}{2\pi} \int_{-\infty}^{\infty} e^{i\omega(x'-y')} d\omega$$

$$= D(x'-y') \tag{3.11}$$

x', y' の任意の値に対して, $L \to \infty$ で左辺では $n=0$ の項のみ効く. その理由は, $\delta(x)$ が $x=0$ でのみ(無限大の)値をもっているからである. 一方 $n=0$ に対してはすべての正の数 a に対して

$$a\delta(ax) = \delta(x) \tag{3.12}$$

が成立するので, (3.11)の左辺は $\delta(x'-y')$ となる. ここで(3.12)は次のように理解できる. (3.12)の両辺に勝手な性質の良い関数 $g(x)$ をかけて積分し, (2.71)で $x=0$ とおいた式を用いて

$$左辺 = \int_{-\infty}^{\infty} a\delta(ax)g(x)dx = \int_{-\infty}^{\infty} \delta(y)g\left(\frac{y}{a}\right)dy = g(0)$$

$$右辺 = \int_{-\infty}^{\infty} \delta(x)g(x)dx = g(0)$$

が導かれる．結局次の公式を得た．

$$\delta(x) = \frac{1}{2\pi}\int_{-\infty}^{\infty} e^{i\omega x}d\omega \tag{3.13}$$

つまり(3.9)の$D(x-y)$は予想通り$\delta(x-y)$に等しいことが分かった．このように，フーリエ級数の1周期$-L<x'<L$を$L\to\infty$と拡大して，全領域で考えるのがフーリエ変換である．1周期以外の部分はなくなるのである．

(3.13)は次のようにも理解できる．$D_d(x)$を次のように定義しよう．

$$D_d(x) = \frac{1}{2\pi}\int_{-d}^{d} e^{i\omega x}d\omega = \frac{1}{\pi}\int_0^d \cos\omega x d\omega = \frac{1}{\pi}\frac{\sin dx}{x} \tag{3.14}$$

積分領域は$-d$からdまでであって，$x=0$の両側に左右対称にとってある．ここで$d\to\infty$の極限を考える．超関数の意味での収束を考えるのであるから，$g(x)$を十分なめらかで$x\to+\infty$で十分はやくゼロとなる任意の関数として，次の積分を調べよう．

$$\frac{1}{\pi}\int_{-\infty}^{\infty} \frac{\sin dx}{x}g(x)dx = \int_{-\delta}^{\delta} \sin dx \frac{g(x)}{\pi x}dx + \int_{\delta}^{\infty} \sin dx \frac{g(x)}{\pi x}dx$$
$$+ \int_{-\infty}^{-\delta} \sin dx \frac{g(x)}{\pi x}dx \tag{3.15}$$

ここでδは小さい正の数である．さて右辺第2，第3項を考える．Mを十分大きい正の数とすると，$g(x)$の性質から，任意の正の小さな数εに対して

$$\left|\int_M^{\infty} \sin dx \frac{g(x)}{\pi x}dx\right| \leqq \int_M^{\infty} \frac{|g(x)|}{\pi x}dx < \varepsilon$$

$$\left|\int_{-\infty}^{-M} \sin dx \frac{g(x)}{\pi x}dx\right| \leqq \int_{-\infty}^{-M} \frac{|g(x)|}{\pi|x|}dx < \varepsilon$$

とすることができる．よって(3.15)の右辺第2，第3項の和は

$$\left| \int_{\delta}^{\infty} + \int_{-\infty}^{-\delta} \right| \le \left| \int_{\delta}^{M} \sin dx \frac{g(x)}{\pi x} \right| + \left| \int_{-M}^{-\delta} \sin dx \frac{g(x)}{\pi x} \right| + 2\varepsilon \quad (3.16)$$

でおさえられる．ここで$d\to\infty$とすると，有限区間の積分に対するリーマンの補助定理(2.15)により，(3.16)の右辺の2つの積分はゼロへいく．εは任意であったから，このことは

$$\int_{\delta}^{\infty} + \int_{-\infty}^{-\delta} \to 0 \quad (d\to\infty)$$

を意味している．$g(x)$は任意であること，δは任意に小さい正の数であることを考慮すると，上のような意味で$x\neq0$では

$$\lim_{d\to\infty} \frac{\sin dx}{\pi x} = 0 \quad (3.17)$$

と結論できる．

$$\left. \frac{\sin dx}{\pi x} \right|_{x=0} = \frac{d}{\pi}$$

であるから，$d\to\infty$でこれは無限大となる．ところが

$$\int_{-\infty}^{\infty} \frac{\sin dx}{\pi x} dx = \int_{-\infty}^{\infty} \frac{\sin y}{\pi y} dy = 1 \quad (3.18)$$

であるから，2-5節のδ関数の定義を参照して(3.17),(3.18)から次の結論に達する．

$$\lim_{d\to\infty} D_N(x) = \lim_{d\to\infty} \frac{\sin dx}{\pi x} = \delta(x) \quad (3.19)$$

これを

$$\frac{1}{2\pi} \int_{-\infty}^{\infty} e^{i\omega x} d\omega = \frac{1}{2\pi} \int_{-\infty}^{\infty} \cos \omega x d\omega = \delta(x) \quad (3.20)$$

と書く．(3.18)は$x=0$で無限大となる関数が積分すると1，つまり$\delta(x)$とx軸でつくられる"面積"が1になるということを意味している．このことは(2.60)のところでも述べた．

いままでは$f(x)$として連続関数を考えてきたが，不連続点を含む場合は，(3.5)を一般化した次式に置きかえなければならない．

$$\frac{1}{2}\{f(x+0)+f(x-0)\} = \frac{1}{2\pi}\int_{-\infty}^{\infty} F(\omega)e^{i\omega x}d\omega \qquad (3.21)$$

このとき(3.4)には変更はない.

フーリエ変換の性質　フーリエ変換に関して，いくつかの点を指摘しておく.

（i）　スペクトル関数としての $F(\omega)$：理工学では ω をスペクトルの値，$F(\omega)$ をスペクトル関数とよぶ場合が多い．フーリエ級数では(3.5)の ω 積分が和となっていて，ω は $\omega_n = \frac{n\pi}{L}$ というように，離散的な値のみをとったが，フーリエ変換ではスペクトル ω が一般には連続値 $-\infty \leqq \omega \leqq \infty$ をとる.

（ii）　公式(3.3)は

$$f(x) = \frac{1}{2\pi}\int_{-\infty}^{\infty} dy \int_{-\infty}^{\infty} d\omega f(y)\cos\omega(x-y)$$

$$= \frac{1}{2\pi}\int_{-\infty}^{\infty} dy \int_{-\infty}^{\infty} d\omega f(y)(\cos\omega x \cos\omega y + \sin\omega x \sin\omega y) \qquad (3.22)$$

と書ける．$f(x)$ が偶関数ならコサイン部分，奇関数ならサイン部分のみが効くので

$f(x)$ が偶関数のとき：

$$F(\omega) = \int_{-\infty}^{\infty} f(x)\cos\omega x dx \qquad (3.23\text{a})$$

$$f(x) = \frac{1}{2\pi}\int_{-\infty}^{\infty} F(\omega)\cos\omega x d\omega \qquad (3.23\text{b})$$

このとき $F(\omega)$ も ω の偶関数である．これを**フーリエコサイン変換**という.

$f(x)$ が奇関数のとき：

$$F(\omega) = \int_{-\infty}^{\infty} f(x)\sin\omega x dx \qquad (3.24\text{a})$$

$$f(x) = \frac{1}{2\pi}\int_{-\infty}^{\infty} F(\omega)\sin\omega x d\omega \qquad (3.24\text{b})$$

このとき $F(\omega)$ も奇関数である．これを**フーリエサイン変換**という.

（iii）　$f(x)$ が実数値をとるとき，(3.4)の複素共役をとって

$$F(\omega)^* = \int_{-\infty}^{\infty} f(y)e^{i\omega y}dy = F(-\omega) \tag{3.25}$$

ここで $F(\omega)=F^R(\omega)+iF^I(\omega)$ というように実部と虚部にわけると，(3.25)から

$$F^R(-\omega) = F^R(\omega), \qquad F^I(-\omega) = -F^I(\omega) \tag{3.26}$$

を得る．$F^R(\omega)$ は偶関数，$F^I(\omega)$ は奇関数であることが分かる．

　(iv)　フーリエ積分の存在について：$F(\omega)$ が存在し，さらに逆変換もできるための条件は，超関数まで許すとするとなかなかむずかしい．

$$\left|\int_{-\infty}^{\infty} f(x)e^{-i\omega x}dx\right| < \int_{-\infty}^{\infty} |f(x)|dx \tag{3.27}$$

であるから，右辺が収束すれば $F(\omega)$ は存在することはただちに分かる．しかしこれでは $\delta(\omega)$ のような超関数を除外してしまうことになる．実際，次節の例1でみるように，$f(x)=1$ に対して $F(\omega)=2\pi\delta(\omega)$ となる．しかし(3.27)の右辺は存在しない．超関数まで含むようなもっとゆるい(広い)条件がほしい．しかしこの問題はこの本の範囲を超えるので，超関数の本にゆずることにする．

　(v)　周期関数のフーリエ変換：ここでは周期関数の周期 $2L$ を $L \to \infty$ とすることによってフーリエ積分を定義したため，非周期関数のみがフーリエ変換できるようにみえる．しかし，周期関数にいくらでも似ている非周期関数も存在するので，その極端な場合として周期関数もフーリエ変換できるはずである．実際可能なのであるが，ただし超関数を許しての話である．このことを少しくわしく見てみよう．

　変換公式(3.4)において，$f(y)$ の周期が $2L$ であるとする．因子 $e^{-i\omega y}$ の y についての周期は $2\pi/\omega$ であるから，もし $2L$ が $2\pi/\omega$ の整数倍ならば(3.4)の被積分関数

$$f(y)e^{-i\omega y}$$

は y の周期 $2L$ の周期関数となり，y で $-\infty$ から $+\infty$ まで積分すると，被積分関数が周期 $2L$ で同じ値をとるので，無限大となる．しかしこの無限大は超関数で表わされるくらいの無限大であり，以下に示すように，ちょうど ω が π/L の整数倍のところでスペクトル関数 $F(\omega)$ が

$$\delta\left(\omega-\frac{\pi n}{L}\right) \tag{3.28}$$

という δ 関数的ピークをもつのである。このことを見てみよう。

$f(y)$ は周期 $2L$ の周期関数であるから，フーリエ級数(1.11)に展開できる。これを用いて，

$$F(\omega) = \int_{-\infty}^{\infty} f(y)e^{-i\omega y}dy = \int_{-\infty}^{\infty}\left(\sum_{n=0,\pm 1,\pm 2,\cdots} c_n e^{i\frac{n\pi}{L}y}\right)e^{-i\omega y}dy$$

ここで積分と和を交換して(3.13)を使うと

$$F(\omega) = \sum_{n=0,\pm 1,\pm 2,\cdots} 2\pi c_n \delta\left(\omega-\frac{n\pi}{L}\right) \tag{3.29}$$

となり，たしかに(3.28)の項の和で書けている。よって周期 $2L$ の周期関数 $f(y)$ をフーリエ積分で変換したとき，スペクトル関数 $F(\omega)$ は $\omega=n\pi/L$ のところでピークをもつ δ 関数の和で書かれる。そしてその重みが $f(y)$ をフーリエ級数展開したときの係数に比例して $2\pi c_n$ で与えられる。$F(\omega)$ は離散的な値でのみゼロではないのである。

ここで $L\to\infty$ の極限をとってみよう。$\omega_n^0=\dfrac{n\pi}{L}$ とおき，(3.29)を変形する。

$$F(\omega) = \frac{\pi}{L}\sum_{n=0,\pm 1,\pm 2,\cdots} 2Lc_n\delta(\omega-\omega_n^0) \tag{3.30}$$

ここで $\omega_n^0\to\omega^0$（ω^0 はある有限の数）となるように，$L\to\infty$ とともに $n\to\infty$ とする。さらに $L\to\infty$ で

$$2Lc_n \to c(\omega^0) \tag{3.31}$$

のように一定値 $c(\omega^0)$ に移行すると，$L\to\infty$ で(3.30)は

$$F(\omega) = \int_{-\infty}^{\infty} d\omega^0 c(\omega^0)\delta(\omega-\omega^0) = c(\omega) \tag{3.32}$$

となる。実際(1.13)から

$$2Lc_n = \int_{-L}^{L} f(x)e^{-i\frac{n\pi}{L}x}dx \to \int_{-\infty}^{\infty} f(x)e^{-i\omega x}dx = F(\omega) \qquad (L\to\infty)$$

であるから，(3.31),(3.32)は正しい。結局フーリエ級数における係数 c_n とフーリエ積分におけるスペクトル関数 $F(\omega)$ の間には，$n\pi/L=\omega$ とおいて

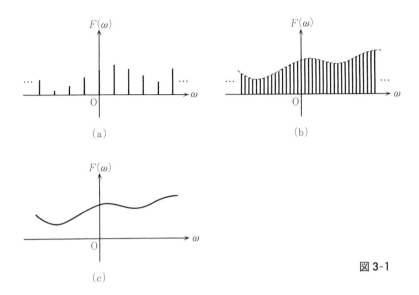

図 3-1

$$\lim_{L \to \infty} 2Lc_n = F(\omega) \tag{3.33}$$

という関係がある．この左辺は ω の連続関数となるのである．この状況を図 3-1 に示してある．図の(a)→(b)→(c)のように L がだんだん大きくなると離散的なスペクトルが密集してきて，結局 $F(\omega)$ は ω の関数として連続関数となる．この極限でスペクトルは連続に分布するという．離散的な点での値は高さが係数 $2\pi c_n$ に比例するように有限として書いてある．

　本章末の演習問題[4]で具体的な例について考える．そこでは 1-2 節の例 2 について，ここで述べたことが成立していることを実際に示すことができる．

3-2 フーリエ変換と逆変換の例

フーリエ変換とその逆変換の例をいくつかみることにしよう．

　[例 1] $$f(x) = 1 \tag{3.34}$$

この場合

$$F(\omega) = \int_{-\infty}^{\infty} e^{-i\omega x}dx = \int_{-\infty}^{\infty} e^{i\omega x}dx = 2\pi\delta(\omega) \tag{3.35}$$

$$逆変換: \quad \frac{1}{2\pi}\int_{-\infty}^{\infty} F(\omega)e^{i\omega x}d\omega = \frac{1}{2\pi}\int_{-\infty}^{\infty} 2\pi\delta(\omega)e^{i\omega x}d\omega = 1$$

ここで(2.59)で $x=0$ とおいたものと(2.69)を用いた。(3.35)より，定数関数のスペクトルは $\omega=0$ のみに存在して，その強度 $|F(\omega)|^2$ は $\omega=0$ で無限大である。

[例2]
$$f(x) = \delta(x) \tag{3.36}$$
これに対しては

$$F(\omega) = \int_{-\infty}^{\infty} \delta(x)e^{-i\omega x}dx = 1 \tag{3.37}$$

$$逆変換: \quad \frac{1}{2\pi}\int_{-\infty}^{\infty} e^{i\omega x}d\omega = \delta(x)$$

デルタ関数のパルスに対して，そのスペクトルは ω の関数としては定数で，すべてのスペクトルが一様に分布している。x を時間 t としたとき，ω は角振動数にあたり，このことはすべての振動数が一様に含まれていることを意味している。光の場合になぞらえてこのようなスペクトル分布を**白色スペクトル**という。この例は例2の x と ω を入れかえたものである。

[例3]
$$f(x) = \begin{cases} R & \left(-\frac{1}{2R} \leqq x \leqq \frac{1}{2R}\right) \\ 0 & （その他） \end{cases} \tag{3.38}$$

これは1つの矩形を表わす関数で，$R\to\infty$ で $\delta(x)$ となる。

$$\begin{aligned} F(\omega) &= R\int_{-1/2R}^{1/2R} e^{-i\omega x}dx \\ &= R\frac{e^{-i\omega/2R}-e^{i\omega/2R}}{-i\omega} = 2\frac{R}{\omega}\sin\frac{\omega}{2R} \\ &= \frac{\sin(\omega/2R)}{\omega/2R} \end{aligned} \tag{3.39}$$

逆変換は次の形をしている。

$$\frac{1}{2\pi}\int_{-\infty}^{\infty}\frac{\sin(\omega/2R)}{\omega/2R}e^{i\omega x}d\omega \tag{3.40}$$

実際(3.40)が(3.38)を再現していることを見よう. $F(\omega)$ は ω の偶関数だから, (3.40)は

$$\frac{R}{\pi}\int_{-\infty}^{\infty}\frac{d\omega}{\omega}\sin\frac{\omega}{2R}\cos\omega x = \frac{R}{2\pi}\int_{-\infty}^{\infty}\frac{d\omega}{\omega}\left\{\sin\left(\frac{1}{2R}+x\right)\omega+\sin\left(\frac{1}{2R}-x\right)\omega\right\} \tag{3.41}$$

となる. ここで公式

$$\int_{-\infty}^{\infty}\frac{d\omega}{\omega}\sin a\omega = \varepsilon(a)\int_{-\infty}^{\infty}\frac{d\omega}{\omega}\sin\omega = \varepsilon(a)\pi$$

を用いる. ただし $\varepsilon(a)$ は a の符号関数, つまり $a>0$ なら $+1$, $a<0$ なら -1 である. 2-5節の(2.77)で導入した単位階段関数 $\theta(a)$ を用いると, $\varepsilon(a)=\theta(a)-\theta(-a)$ と書ける. この $\varepsilon(a)$ を用いると, (3.41)は

$$\frac{R}{2}\left\{\varepsilon\left(\frac{1}{2R}+x\right)+\varepsilon\left(\frac{1}{2R}-x\right)\right\}$$

と書けて, これは(3.38)と一致している. (3.40)で直接 $x=0$ とおくと, 右辺は

$$\frac{R}{\pi}\int_{-\infty}^{\infty}\frac{\sin(\omega/2R)}{\omega}d\omega = \frac{R}{2}$$

となる. これは $\frac{1}{2}\{f(+0)+f(-0)\}$ に等しく, 不連続点が存在するときの公式(3.21)と一致している. (3.38)のような矩形に対するスペクトル関数は, (3.39)のように ω について振動しているのである. なお上にでてきた積分

$$\int_{-\infty}^{\infty}\frac{\sin\omega\cos\omega x}{\omega}d\omega = \begin{cases} \pi & (|x|<1) \\ \pi/2 & (|x|=1) \\ 0 & (|x|>1) \end{cases}$$

にはディリクレ(Dirichlet)の**不連続因子**という名前がある.

[**例4**] ガウス型 $\qquad f(x)=e^{-ax^2} \qquad (a>0) \tag{3.42}$

この形を**ガウス(Gauss)型**という. フーリエ変換して

$$F(\omega)=\int_{-\infty}^{\infty}e^{-ax^2}e^{-i\omega x}dx = \int_{-\infty}^{\infty}e^{-a(x+i\omega/2a)^2}e^{-\omega^2/4a}dx$$

$$= e^{-\omega^2/4a} \int_{-\infty+i\theta}^{\infty+i\theta} e^{-ay^2} dy$$

$$= e^{-\omega^2/4a} \int_{-\infty}^{\infty} e^{-ay^2} dy = \sqrt{\frac{\pi}{a}} e^{-\omega^2/4a} \tag{3.43}$$

ここで $y = x + i\theta$, $\theta = \omega/2a$ であり, コーシーの積分定理(1-3 節, 20 ページ参照)を最後から 2 番目の等式のところで用いて積分路をずらした. さらにガウス積分の値

$$\int_{-\infty}^{\infty} e^{-ay^2} dy = \sqrt{\frac{\pi}{a}}$$

を用いた.

逆変換: (3.5)を用いて次のように計算できる.

$$\frac{1}{2\pi}\sqrt{\frac{\pi}{a}} \int_{-\infty}^{\infty} e^{-\omega^2/4a} e^{i\omega x} d\omega = \frac{1}{2\pi}\sqrt{\frac{\pi}{a}} \int_{-\infty}^{\infty} e^{-\frac{1}{4a}(\omega - i2ax)^2} e^{-ax^2} d\omega$$

$$= \frac{1}{2\pi}\sqrt{\frac{\pi}{a}} \sqrt{4\pi a}\, e^{-ax^2} = e^{-ax^2}$$

ここで, 実軸上 $-\infty$ から $+\infty$ にわたる ω の積分を複素平面上の $-\infty - i2ax$ から $+\infty - i2ax$ へ移した. この結果をみるとたしかに $f(x)$ が再現されている. ガウス型関数(3.42)のフーリエ変換はふたたびガウス型(3.43)となるという面白い関係がある. ガウス型関数(3.29)は x の大きいところでは関数値が小さくなっているが, それはなめらかに $x \to \infty$ でゼロへいくようになっている. 一方, 例3の矩形関数は $x = \pm 1/2R$ にすっぱりと切断してあって, $|x| > 1/2R$ では $f(x) = 0$ である. このため $F(\omega)$ には(3.39)のように ω について振動する振舞いを示した. 一般に

$$f(x) \text{ の鋭い切断} \longleftrightarrow F(\omega) \text{ の振動} \tag{3.44}$$

という関係がある. 切断をゆるやかになめらかにすれば $F(\omega)$ の振動は消える.

[例5] 指数形 $\qquad f(x) = e^{-a|x|} \qquad (a > 0)$

この $f(x)$ に対しては

$$F(\omega) = \int_0^\infty e^{-ax} e^{-i\omega x} dx + \int_{-\infty}^0 e^{ax} e^{-i\omega x} dx = \frac{1}{i\omega + a} + \frac{1}{a - i\omega} = \frac{2a}{a^2 + \omega^2}$$

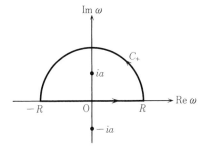

図 3-2

この形は**ローレンツ(Lorentz)型**とよばれる.

逆変換: $\dfrac{1}{2\pi}\displaystyle\int F(\omega)e^{i\omega x}d\omega = \dfrac{1}{2\pi i}\int_{-\infty}^{\infty}\left(\dfrac{1}{\omega - ia} - \dfrac{1}{\omega + ia}\right)e^{i\omega x}d\omega$

$\equiv \displaystyle\lim_{R\to\infty}\dfrac{1}{2\pi i}\int_{-R}^{R}J(\omega)d\omega$

ここで定義された $J(\omega)$ は $\omega = ia$ で1位の極をもつ. まず $x>0$ を考えよう. このときは $e^{i\omega x}$ は Im ω が正で絶対値が大きければゼロへいく. そこで図 3-2 のような, 上半平面での半円をその一部とする閉曲線 C_+ 上での積分を考える. $\omega = ia$ での留数をひろって

$$\dfrac{1}{2\pi i}\int_{C_+}J(\omega)d\omega = e^{-ax}$$

左辺の積分で $R\to\infty$ へもっていくと, 半円周上の積分はゼロとなる. よって

$$\dfrac{1}{2\pi i}\int_{-\infty}^{\infty}J(\omega)d\omega = e^{-ax}$$

$x<0$ では, 下半平面で同じことをくり返せばよい. 結果は

$$\dfrac{1}{2\pi i}\int_{-\infty}^{\infty}J(\omega)d\omega = e^{ax}$$

となり, 正しくもとの $f(x)$ を再現している.

[例 6] $\qquad\qquad f(x) = x$

この例では $\delta'(\omega)$ が現われる.

$$F(\omega) = \int_{-\infty}^{\infty} xe^{-i\omega x}dx = i\frac{d}{d\omega}\int_{-\infty}^{\infty} e^{-i\omega x}dx = 2\pi i\delta'(\omega) \qquad (3.45)$$

逆変換： $\dfrac{1}{2\pi}2\pi i \int_{-\infty}^{\infty} \delta'(\omega)e^{i\omega x}d\omega = i(-)\left(\dfrac{\partial}{\partial\omega}e^{i\omega x}\right)_{\omega=0}$

$$= x \qquad (3.46)$$

ここで公式(2.75)を用いた．超関数に対する公式を形式的に用いることによってフーリエ変換と逆変換が可能なのである．

1-2 節の例 2 の 1 周期を拡大することによって同じ問題を考えてみよう．そのため(1.23)を 1 周期 $-L<x<L$ で考える．

$$f(x) = x \qquad (-L<x<L) \qquad (3.47)$$

これを周期的に拡張した関数の複素フーリエ係数 c_n は，$x\to\dfrac{\pi}{L}x$ と変換して

$$c_n = \frac{1}{2L}\int_{-L}^{L} xe^{-i\frac{n\pi}{L}x}dx$$

$$= \begin{cases} \dfrac{iL}{n\pi}(-1)^n & (n\neq0) \\ 0 & (n=0) \end{cases} \qquad (3.48)$$

で与えられる．$\omega=n\pi/L$ とおいて ω が一定となるように $L\to\infty$，$n\to\infty$ とすれば

$$2Lc_n \to \int_{-\infty}^{\infty} xe^{-i\omega x}dx = 2\pi i\delta'(\omega) \qquad (3.49)$$

となり，(3.33)が確かめられる．(3.29)の形でいえば(3.35)を用いて

$$F(\omega) = \sum_{n=\pm1,\,\pm2,\,\cdots} \frac{2iL}{n}(-1)^n \delta\left(\omega-\frac{n\pi}{L}\right) \qquad (3.50)$$

これが $L\to\infty$ で $2\pi i\delta'(\omega)$ となるのである．詳しくは，章末演習問題[4]として取り上げてあるので，そちらを見ていただきたい．

[例 7] 例 6 を一般化した関数

$$f(x) = x^n \qquad (n\geqq1) \qquad (3.51)$$

を考えよう．このとき

$$F(\omega) = \int_{-\infty}^{\infty} x^n e^{-i\omega x} dx = 2\pi \left(i \frac{d}{d\omega} \right)^n \delta(\omega) \tag{3.52}$$

$$逆変換: \quad \frac{1}{2\pi} \int_{-\infty}^{\infty} 2\pi \left(i \frac{d}{d\omega} \right)^n \delta(\omega) e^{-i\omega x} d\omega = x^n \tag{3.53}$$

は，部分積分をくりかえして証明できる．

[例8] 周期関数のフーリエ変換のもう1つの例として図2-6の$\Delta_R(x)$をとり上げる．Rは有限にしておくが，周期を$2L$に変えたいので，$x \rightarrow \frac{\pi}{L} x$と変える．こうすると，$\Delta_R$の周期は$2L$になり，そのフーリエ係数は$b_n = 0$，

$$a_n = \frac{1}{L} \int_{-L}^{L} \Delta_R(x) \cos \frac{n\pi}{L} x dx = \begin{cases} \dfrac{2R}{n\pi} \sin \dfrac{n\pi}{2RL} & (n \neq 0) \\[3mm] \dfrac{1}{L} & (n = 0) \end{cases}$$

となる．よって$\Delta_R(x)$のフーリエ級数は

$$\Delta_R(x) = \frac{1}{2L} + \frac{1}{2} \sum_{n = \pm 1, \pm 2, \cdots}^{\infty} \frac{\sin(n\pi/2RL)}{n\pi/2R} \cos \frac{n\pi}{L} x \tag{3.54}$$

で与えられる．さて

$$\int_{-\infty}^{\infty} \cos \frac{n\pi}{L} x e^{-i\omega x} dx = \int_{-\infty}^{\infty} e^{i \frac{n\pi}{L} x} e^{-i\omega x} dx = 2\pi \delta \left(\omega - \frac{n\pi}{L} \right)$$

を用いて，$\Delta_R(x)$のスペクトル関数は

$$F(\omega) = \frac{\pi}{L} \delta(\omega) + \pi \sum_{n=1}^{\infty} \frac{\sin(n\pi/2RL)}{n\pi/2R} \delta \left(\omega - \frac{n\pi}{L} \right) \tag{3.55}$$

この関数を図3-3にプロットしてある．ただし縦軸は$F(\omega)$そのものではなく，δ関数にかかっている係数を書いてある．$L \rightarrow \infty$で連続スペクトルとなるようすがよくわかる．解析的には次のようにすればよい．

$$F(\omega) = \frac{\pi}{L} \delta(\omega) + \frac{\pi}{L} \sum_{n = \pm 1, \cdots}^{\infty} \frac{\sin(n\pi/2RL)}{n\pi/2RL} \delta \left(\omega - \frac{n\pi}{L} \right)$$

$$\xrightarrow[L \rightarrow \infty]{} \int_{-\infty}^{\infty} d\omega_0 \frac{\sin(\omega_0/2R)}{\omega_0/2R} \delta(\omega - \omega_0) = \frac{\sin(\omega/2R)}{\omega/2R} \tag{3.56}$$

(1.12)より$c_n = a_n/2$，よって

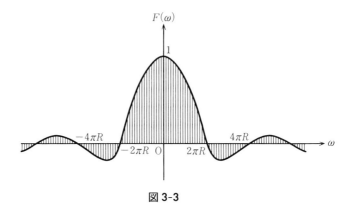

図 3-3

$$2Lc_n = \begin{cases} \dfrac{\sin(n\pi/2RL)}{n\pi/2RL} & (n \neq 0) \\[3mm] 1 & (n=0) \end{cases}$$

$n=0$ の値は，$n \neq 0$ の値において $n \to 0$ とすれば得られるので，形式的には $n \neq 0$ のものをすべての n について用いてよい．$\omega = n\pi/L$ であったから，(3.33)が成立している．

[**例9**] こんどは 1-2 節の例 1 を考えよう．$L \to \infty$ で新しい概念が出てくる．周期を $2L$ として，図 1-2 を考え，これを $f(x)$ とする．$f(x)$ は $L \to \infty$ で階段関数 $\theta(x)$ となる．フーリエ級数の係数は

$$a_0 = \frac{1}{L}\int_0^L dx = 1, \qquad a_n = \frac{1}{L}\int_0^L \cos\frac{n\pi x}{L} dx = 0$$

$$b_n = \frac{1}{L}\int_0^L \sin\frac{n\pi x}{L} dx = \frac{-1}{n\pi}\{(-1)^n - 1\}$$

となるので，$f(x)$ のフーリエ展開は次のようになる．

$$f(x) = \frac{1}{2} + \frac{2}{\pi}\sum_{n=1,3,\cdots}\frac{\sin(n\pi/L)x}{n} \tag{3.57}$$

スペクトル関数を求めるために，次の積分を考える．

$$\int_{-\infty}^{\infty} \sin \frac{n\pi}{L} x e^{-i\omega x} dx = -i \int_{-\infty}^{\infty} \sin \frac{n\pi}{L} x \sin \omega x dx$$

$$= \frac{-i}{2} \int_{-\infty}^{\infty} \left\{ \cos\left(\omega - \frac{n\pi}{L}\right) x - \cos\left(\omega + \frac{n\pi}{L}\right) x \right\} dx$$

$$= \frac{-i}{2} 2\pi \left\{ \delta\left(\omega - \frac{n\pi}{L}\right) - \delta\left(\omega + \frac{n\pi}{L}\right) \right\}$$

これを用いると

$$F(\omega) = \int f(x) e^{-i\omega x} dx$$

$$= \pi\delta(\omega) - i \sum_{n = \pm 1, \pm 3, \cdots} \frac{1}{n} \left\{ \delta\left(\omega - \frac{n\pi}{L}\right) - \delta\left(\omega + \frac{n\pi}{L}\right) \right\} \tag{3.58}$$

$$= \pi\delta(\omega) - i \frac{1}{2} \frac{2\pi}{L} \sum_{n = \pm 1, \pm 3, \cdots} \frac{1}{n\pi/L} \left\{ \delta\left(\omega - \frac{n\pi}{L}\right) - \delta\left(\omega + \frac{n\pi}{L}\right) \right\}$$

$$\xrightarrow[L \to \infty]{} \pi\delta(\omega) - i \frac{1}{2} \int d\omega_0 \frac{1}{\omega_0} \{ \delta(\omega - \omega_0) - \delta(\omega + \omega_0) \} = \pi\delta(\omega) - i \frac{1}{\omega} \tag{3.59}$$

ここで右辺第2項の $\frac{1}{\omega}$ については大切な注意事項がある．(3.58)ではもと
もと $F(\omega)$ は，間隔 $\delta = 2\pi/L$ で $\omega = \pi/L$ から ∞ まで，または，$\omega = -\pi/L$ から
$-\infty$ まで続いている ω の値において，ゼロではなかった．$L \to \infty$ にするとそ
の間隔はゼロへいき，$-\infty < \omega < \infty$ までスペクトルが並ぶ．$\omega \neq 0$ ではスペク
トルの重みは $\frac{1}{\omega}$（これは(3.58)において δ 関数の係数が $\frac{1}{n}$ であることからき
ている）としてよいが，$\omega = 0$ ではこの重みが無限大となってしまう．ところが
$\omega = 0$ についてはもともと $-\delta < \omega < \delta$ にはスペクトルがなかったことを銘記し
ておく必要がある．このことを

$$P \frac{1}{\omega}$$

と書いて**コーシーの主値**(principal value)とよぶ．これも超関数の仲間であっ
て，性質のよい関数 $g(\omega)$ をかけて積分して定義される．上に述べたことから，
この積分は

$$\int_{-\infty}^{\infty} \left(P \frac{1}{\omega} \right) g(\omega) d\omega = \lim_{\delta \to 0} \left\{ \int_{-\infty}^{-\delta} \frac{1}{\omega} g(\omega) d\omega + \int_{\delta}^{\infty} \frac{1}{\omega} g(\omega) d\omega \right\}$$

と書かれる．これを**コーシーの主値積分**とよぶ．よって $L \to \infty$ の極限で次の公式を得る．

$$F(\omega) = \int_{-\infty}^{\infty} \theta(x) e^{-i\omega x} dx = \pi\delta(\omega) - iP\frac{1}{\omega} \tag{3.60}$$

この積分は次のような技法でも得られる．まず $F(\omega)$ の積分を考えよう．

$$F(\omega) = \int_0^{\infty} e^{-i\omega x} dx$$

ここで $x = +\infty$ での収束を保証するために $e^{-\varepsilon x}$ を勝手に挿入する．ε は正の小さな数で，積分のあとで $\varepsilon \to 0$ とする．

$$F(\omega) = \int_0^{\infty} e^{-i\omega x - \varepsilon x} dx = \frac{1}{i\omega + \varepsilon} = \frac{1}{i(\omega - i\varepsilon)} \tag{3.61}$$

$F(\omega)$ は ω を複素変数としたとき，$\omega = i\varepsilon$ で1位の極をもつ．これも超関数とみて，性質のよい $g(\omega)$ をかけて積分する．その積分を3つに分ける

$$\int_{-\infty}^{\infty} F(\omega)g(\omega)d\omega = \frac{1}{i}\int_{-\infty}^{\infty} \frac{g(\omega)}{\omega - i\varepsilon}d\omega$$
$$= \frac{1}{i}\int_{-\infty}^{-\delta} \frac{g(\omega)}{\omega - i\varepsilon}d\omega + \frac{1}{i}\int_{\delta}^{\infty} \frac{g(\omega)}{\omega - i\varepsilon}d\omega + \frac{1}{i}\int_{-\delta}^{\delta} \frac{g(\omega)}{\omega - i\varepsilon}d\omega$$

δ は正の小さな数だが固定しておいて，$\varepsilon \to 0$ とする．$\int_{-\infty}^{-\delta}$ と $\int_{\delta}^{\infty}$ ではそのまま $\varepsilon \to 0$ の極限がとれて，その後で $\delta \to 0$ とすると

$$\int_{-\infty}^{\infty} \left(P\frac{1}{\omega} \right) g(\omega) d\omega$$

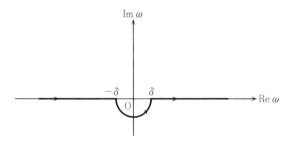

図 3-4

となる. $\int_{-\delta}^{\delta}$ の部分は $\varepsilon\to0$ として計算する. それに伴って ω の積分路を図 3-4 のようにとる. この図では下半面に向かって半径 δ の半円になるように積分路を変形してある. δ は小さいとしてこの部分は次のように計算できる. $x=\delta e^{i\theta}$ (θ は π から 2π まで)とおいて, $dx=i\delta e^{i\theta}d\theta$ とし,

$$\int_{\pi}^{2\pi}\frac{g(\delta e^{i\theta})}{\delta e^{i\theta}}i\delta e^{i\theta}d\theta \xrightarrow[\delta\to0]{} i\pi g(0)$$

これは

$$\int_{-\infty}^{\infty}\frac{g(\omega)}{\omega-i\varepsilon}d\omega = \int_{-\infty}^{\infty}\left\{P\frac{1}{\omega}+i\pi\delta(\omega)\right\}g(\omega)d\omega \tag{3.62}$$

と書けるので, $\varepsilon\to0$ の極限で成立する公式

$$\lim_{\varepsilon\to0}\frac{1}{\omega-i\varepsilon} = P\frac{1}{\omega}+i\pi\delta(\omega) \tag{3.63}$$

を得る. (3.61)を考慮すると, この式は(3.60)と同じものである.

逆変換: (3.61)を用いると逆変換ができる.

$$\frac{1}{2\pi}\int_{-\infty}^{\infty}F(\omega)e^{i\omega x}d\omega = \frac{1}{2\pi i}\int_{-\infty}^{\infty}\frac{e^{i\omega x}}{\omega-i\varepsilon}d\omega \tag{3.64}$$

この積分に似た形は, すでに何回か出てきている. つまり積分

$$\int_{-R}^{R}H(\omega)d\omega, \quad H(\omega)\equiv\frac{e^{i\omega x}}{\omega-i\varepsilon}$$

を考えて $R\to\infty$ とするのであるがこの積分は例5で出てきたものである. $x>0$ なら上半平面の半径 R の大きな半円周上での $H(\omega)$ の積分は $R\to\infty$ でゼロ

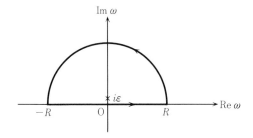

図 3-5

となるので，つけ加えてよい．結局，図3-5のように $H(\omega)$ を閉曲線で積分することになる．この中には $\omega=i\varepsilon$ の1位の極が存在するので，留数定理より

$$\frac{1}{2\pi i}\int H(\omega)d\omega = e^{i\omega(i\varepsilon)} = e^{-\omega\varepsilon}\xrightarrow[\varepsilon\to 0]{} 1$$

となる．$x<0$ では下半面の半円周をつけ加えるが，このときは $\omega=i\varepsilon$ の1位の極は閉曲線の外にあるので，

$$\frac{1}{2\pi i}\int H(\omega)d\omega = 0$$

となり，(3.64)は階段関数 $\theta(x)$ となる．

$\theta(x)$ は $\delta(x)$ を積分したものである．(2.77)から

$$\int_{-\infty}^{x}\delta(y)dy = \theta(x)$$

$\delta(x)$ に対する $F(\omega)$ は1，$\theta(x)$ に対する $F(\omega)$ は $\frac{1}{i\omega+\varepsilon}$ であったから，1回の積分 $\int_{-\infty}^{x}dx'$ に対してスペクトル関数には $\frac{1}{i\omega+\varepsilon}$ という因子がかかることが予想される．つまり，スペクトル関数に関しては $\int_{-\infty}^{x}dx\to\frac{1}{i\omega+\varepsilon}$ が対応する．さらにこれをつづけると

$$\int_{-\infty}^{x}dx'\int_{-\infty}^{x'}dy \to \frac{1}{(i\omega+\varepsilon)^2}$$

となる．よって

$$\int_{-\infty}^{x}\theta(x')dx' = \begin{cases} x & (x>0) \\ 0 & (x<0) \end{cases} \longrightarrow F(\omega)=\frac{1}{(i\omega+\varepsilon)^2} \tag{3.65}$$

一般に次の関係がある．

$$\begin{cases} \dfrac{1}{n!}x^n & (x>0) \\ 0 & (x<0) \end{cases} \longrightarrow F(\omega)=\frac{1}{(i\omega+\varepsilon)^{n+1}} \tag{3.66}$$

ここですべての公式で $\varepsilon\to+0$ を意味する．

表3-1に以上の例における $f(x)$ と $F(\omega)$ をまとめておいた．

表 3-1

$f(x)$	$F(\omega)$
1	$2\pi\delta(\omega)$
$\delta(x)$	1
$\dfrac{d^n\delta(x)}{dx^n}$	$i^n\omega^n$
x	$2\pi i\delta'(\omega)$
x^n	$2\pi i^n \dfrac{d^n}{d\omega^n}\delta(\omega)$
$e^{-ax^2}\quad (a>0)$	$\sqrt{\dfrac{\pi}{a}}e^{-\omega^2/4a}$
$e^{-a|x|}\quad (a>0)$	$\dfrac{2a}{\omega^2+a^2}$
$\begin{cases} R & (|x|<1/2R) \\ 0 & (|x|>1/2R) \end{cases}$	$\dfrac{2R}{\omega}\sin\dfrac{\omega}{2R}$
$\theta(x)$	$\dfrac{1}{i\omega+\varepsilon}$
$\begin{cases} \dfrac{1}{n!}x^n & (x>0) \\ 0 & (x<0) \end{cases}$	$\dfrac{1}{(i\omega+\varepsilon)^{n+1}}$

3-3 フーリエ変換と微分方程式

フーリエ変換を用いると，微分方程式の解き方として新しい方法を得る．そしてある場合にはこの方法が便利なこともある．このことを例で見ていくことにしよう．

　準備として次の数学的問題を考えよう．ω を連続変数，$f(\omega)$ をその関数とし，$f(\omega)$ は超関数まで許すとする．ω_0 をある与えられた実数として方程式

$$\omega f(\omega) = \omega_0 f(\omega) \tag{3.67}$$

をみたす $f(\omega)$ をさがす．$\omega \neq \omega_0$ なら $f(\omega)=0$ はよいが，$\omega=\omega_0$ では $f(\omega)$ は不定というのがふつうの答である．これを超関数の中でさがすと，$f(\omega)$ はすべての ω で決まってしまうのである．超関数の意味で(3.67)が成立するとは，(3.67)に性質の良いどんな関数 $g(\omega)$ をかけて積分しても成立するということである．公式(2.84)から，

$$f(\omega) = c\delta(\omega - \omega_0) \tag{3.68}$$

が(3.67)の解である．ただし c は任意定数である．(3.67),(3.68)は

$$(\omega - \omega_0)f(\omega) = 0 \longleftrightarrow f(\omega) = c\delta(\omega - \omega_0) \tag{3.69}$$

と書ける．さらに一般化して

$$(\omega - \omega_1)(\omega - \omega_2)f(\omega) = 0 \longleftrightarrow f(\omega) = c_1\delta(\omega - \omega_1) + c_2\delta(\omega - \omega_2) \tag{3.70}$$

を得る．(3.70)をさらに一般化しよう．$k(\omega)$ を与えられた関数として

$$(\omega - \omega_1)(\omega - \omega_2)f(\omega) = k(\omega) \longleftrightarrow f(\omega) = c_1\delta(\omega - \omega_1) + c_2\delta(\omega - \omega_2)$$
$$+ \frac{k(\omega)}{(\omega - \omega_1)(\omega - \omega_2)} \tag{3.71}$$

ここで現われた $\omega = \omega_1, \omega_2$ における分母のゼロ点の処理については，例4でみることにする．

　以上の公式を用いて例題をいくつか考えてみよう．物理的にはいずれも，単振動する質点にいろいろな外力が働いているものである．

　[例1] まず1-4節の(1.62)を考える．(1.62)で記号を ω から ν に変える．

$$\frac{d^2}{dt^2}x(t) + \nu^2 x(t) = 0 \tag{3.72}$$

これは外力が働いていない場合である．

　これにフーリエ逆変換

$$x(t) = \frac{1}{2\pi}\int_{-\infty}^{\infty} X(\omega)e^{i\omega t}d\omega \tag{3.73}$$

を用いると，

$$\ddot{x}(t) = \frac{1}{2\pi}\int_{-\infty}^{\infty} (-\omega^2)X(\omega)e^{i\omega t}d\omega \tag{3.74}$$

となる．よって(3.72)は次の形をとる．

$$\int_{-\infty}^{\infty} (-\omega^2 + \nu^2)X(\omega)e^{i\omega t}d\omega = 0 \tag{3.75}$$

ここで $e^{-i\omega' t}$ をかけて t で $-\infty$ から ∞ まで積分し，

$$\int_{-\infty}^{\infty} e^{i(\omega - \omega')t}dt = 2\pi\delta(\omega - \omega')$$

を用いて

$$0 = \int_{-\infty}^{\infty} (-\omega^2 + \nu^2) X(\omega) \delta(\omega' - \omega) d\omega'$$

$$= (-\omega'^2 + \nu^2) X(\omega') = -(\omega' - \nu)(\omega' + \nu) X(\omega') \tag{3.76}$$

を得る.ここで(3.71)を用いて

$$X(\omega) = c_1 \delta(\omega - \nu) + c_2 \delta(\omega + \nu) \tag{3.77}$$

これを $x(t)$ へ代入する.

$$x(t) = \frac{1}{2\pi} \int_{-\infty}^{\infty} X(\omega) e^{-i\omega t} d\omega = \frac{c_1}{2\pi} e^{-i\nu t} + \frac{c_2}{2\pi} e^{i\nu t} \tag{3.78}$$

$x(t)$ が実数なら

$$\frac{c_1}{2\pi} = \frac{c_2^*}{2\pi} = \frac{a + ib}{2}$$

にとって

$$x(t) = a \cos \nu t + b \sin \nu t \tag{3.79}$$

これは良く知られた一般解で,a, b は初期条件できまるものである.

[例2] 非斉次方程式

$$\frac{d^2}{dt^2} x(t) + \nu^2 x(t) = k \tag{3.80}$$

を考える.この例は,一様重力場のように一定の外力が働いている場合に対応する.k は定数とすると,そのフーリエ変換は $\delta(\omega)$ に比例するので

$$k = k \int_{-\infty}^{\infty} \delta(\omega) e^{i\omega t} d\omega$$

と書ける.よって(3.80)から

$$(-\omega^2 + \nu^2) X(\omega) = 2\pi k \delta(\omega)$$

よって,(3.71)から $X(\omega)$ が求まる.

$$X(\omega) = c_1 \delta(\omega - \nu) + c_2 \delta(\omega + \nu) + \frac{2\pi k \delta(\omega)}{-\omega^2 + \nu^2}$$

右辺第2項の分母が $\omega = \pm \nu$ でゼロとなるが分子は $\omega = 0$ 以外でゼロなので問題はない.これから

$$x(t) = \frac{c_1}{2\pi}e^{-i\nu t} + \frac{c_2}{2\pi}e^{i\nu t} + k\int_{-\infty}^{\infty}\frac{\delta(\omega)}{-\omega^2+\nu^2}e^{-i\omega t}d\omega$$

$$= a\cos\nu t + b\sin\nu t + \frac{k}{\nu^2} \tag{3.81}$$

を得る．これはたしかに(3.80)の一般解である．(3.81)右辺の k/ν^2 は非斉次方程式(3.80)の特殊解である．

[例3] 1-4節の例1，すなわち

$$\frac{d^2}{dt^2}x(t) + \nu^2 x(t) = f_0\sin\omega_0 t \tag{3.82}$$

をとりあげよう．この例では，周期的な外力が働いている．さて

$$\int_{-\infty}^{\infty}\sin\omega_0 t\, e^{-i\omega t}dt = \frac{\pi}{i}(\delta(\omega-\omega_0) - \delta(\omega+\omega_0)) \tag{3.83}$$

であるから，$\omega_0 \neq \nu$ として次式を得る．

$$(-\omega^2+\nu^2)X(\omega) = \frac{\pi f_0}{i}(\delta(\omega-\omega_0)-\delta(\omega+\omega_0))$$

$$X(\omega) = c_1\delta(\omega-\nu) + c_2\delta(\omega+\nu) + \frac{\pi f_0}{i}\frac{\delta(\omega-\omega_0)-\delta(\omega+\omega_0)}{(-\omega^2+\nu^2)}$$

$$x(t) = \frac{c_1}{2\pi}e^{-i\nu t} + \frac{c_2}{2\pi}e^{i\nu t} + \frac{f_0}{2i}\frac{e^{-i\omega_0 t}-e^{i\omega_0 t}}{-\omega_0^2+\nu^2}$$

$$= a\cos\nu t + b\sin\nu t + f_0\frac{\sin\omega_0 t}{\nu^2-\omega_0^2} \tag{3.84}$$

これは(1.70)に(3.82)の斉次方程式の一般解を加えたものである．

[例4] こんどは1-4節の例2をとりあげる．1-4節では$\nu=0$としたがここでは$\nu\neq0$のままフーリエ変換で解いてみよう．

$$\frac{d^2}{dt^2}x(t) + \nu^2 x(t) = f(t) \tag{3.85}$$

$$f(t) = \begin{cases} 1 & (0<t<T/2) \\ 0 & (-T/2<t<0) \end{cases}$$

$$f(t+T) = f(t)$$

この場合，外力は矩形波の形をしている．$f(t)$のフーリエ級数は，(1.74)か

ら

$$f(t) = \frac{1}{2} + 2 \sum_{n=1,3,\cdots} \frac{\sin\frac{2n\pi}{T}t}{n\pi} \qquad (3.86)$$

フーリエ変換して

$$F(\omega) = \pi\delta(\omega) + \frac{2}{i} \sum_{n=1,3,\cdots} \frac{1}{n}\left\{\delta\left(\omega - \frac{2n\pi}{T}\right) - \delta\left(\omega + \frac{2n\pi}{T}\right)\right\} \qquad (3.87)$$

よって

$$X(\omega) = c_1\delta(\omega-\nu) + c_2\delta(\omega+\nu) + \frac{F(\omega)}{-\omega^2+\nu^2} \qquad (3.88)$$

これから $x(t)$ を求めると，(1.75)と(c_1, c_2 の項を除いて)一致する.

　ここで $T\to\infty$ とすると，$t<0$ では力は働かず時刻 $t=0$ から大きさ1の一定の力が働いたことになる. $f(t)$ の形は

$$f(t) = \theta(t) \qquad (3.89)$$

という階段関数である. このとき，3-2節例9で調べたように，あるいは表3-1から

$$F(\omega) = \frac{1}{i\omega+\varepsilon} \qquad (\varepsilon\to+0) \qquad (3.90)$$

と求まる. もとの $x(t)$ を求めると次のようになる.

$$x(t) = \frac{1}{2\pi}\int_{-\infty}^{\infty} X(\omega)e^{i\omega t}d\omega$$
$$= \frac{c_1}{2\pi}e^{i\nu t} + \frac{c_2}{2\pi}e^{-i\nu t} + \frac{1}{2\pi i}\int_{-\infty}^{\infty}\frac{1}{\omega-i\varepsilon}\frac{e^{i\omega t}}{-\omega^2+\nu^2}d\omega \qquad (3.91)$$

この結果をみると，右辺の積分においては $\omega=i\varepsilon$, $\omega=\pm\nu$ の場所に1位の極があって，$\omega=\pm\nu$ の方は実軸上なので ω 積分はできない. ここでは共鳴がおこっていることに着目し，1-4節例1で実行した(1.71)を導くときに使った手法をここでも用いる. まず

$$\frac{e^{i\omega t}}{-\omega^2+\nu^2} = \frac{-1}{2\nu}\left(\frac{e^{i\omega t}}{\omega-\nu} - \frac{e^{i\omega t}}{\omega+\nu}\right) \qquad (3.92)$$

と書く．(3.91)の c_1, c_2 が任意であることを利用して，(3.91)の右辺第2項を

$$J \equiv \frac{1}{2\pi i} \frac{-1}{2\nu} \int_{-\infty}^{\infty} \left(\frac{e^{i\omega t}-e^{i\nu t}}{\omega-\nu} - \frac{e^{i\omega t}-e^{-i\nu t}}{\omega+\nu} \right) \frac{1}{\omega-i\varepsilon} d\omega$$

$$\equiv -\frac{1}{2\nu}(I^{(1)}-I^{(2)}) \tag{3.93}$$

と変更する．c_1, c_2 も別の c_1', c_2' となる．

R を正の大きな数として

$$I_R^{(1)} \equiv \frac{1}{2\pi i} \int_{-R}^{R} \frac{e^{i\omega t}-e^{i\nu t}}{\omega-\nu} \frac{d\omega}{\omega-i\varepsilon}$$

を考えよう．$\omega=\nu$ では正則となっている．$t>0$ なら $\mathrm{Im}\,\omega>0$ の上半面に，原点を中心として半径 R の半円をつけ加えて，積分路を閉曲線としてもよい．その結果 $\omega=i\varepsilon$ の極のみひろって，$R\to\infty$ の極限で $I^{(1)}$ は次のように計算される．

$$I^{(1)} = \frac{e^{-\varepsilon t}-e^{i\nu t}}{i\varepsilon-\nu} \xrightarrow[\varepsilon\to 0]{} \frac{1-e^{i\nu t}}{-\nu} \qquad (t>0)$$

$t<0$ では下半面の半円周をつけ加えて，

$$I^{(1)} = 0 \qquad (t<0)$$

同様に

$$I^{(2)} = \begin{cases} \dfrac{1-e^{-i\nu t}}{\nu} & (t>0) \\[2mm] 0 & (t<0) \end{cases}$$

よって

$$J = \begin{cases} \dfrac{-1}{2\nu}\left(\dfrac{1-e^{i\nu t}}{-\nu}-\dfrac{1-e^{-i\nu t}}{\nu}\right) = \dfrac{1}{\nu^2}(1-\cos\nu t) & (t>0) \\[2mm] 0 \qquad (t<0) \end{cases}$$

結局，$x(t)$ として

$$x(t) = \frac{c_1'}{2\pi}e^{i\nu t}+\frac{c_2'}{2\pi}e^{-i\nu t}+\tilde{x}(t) \tag{3.94a}$$

$$\tilde{x}(t) = \theta(t)\frac{1}{\nu^2}(1-\cos \nu t) \tag{3.94b}$$

を得る．これが(3.85)の解となっていることを確かめるには，$\theta'(t)=\delta(t)$ を用いて次のようにすればよい．

$$\frac{d\tilde{x}(t)}{dt} = \theta(t)\frac{1}{\nu}\sin \nu t + \delta(t)\frac{1}{\nu^2}(1-\cos \nu t) = \theta(t)\frac{1}{\nu}\sin \nu t$$

ここで(2.72)を用いた．さらに，次式も同様にして得られる．

$$\frac{d^2\tilde{x}(t)}{dt^2} = \theta(t)\cos \nu t + \delta(t)\frac{\sin \nu t}{\nu} = \theta(t)\cos \nu t$$

これらを用いれば(3.94a)が(3.85)の解であることは確かめられる．この例で見たように，外力 $f(t)$ が $t=0$ で不連続であると，$x(t), dx(t)/dt$ は $t=0$ で連続であって，$d^2x(t)/dt^2$ が不連続となる．

　[例5]　最後に

$$\frac{d^2}{dt^2}x(t)+\nu^2 x(t) = \delta(t) \tag{3.95}$$

を考えよう．これは $t=0$ で大きな瞬間的な力(**撃力**という)が働いた場合である．$\delta(t)$ のフーリエ変換は1であるから，$x(t)$ のフーリエ変換 $X(\omega)$ は次のように求まる．

$$X(\omega) = c_1\delta(\omega-\nu)+c_2\delta(\omega+\nu)+\frac{1}{-\omega^2+\nu^2}$$

$$x(t) = \frac{c_1}{2\pi}e^{i\nu t}+\frac{c_2}{2\pi}e^{-i\nu t}+\frac{1}{2\pi}\int_{-\infty}^{\infty}\frac{e^{i\omega t}}{-\omega^2+\nu^2}d\omega$$

$$= a\cos \nu t + b\sin \nu t + \frac{1}{2\pi}\int_{-\infty}^{\infty}\frac{\cos \omega t}{-\omega^2+\nu^2}d\omega$$

ここで a が任意であることから，例4と同様に次のように変形する．

$$x(t) = a'\cos \nu t + b\sin \nu t + \frac{1}{2\pi}\int_{-\infty}^{\infty}\frac{\cos \omega t - \cos \nu t}{-\omega^2+\nu^2}d\omega$$

これで $\omega=\nu$ での特異性がなくなった．積分を実行すると(章末演習問題[2]参照)

$$x(t) = a' \cos \nu t + b \sin \nu t + \tilde{x}(t)$$

$$\tilde{x}(t) = \frac{1}{2\nu}\varepsilon(t) \sin \nu t \tag{3.96}$$

を得る．ただし $\varepsilon(t)$ は符号関数で $\varepsilon(t)=\theta(t)-\theta(-t)$ と書ける．これが
(3.95)を満たしていることは，次の微分演算から分かる．(2.78)を用いて得ら
れる関係式 $\varepsilon'(t)=2\delta(t)$ から

$$\frac{d\tilde{x}(t)}{dt} = \frac{1}{2}\varepsilon(t) \cos \nu t + \frac{1}{\nu}\delta(t) \sin \nu t = \frac{1}{2}\varepsilon(t) \cos \nu t$$

$$\frac{d^2\tilde{x}(t)}{dt^2} = -\frac{\nu}{2}\varepsilon(t) \sin \nu t + \delta(t) \cos \nu t = -\frac{\nu}{2}\varepsilon(t) \sin \nu t + \delta(t) \tag{3.97}$$

撃力の場合には $\tilde{x}(t)$ は連続であるが，$d\tilde{x}(t)/dt$ はすでに不連続性を含んで
いる．$t=0$ での $d\tilde{x}(t)/dt$ のとびは1であり，これは $\int_{-\infty}^{\infty}\delta(t)dt=1$ と一致し
ている．力学では $d\tilde{x}(t)/dt$ は運動量にあたり，$\int f(t)dt$ は力積とよばれる．
上のことは「運動量の変化は力積に等しい」という定理の一例である．

3-4 パーシバルの等式とたたみこみ

フーリエ級数の場合のパーシバルの等式(2.32)に対応するものが，フーリエ変
換でも存在するはずである．(3.5),(3.4)から，$f(x)$ を実数として次の等式が
導ける．

$$\int_{-\infty}^{\infty} f(x)^2 dx = \frac{1}{4\pi^2}\int_{-\infty}^{\infty} dx \int_{-\infty}^{\infty} F(\omega)e^{i\omega x}d\omega \int_{-\infty}^{\infty} F(\omega')e^{i\omega'x}d\omega'$$

$$= \frac{1}{2\pi}\int_{-\infty}^{\infty}\int_{-\infty}^{\infty} \delta(\omega+\omega')F(\omega)F(\omega')d\omega d\omega'$$

$$= \frac{1}{2\pi}\int_{-\infty}^{\infty} F(\omega)F(-\omega)d\omega \tag{3.98}$$

ここで $F^*(\omega)=F(-\omega)$ を示そう．(3.4)と $f^*(x)=f(x)$ を用いて

$$F(\omega)^* = \int_{-\infty}^{\infty} f(x)e^{i\omega x}dx = F(-\omega)$$

よって(3.98)は次の形をとる．

$$\int_{-\infty}^{\infty} f(x)^2 dx = \frac{1}{2\pi}\int_{-\infty}^{\infty} |F(\omega)|^2 d\omega \qquad (3.99)$$

これを**フーリエ変換に対するパーシバルの等式**という．この式自体は$f(x)$や$F(\omega)$が超関数の場合には両辺が無限大となり，成立しないのである．例えば，$f(x)=1$，$F(\omega)=2\pi\delta(\omega)$では左辺は$\infty$，右辺は形式的には

$$2\pi\int_{-\infty}^{\infty} \delta(\omega)\delta(\omega)d\omega = 2\pi\delta(0)\int_{-\infty}^{\infty}\delta(\omega)d\omega = 2\pi\delta(0)$$

ここで(2.72)を用いた．$\delta(0)=\infty$である．しかし超関数を含まない場合，(3.99)を確かめることができる．逆に，(3.99)を利用して積分公式をつくることもできる．例えば，3-2節の例でみてみよう．

[3-2節例3]

$$f(x) = \begin{cases} R & \left(|x|<\dfrac{1}{2R}\right) \\ 0 & \left(|x|>\dfrac{1}{2R}\right) \end{cases}, \qquad F(\omega) = \frac{\sin(\omega/2R)}{\omega/2R}$$

$$\int_{-\infty}^{\infty} f(x)^2 dx = R^2 \cdot \frac{2}{2R} = R$$

一方，

$$\frac{1}{2\pi}\int_{-\infty}^{\infty} |F(\omega)|^2 d\omega = \frac{2R}{2\pi}\int_{-\infty}^{\infty}\left(\frac{\sin y}{y}\right)^2 dy = R$$

ここで

$$\int_{-\infty}^{\infty}\left(\frac{\sin y}{y}\right)^2 dy = \pi$$

を用いた．たしかに(3.99)が成立している．

[3-2節の例4] $\qquad f(x) = e^{-ax^2}, \qquad F(\omega) = \sqrt{\frac{\pi}{a}}e^{-\omega^2/4a}$

この場合

$$\int_{-\infty}^{\infty} f(x)^2 dx = \int_{-\infty}^{\infty} e^{-2ax^2} dx = \sqrt{\frac{\pi}{2a}}$$

$$\frac{1}{2\pi}\int_{-\infty}^{\infty}|F(\omega)|^2 d\omega = \frac{1}{2\pi}\frac{\pi}{a}\int_{-\infty}^{\infty}e^{-\omega^2/2a}d\omega = \frac{1}{2a}\sqrt{2a\pi} = \sqrt{\frac{\pi}{2a}}$$

よって(3.99)が確かめられた.

ここでパーシバルの等式を力学の運動方程式に適用してみよう. 質点が dx だけ移動したとき外力 F のなす仕事は Fdx であるから, x_a から x_b まで移動したときの仕事 W_{ab} は

$$W_{ab} = \int_{x_a}^{x_b}Fdx = \int_{t_a}^{t_b}F\frac{dx}{dt}dt \qquad (3.100)$$

で与えられる. 第 2 の表示は時間積分の形で書かれている. ここで抵抗のある運動方程式

$$m\frac{d^2}{dt^2}x(t) + \eta\frac{dx(t)}{dt} + \nu^2 x(t) = F(t) \qquad (3.101)$$

を考えよう. これは(1.59)に抵抗力 $\eta\dfrac{dx(t)}{dt}$ を加えたもので η は摩擦係数とよばれる. η の項は, 例えばバネにつながれた質点が机の上で振動しているとき, 机との摩擦からくる力である. (3.101)に dx/dt をかけて t で積分する. そうすると, 右辺から W_{ab} が出る.

$$\begin{aligned}
W_{ab} &= \int_{t_a}^{t_b}F\frac{dx}{dt}dt = \int_{t_a}^{t_b}\left(m\frac{d^2}{dt^2}x(t) + \eta\frac{dx(t)}{dt} + \nu^2 x(t)\right)\frac{dx(t)}{dt}dt \\
&= \int_{t_a}^{t_b}\frac{d}{dt}\left\{\frac{m}{2}\left(\frac{dx(t)}{dt}\right)^2 + \frac{\nu^2}{2}x^2(t)\right\}dt + \int_{t_a}^{t_b}\eta\left(\frac{dx(t)}{dt}\right)^2 dt \\
&\equiv E(t_b) - E(t_a) + D_{ab}
\end{aligned}$$

ここで $E(t)$ は粒子のもつ力学エネルギー, D_{ab} は摩擦により t_a から t_b の間に生じる熱エネルギーで,

$$E(t) = \frac{m}{2}\left(\frac{dx(t)}{dt}\right)^2 + \frac{\nu^2}{2}x(t)^2$$

$$D_{ab} = \eta\int_{t_a}^{t_b}\left(\frac{dx}{dt}\right)^2 dt$$

と定義される. D_{ab} の方は両端 t_a, t_b での何かの量の値では書けないのである. 熱エネルギーの $t_b \to +\infty$, $t_a \to -\infty$ の極限は, パーシバルの等式に現われる

形をしている

$$x(t) = \frac{1}{2\pi}\int_{-\infty}^{\infty} X(\omega)e^{i\omega t}d\omega, \quad \frac{dx(t)}{dt} = \frac{i}{2\pi}\int_{-\infty}^{\infty} \omega X(\omega)e^{i\omega t}d\omega$$

を D_{ab} に代入して，この問題では

$$D_{ab} = \frac{\eta}{2\pi}\int_{-\infty}^{\infty} \omega^2|X(\omega)|^2 d\omega \equiv \int_{-\infty}^{\infty} \mathcal{E}(\omega)d\omega$$

となる．(熱)エネルギーの意味から，$\eta\omega^2|X(\omega)|^2\equiv\mathcal{E}(\omega)$ をエネルギーのスペクトル関数とよぶ．

たたみこみと積分方程式　2つの関数 $f(x), g(x)$ から，次のような積分を考える．

$$h(x) = \int_{-\infty}^{\infty} f(y)g(x-y)dy = \int_{-\infty}^{\infty} f(x-y)g(y)dy \qquad (3.102)$$

これを f と g のたたみこみ(convolution)という．$f(x), g(x), h(x)$ のフーリエ変換を $F(\omega), G(\omega), H(\omega)$ とする．

$$H(\omega) = \int_{-\infty}^{\infty} h(x)e^{-i\omega x}dx = \int_{-\infty}^{\infty}\int_{-\infty}^{\infty} f(y)g(x-y)e^{-i\omega x}dydx$$
$$= \int_{-\infty}^{\infty}\int_{-\infty}^{\infty} f(y)e^{-i\omega y}g(x-y)e^{-i\omega(x-y)}dxdy$$

ここで $y=y'$, $x-y=x'$ とおくと，x', y' は $-\infty<x'<\infty$, $-\infty<y'<\infty$ の範囲を動く．よって

$$H(\omega) = \int_{-\infty}^{\infty} f(y')e^{-i\omega y'}dy'\int_{-\infty}^{\infty} g(x')e^{-i\omega x'}dx' = F(\omega)G(\omega) \quad (3.103)$$

よってたたみこみの関係はフーリエ変換した後では単なる積となる．これを応用して，次のような積分方程式が解ける．

$f(x)$ を解くべき関数，$K(x), L(x)$ を既知の関数とし，積分方程式

$$\int_{-\infty}^{\infty} dyK(x-y)f(y) = L(x)$$

を考える．フーリエ変換して

$$K(\omega)F(\omega) = L(\omega)$$

$$F(\omega) = \frac{L(\omega)}{K(\omega)} \tag{3.104}$$

ここで $K(\omega)$ は実数 ω でゼロにはならないとした．これから

$$f(x) = \frac{1}{2\pi}\int_{-\infty}^{\infty}\frac{L(\omega)}{K(\omega)}e^{i\omega x}d\omega$$

を用いて $f(x)$ が求まる．$K(x-y) \equiv K_{x,y}$ と書いて行列のように考えれば，$K_{x,y}$ はフーリエ変換で対角化され，(3.104)になると考えてもよい．

　[例1]
$$\int_{-\infty}^{\infty}e^{-a(x-y)^2}f(y)dy = e^{-bx^2} \qquad (a>b>0) \tag{3.105}$$

この例では，(3.43)において $K(\omega), L(\omega)$ が知られている．

$$K(\omega) = \sqrt{\frac{\pi}{a}}e^{-\omega^2/4a}, \qquad L(\omega) = \sqrt{\frac{\pi}{b}}e^{-\omega^2/4b}$$

よって

$$F(\omega) = \sqrt{\frac{a}{b}}\exp\left\{-\frac{1}{4}\left(\frac{1}{b}-\frac{1}{a}\right)\omega^2\right\}$$

$$f(x) = \frac{1}{2\pi}\sqrt{\frac{a}{b}}\int_{-\infty}^{\infty}\exp\left\{-\frac{1}{4}\left(\frac{1}{b}-\frac{1}{a}\right)\omega^2\right\}e^{i\omega x}d\omega$$

$$= \frac{1}{2\pi}\sqrt{\frac{a}{b}}\sqrt{\frac{4\pi}{\frac{1}{b}-\frac{1}{a}}}\exp\left(-\frac{x^2}{\frac{1}{b}-\frac{1}{a}}\right)$$

$$= \frac{a}{\sqrt{\pi}}\frac{1}{\sqrt{a-b}}\exp\left\{-\frac{ab}{a-b}x^2\right\} \tag{3.106}$$

実際(3.106)が(3.105)の解であることは

$$\int_{-\infty}^{\infty}e^{-a(x-y)^2}\exp\left\{-\frac{ab}{a-b}y^2\right\}dy = \frac{\sqrt{\pi(a-b)}}{a}e^{-bx^2}$$

から確かめることができる．

　[例2]　微分方程式も(3.76)を用いれば，積分方程式の形に書ける．例えば
$$K(t-t') = \delta''(t-t') + \nu^2\delta(t-t')$$

とおくと

$$\int_{-\infty}^{\infty} K(t-t')x(t')dt' = \frac{d^2}{dt^2}x(t) + \nu^2 x(t)$$

と書ける. よって(3.85)は

$$\int_{-\infty}^{\infty} K(t-t')x(t')dt' = f(t)$$

の形となる. このとき

$$K(\omega) = -\omega^2 + \nu^2$$

であって, 3-3 節での取扱いと同じになる.

第3章演習問題

[1] 次の関数のフーリエ変換を求め, その逆変換を実行してもとの関数に戻ることを示しなさい.

(a) $f(x) = \dfrac{1}{\sqrt{|x|}}$

(b) $f(x) = \dfrac{x}{1+x^2}$

[2] 3-3 節の例 5 における(3.96)式を示しなさい. つまり次の積分公式を導きなさい.

$$\frac{-1}{2\pi}\int_{-\infty}^{\infty} \frac{\cos \omega t - \cos \nu t}{\omega^2 - \nu^2}d\omega = \frac{1}{2\nu}\varepsilon(t)\sin \nu t$$

[3] 次の2つの例について, パーシバルの等式(3.99)を示しなさい.

(a) $f(x) = \dfrac{x}{1+x^2}$ (演習問題[1]の(b))

(b) $f(x) = e^{-a|x|}$ ($a>0$)   (3-2節, 例5)

[4] 3-2節例6を1-2節例2の $L\to\infty$ の極限として考えよう. (3.47)で1周期が定義される周期関数を, フーリエ変換すると(3.50)となる. このとき, $L\to\infty$ で

$$F(\omega) \to 2\pi i\delta'(\omega)$$

となることを証明しなさい. これと(3.49)を合わせると, (3.32),(3.33)がこの例でも示されたことになる.

[5] 表3-1の例においては, パーシバルの等式は $\infty = \infty$ となるものがある. ところ

が次のように形式的に等式が成立していることを見ることもできる．（厳密には δ 関数をふつうの関数の極限として定義して証明できる．）1 という量の全積分を

$$\int_{-\infty}^{\infty} 1dx = \lim_{\omega \to 0} \int_{-\infty}^{\infty} e^{i\omega x}dx = \lim_{\omega \to 0} 2\pi\delta(\omega) = 2\pi\delta(0)$$

と考える．こうすると，表 3-1 の最初の例 $f(x)=1$, $F(\omega)=2\pi\delta(\omega)$ に対するパーシバルの等式は次のようになる．

$$\int_{-\infty}^{\infty} 1^2dx = \frac{1}{2\pi}(2\pi)^2 \int_{-\infty}^{\infty} (\delta(\omega))^2 d\omega$$

左辺は上に述べたことから $2\pi\delta(0)$，右辺は，任意の関数 $h(\omega)$ に対して成立する $h(\omega)\delta(\omega)=h(0)\delta(\omega)$ を用いて

$$2\pi\delta(0)\int_{-\infty}^{\infty} \delta(\omega)d\omega = 2\pi\delta(0)$$

となり，形式的にではあるが，パーシバルの等式を示すことができる．この技法で

$$f(x) = x^n, \quad F(\omega) = 2\pi i^n \frac{d^n\delta(\omega)}{d\omega^n}$$

に対しても，形式的にパーシバルの等式が成立していることを示しなさい．

4 線形空間とフーリエ変換

フーリエ級数展開においては，関数の集まり $\left(\cos\dfrac{n\pi x}{L}, \sin\dfrac{n\pi x}{L}\right)$ ですべての周期関数が展開可能であった．このことからすぐに思いつくのは，線形ベクトル空間における正規直交完全系をなすベクトル，つまり基底ベクトルである．

それでは，関数をある特定の関数の集まりを用いて展開することと，ベクトル空間の任意のベクトルを基底ベクトルで展開することは，どのように対応しているのであろうか．連続パラメーター x で指定される行列を考えると，この対応は鮮明になる．そして関数 $f(x)$ を，「線形空間におけるベクトル $|f\rangle$ の x で指定される基底ベクトル $|x\rangle$ への射影成分 $\langle x|f\rangle$」とみなすことによって対応が完成する．以下このことを見ていく．慣れない概念が入ってくるので議論を複雑にしないように，数学的厳密さは犠牲にして概念の説明に重点を置く．記号 $|f\rangle, \langle x|, \langle x|f\rangle$ などの意味は以下で説明しよう．

まず 2 行 2 列の行列からはじめ，N 行 N 列さらに連続極限 $N\to\infty$ を定義する．そこで関数空間との対応が出てくる．ディラックのブラケットによる表示が便利であるので，その説明とともに使用する．

4-1 有限次元のベクトルと行列

フーリエ級数による関数の展開形式が，線形ベクトル空間において，任意のベ

クトルをこの空間内で完全系をなすベクトルの組(**基底ベクトル**とよぶ)で展開できるというよく知られた定理に対応することを見よう. このため, ごく簡単な例からはじめることにする.

実数行列の場合, 任意の対称行列の固有ベクトルは完全系をなすという定理がある. 複素行列の場合は, 任意のエルミート行列が同じ定理を満たす. ただし完全系という場合, どういう内積に関して完全系をなすのかが指定されなければならない. 以下の議論では, ディラックにより導入された記号であるケット $|\cdot\rangle$ とブラ $\langle\cdot|$ が都合がよいので, これを用いることにする.

2×2実対称行列　2次元ベクトル空間の2つの基底ベクトル e_1, e_2 を適当な座標系をとって

$$e^{(1)} = \begin{pmatrix} 1 \\ 0 \end{pmatrix}, \quad e^{(2)} = \begin{pmatrix} 0 \\ 1 \end{pmatrix} \tag{4.1}$$

と書くことにする. 2つの任意の実数ベクトル $A = \begin{pmatrix} a_1 \\ a_2 \end{pmatrix}$, $B = \begin{pmatrix} b_1 \\ b_2 \end{pmatrix}$ の内積を, 転置ベクトル $\tilde{A} = (a_1, a_2)$, $\tilde{B} = (b_1, b_2)$ を用いて,

$$\tilde{A} \cdot B = (a_1, a_2)\begin{pmatrix} b_1 \\ b_2 \end{pmatrix} = a_1 b_1 + a_2 b_2 = \tilde{B} \cdot A \tag{4.2}$$

で定義すれば, e_1, e_2 は, 次の意味で正規直交系をなす.

$$\tilde{e}^{(1)} \cdot e^{(1)} = \tilde{e}^{(2)} \cdot e^{(2)} = 1, \quad \tilde{e}^{(1)} \cdot e^{(2)} = \tilde{e}^{(2)} \cdot e^{(1)} = 0 \tag{4.3}$$

正規というのは, ベクトル A の大きさの2乗(ノルムの2乗)を $\tilde{A} \cdot A$ で定義したとき, $e^{(1)}, e^{(2)}$ のノルムの2乗が1になるようにしたことを意味する. クロネッカーの δ_{ij} 記号(2.25)(つまり $i=j$ なら $\delta_{ij}=1$, $i \neq j$ ならば $\delta_{ij}=0$)を用いて書けば, (4.3)は

$$\tilde{e}^{(i)} \cdot e^{(j)} = \delta_{ij} \tag{4.4}$$

とまとめられる. さて任意の2次元ベクトル A は

$$A = a_1 e^{(1)} + a_2 e^{(2)} \tag{4.5}$$

と書ける. これはさらに $\tilde{e}^{(1)} \cdot A = a_1$, $\tilde{e}^{(2)} \cdot A = a_2$ を用いれば

$$A = e^{(1)}\tilde{e}^{(1)} \cdot A + e^{(2)}\tilde{e}^{(2)} \cdot A \tag{4.6}$$

$$= (e^{(1)}\tilde{e}^{(1)} + e^{(2)}\tilde{e}^{(2)}) \cdot A \tag{4.7}$$

と書ける. (4.7)は $\begin{pmatrix} \\ \end{pmatrix}(\quad)\begin{pmatrix} \\ \end{pmatrix}$ の形をしているが, すべてベクトルと行列

の積の定義に従って掛け算する．(4.5)の転置をとると

$$\tilde{A} = \tilde{A} \cdot (e^{(1)}\tilde{e}^{(1)} + e^{(2)}\tilde{e}^{(2)}) \tag{4.8}$$

が得られる．(4.7)と(4.8)は任意の行列 A について成立するので，結局

$$e^{(1)}\tilde{e}^{(1)} + e^{(2)}\tilde{e}^{(2)} = I \tag{4.9}$$

を得る．ここで I は 2×2 の単位行列 $\begin{pmatrix} 1 & 0 \\ 0 & 1 \end{pmatrix}$ のことである．

(4.8)を具体的に書くと

$$e^{(1)}\tilde{e}^{(1)} + e^{(2)}\tilde{e}^{(2)} = \begin{pmatrix} 1 \\ 0 \end{pmatrix}(1,0) + \begin{pmatrix} 0 \\ 1 \end{pmatrix}(0,1) = \begin{pmatrix} 1 & 0 \\ 0 & 1 \end{pmatrix}$$

ということである．(4.8)を成分で書いた式

$$\sum_{k=1}^{2} e_i{}^{(k)}\tilde{e}_j{}^{(k)} = \delta_{ij} \tag{4.10}$$

は，以下の議論で中心的役割をする．(4.10)の右から任意のベクトル A を掛ける（δ_{ij} を行列の ij 要素と見て，行列とベクトルの積の意味で）と，任意のベクトル A は(4.5), (4.6)のように展開できることがいえる．このことが成立するのは(4.10)の右辺が δ_{ij} であることによる．この意味で関係式(4.10)を，$e^{(1)}, e^{(2)}$ が2次元空間で**完全系**をなす条件とよぶ．このことを，$e^{(1)}, e^{(2)}$ は**基底ベクトル**(basis vector)をなすという．

　ディラックの表記法　ベクトル A をケット $|A\rangle$，転置ベクトル $\tilde{A}$ をブラ $\langle A|$ と表わすことにする．特に $e^{(1)}, e^{(2)}$ については $|1\rangle = e^{(1)}$，$|2\rangle = e^{(2)}$，$\langle 1| = \tilde{e}^{(1)}$，$\langle 2| = \tilde{e}^{(2)}$ と書く．A と B の内積は $\langle A|B\rangle = \langle B|A\rangle$ で導入する．ブラケット $\langle\ \rangle$ を2つに割って右半分をケット(ket)，左半分をブラ(bra)とよぶのである．この記号では，(4.4), (4.10)はそれぞれ

$$\langle i|j\rangle = \delta_{ij} \tag{4.11a}$$

$$\sum_{i=1}^{2} |i\rangle\langle i| = I \tag{4.11b}$$

と書ける．展開公式(4.5)は(4.11b)式の右から $|A\rangle$ を掛けて

$$\sum_{i=1}^{2} |i\rangle\langle i|A\rangle = |A\rangle \tag{4.12}$$

のような表記法となる．ここで $\langle i|A\rangle = a_i\ (i=1,2)$ とおけば(4.5)が再現され

る. 以下では慣れるために, ところどころでディラックの記号を用いることにする.

2×2実対称行列　基底ベクトルは上で現われた $|1\rangle$, $|2\rangle$ だけではなく, 無数の取り方がある. その1つとして, 特定の行列の固有ベクトルのつくる基底ベクトルが以下では有用となる. 簡単な例を示そう. 2×2実対称行列として

$$P = \begin{pmatrix} 0 & 1 \\ 1 & 0 \end{pmatrix} \tag{4.13}$$

を考えよう. 固有値 λ, 固有ベクトル $\boldsymbol{l}$ は

$$P\boldsymbol{l} = \lambda\boldsymbol{l} \tag{4.14}$$

の解として定義される. λ と $\boldsymbol{l}$ は2組求まって,

$$\begin{aligned} \lambda = \lambda^{(1)} = 1 \quad &\text{に対して} \quad \boldsymbol{l}^{(1)} = \frac{1}{\sqrt{2}}\begin{pmatrix} 1 \\ 1 \end{pmatrix} \\ \lambda = \lambda^{(2)} = -1 \quad &\text{に対して} \quad \boldsymbol{l}^{(2)} = \frac{1}{\sqrt{2}}\begin{pmatrix} 1 \\ -1 \end{pmatrix} \end{aligned} \tag{4.15}$$

が求まる. 係数 $1/\sqrt{2}$ は固有ベクトル $\boldsymbol{l}^{(i)}$ $(i=1,2)$ のノルムの大きさが1となるように選んだ. この $\boldsymbol{l}^{(i)}$ は完全性の条件を満たすことが分かる.

$$\sum_i \boldsymbol{l}^{(i)}\tilde{\boldsymbol{l}}^{(i)} = I \tag{4.16}$$

ディラックの記号 $|l_1\rangle = \boldsymbol{l}^{(1)}$, $|l_2\rangle = \boldsymbol{l}^{(2)}$ を用いれば

$$\sum_i |l_i\rangle\langle l_i| = I \tag{4.17}$$

と書ける.

　一般に任意の2×2実対称行列 R の2つの正規化された直交固有ベクトル $\boldsymbol{r}^{(i)} = |r_i\rangle$ $(i=1,2)$ を用いて

$$\sum_{i=1}^{2} |r_i\rangle\langle r_i| = I \tag{4.18}$$

となることが示せる. 前に出てきた $|1\rangle = \boldsymbol{e}^{(1)}$, $|2\rangle = \boldsymbol{e}^{(2)}$ は, 2×2対称行列 I の2つの固有ベクトルで, それらが正規直交ベクトルをなしているとみなすことができる. よってわれわれは単位行列 I のさまざまな固有ベクトルによる分

解を得る.

$$I = \sum_{i=1}^{2} |i\rangle\langle i| \qquad (I \text{ 行列による})$$

$$= \sum_{i=1}^{2} |l_i\rangle\langle l_i| \qquad (P \text{ 行列による}) \qquad (4.19)$$

$$= \sum_{i=1}^{2} |r_i\rangle\langle r_i| \qquad (\text{任意の } R \text{ 行列による})$$

複素行列・複素ベクトル　次に複素数をとる行列とベクトルを考える. 2 つのベクトルを $\boldsymbol{A} = \begin{pmatrix} a_1 \\ a_2 \end{pmatrix}$, $\boldsymbol{B} = \begin{pmatrix} b_1 \\ b_2 \end{pmatrix}$ とし, $\boldsymbol{A}$ と $\boldsymbol{B}$ の内積を

$$\boldsymbol{A}^{\dagger}\cdot\boldsymbol{B} = (a_1{}^*, a_2{}^*)\begin{pmatrix} b_1 \\ b_2 \end{pmatrix} = a_1{}^*b_1 + a_2{}^*b_2 \qquad (4.20)$$

で定義する. ここで $a_1{}^*$ は a_1 の複素共役を意味し, $\boldsymbol{A}^{\dagger}$ は $\boldsymbol{A}$ のエルミート共役ベクトルで, $\boldsymbol{A}^{\dagger} = \tilde{\boldsymbol{A}}{}^* = (a_1{}^*, a_2{}^*)$ で定義される. ただし $\tilde{}$ は転置ベクトルを意味する.

$$\boldsymbol{B}^{\dagger}\cdot\boldsymbol{A} = b_1{}^*a_1 + b_2{}^*a_2 = (\boldsymbol{A}^{\dagger}\cdot\boldsymbol{B})^* \qquad (4.21)$$

であることに注意しよう.

2×2 エルミート行列　任意の複素行列 P に対し, エルミート共役行列 $P^{\dagger}$ は $P^{\dagger} = \tilde{P}{}^*$ で定義される. ここで $\tilde{}$ は転置行列を, $*$ は複素共役をとることを意味する. $P = P^{\dagger}$ の成立する行列を**エルミート**(Hermite)**行列**という. 2×2 のエルミート行列の例として

$$P = \begin{pmatrix} 0 & i \\ -i & 0 \end{pmatrix} \qquad (4.22)$$

をとろう. やはり固有値問題

$$P\boldsymbol{l} = \lambda\boldsymbol{l} \qquad (4.23)$$

を考える. この場合も 2 つの固有値 $\lambda = 1$ と -1 があって

$$\lambda = \lambda^{(1)} = 1 \quad \text{に対して} \quad \boldsymbol{l}^{(1)} = \frac{1}{\sqrt{2}}\begin{pmatrix} 1 \\ -i \end{pmatrix}$$

$$\qquad (4.24)$$

$$\lambda = \lambda^{(2)} = -1 \quad \text{に対して} \quad \boldsymbol{l}^{(2)} = \frac{1}{\sqrt{2}}\begin{pmatrix} 1 \\ i \end{pmatrix}$$

が得られる．ここで $1/\sqrt{2}$ はノルムの大きさが 1 となるように選んだ．複素ベクトルのノルムの 2 乗は

$$\boldsymbol{A}^{\dagger}\cdot\boldsymbol{A} = \tilde{\boldsymbol{A}}^{*}\cdot\boldsymbol{A} = |a_1|^2 + |a_2|^2 \tag{4.25}$$

で定義される．実は $1/\sqrt{2}$ でなくても，$\dfrac{1}{\sqrt{2}}e^{i\theta}$ のように位相因子 $e^{i\theta}$ がついていてもよいのであるが，ここでの議論はこの因子の存在に無関係なので無視した．$\boldsymbol{l}^{(1)}$ と $\boldsymbol{l}^{(2)}$ は次の意味で正規直交系をなす．

$$\boldsymbol{l}^{(i)\dagger}\cdot\boldsymbol{l}^{(j)} = \delta_{ij} \tag{4.26}$$

さらに完全系をつくることは

$$\sum_{i=1}^{2}\boldsymbol{l}^{(i)}\boldsymbol{l}^{(i)\dagger} = \frac{1}{2}\begin{pmatrix}1\\-i\end{pmatrix}(1,i) + \frac{1}{2}\begin{pmatrix}1\\i\end{pmatrix}(1,-i) = I \tag{4.27}$$

が成立することからいえる．

　複素ベクトルに対するディラックの記号は

$$|l_1\rangle = \boldsymbol{l}^{(1)}, \qquad |l_2\rangle = \boldsymbol{l}^{(2)}$$
$$\langle l_1| = \boldsymbol{l}^{(1)\dagger}, \qquad \langle l_2| = \boldsymbol{l}^{(2)\dagger}$$

で導入され，(4.26)式と(4.27)式は

$$\langle l_i|l_j\rangle = \delta_{ij} \tag{4.28}$$

$$\sum_{i=1}^{2}|l_i\rangle\langle l_i| = I \tag{4.29}$$

と書かれる．われわれは(4.19)で与えられた単位行列 I のもう 1 つの分解として(4.29)を得たわけである．じつは任意の 2×2 エルミート行列の 2 つの固有ベクトルは，完全正規直交系をつくることがいえる．このことと，実対称行列はエルミート行列の行列要素を実数とした特別の場合であるから，(4.19)と(4.29)を合わせて，

　「任意の 2×2 エルミート行列 R の 2 つの固有ベクトル $|r_i\rangle$（$i=1,2$）を用いて，完全性の関係式

$$\sum_{i=1}^{2}|r_i\rangle\langle r_i| = I \tag{4.30}$$

　　が成立する」

と表現できる．

$N \times N$ エルミート行列   ここで 2×2 エルミート行列を，一気に無限次元
エルミート行列に拡張する．無限次元といっても周期的境界条件をおくので，
有限次元行列の繰り返しである．そのため，本質的には有限次元行列を考えて
いることになる．問題を簡単にするため，

$$
P = \begin{pmatrix}
\ddots & \ddots & \ddots & & & & \\
 & i & 0 & -i & & \large{0} & \\
 & & i & 0 & -i & & \\
 & & & i & 0 & -i & \\
 & & & & i & 0 & -i \\
 & \large{0} & & & & i & 0 & -i \\
 & & & & & & \ddots & \ddots & \ddots
\end{pmatrix} \tag{4.31}
$$

の形で無限につづいている行列を考える．対角要素は 0 で，そのすぐ隣が $-i$
か i，他はすべて 0 である．これはエルミート行列であり，これから P の固有
値方程式

$$
P\boldsymbol{l} = \lambda \boldsymbol{l} \tag{4.32}
$$

を解くことにする．つまり無限次元固有ベクトル $\boldsymbol{l}$ と固有値 λ（これは単なる
数である）を求めるのである．

　後で，$-L \leqq x \leqq L$ で定義された周期 $2L$ の周期関数 $f(x)$ はフーリエ級数に
展開できるという定理との関係を調べるので，それに合うように(4.31)式の P
の行と列を適当に番号付ける．ある行または列を 0 番として，$n = 0, \pm 1, \pm 2,$
$\cdots$ で両側に番号が増えていくものとする．そして固有ベクトルを次のように
書く．

$$
\boldsymbol{l} = \begin{pmatrix}
\vdots \\
D_N \\
\vdots \\
D_1 \\
D_0 \\
D_{-1} \\
\vdots \\
D_{-N} \\
\vdots
\end{pmatrix} \tag{4.33}
$$

ここで固有ベクトル $\boldsymbol{l}$ をすべて求めるのではなく，次のような周期境界条件

を満たすもののみを考える.

$$D_{n+N} = D_{n-N} \qquad (n=0, \pm1, \pm2, \cdots) \tag{4.34}$$

こうすると，例えば，$\boldsymbol{l}$ の成分は $D_{-N+1}, D_{-N+2}, \cdots, D_{-1}, D_0, D_1, D_2, \cdots, D_N$ の $2N$ 個に限ってよく，残りは同じことの繰り返しとなる．以下この区間に限って話をすすめる.

さて(4.31)と(4.33)を固有値方程式(4.32)に入れて D_n に対する漸化式を得る.

$$iD_{n+1} - \lambda D_n - iD_{n-1} = 0 \tag{4.35}$$

これは次の解をもつ.

$$D_n = e^{in\alpha}, \qquad 2\sin\alpha = -\lambda \tag{4.36}$$

実際

$$i(D_{n+1} - D_{n-1}) = i(e^{i(n+1)\alpha} - e^{i(n-1)\alpha}) = ie^{in\alpha}2i\sin\alpha = -2D_n\sin\alpha$$

より理解できる.

周期条件(4.34)は $e^{i(n+N)\alpha} = e^{i(n-N)\alpha}$ となるので，α は次式で決まる.

$$e^{2iN\alpha} = 1$$

$$\therefore \quad 2N\alpha = 2\pi m \qquad (m=0, \pm1, \pm2, \cdots) \tag{4.37}$$

整数 m は固有ベクトルの成分の数 $2N$ 個をとる．それらを例えば $-N+1$ から N までに限ってよい．この範囲の m に対応する α を $\alpha^{(m)}$，(4.36)式から決まる λ を $\lambda^{(m)}$ とすると，$\lambda^{(m)}$ とそれに対応する固有ベクトルの成分 $D_n{}^{(m)}$ は

$$\lambda^{(m)} = -2\sin\alpha^{(n)} = -2\sin\frac{\pi m}{N} \qquad (m = -N+1, \cdots, -1, 0, 1, \cdots, N) \tag{4.38}$$

$$D_n{}^{(m)} = e^{i\frac{\pi m}{N}n} \qquad (m, n \text{ ともに同上の範囲}) \tag{4.39}$$

のように求まる．m を上の範囲外，例えば $m = N+1$ にとると，明らかに

$$\lambda^{(N+1)} = \lambda^{(1-N)}$$

が成立し，固有ベクトルについても

$$D_n{}^{(N+1)} = e^{i\frac{\pi(N+1)}{N}n} = e^{i\pi\frac{(-N+1)}{N}n}e^{i2\pi n} = D_n{}^{(-N+1)} \tag{4.40}$$

となって，$m=-N+1$ のものに完全に一致し，新しいものは得られない．

さてノルムの2乗に対する公式によって，$D_n{}^{(m)}$（n, m はともに $-N+1$ から N までの整数）を成分とする $2N$ 個の固有ベクトル $\boldsymbol{l}^{(m)}$ を規格化しよう．$\boldsymbol{l}^{(m)}$ の成分を $l_n{}^{(m)}=D_n{}^{(m)}$ と書いて，

$$1 = \boldsymbol{l}^{(m)\dagger}\cdot\boldsymbol{l}^{(m)} = \sum_{n=-N+1}^{N} |l_n{}^{(m)}|^2 = \sum_{n=-N+1}^{N} |D_n{}^{(m)}|^2 = 2N \quad (4.41)$$

よって規格化された固有ベクトル $\boldsymbol{l}^{(m)}$ の成分は

$$l_n{}^{(m)} = \frac{1}{\sqrt{2N}} e^{i\frac{m\pi}{N}n} \quad (4.42)$$

で与えられる．

直交性　$\boldsymbol{l}^{(m)}$ と $\boldsymbol{l}^{(m')}$ の直交性は次のように確かめられる．

$$\boldsymbol{l}^{(m)\dagger}\cdot\boldsymbol{l}^{(m')} = \frac{1}{2N} \sum_{n=-N+1}^{N} e^{i\frac{(m'-m)\pi}{N}n} = \delta_{mm'} \quad (4.43)$$

実際，

$$\frac{1}{2N} \sum_{n=-N+1}^{N} e^{i\frac{(m'-m)\pi}{N}n} = \frac{1}{2N} e^{i\frac{(m'-m)\pi}{N}(1-N)} \frac{1-e^{i\frac{(m'-m)\pi}{N}2N}}{1-e^{i\frac{(m'-m)\pi}{N}}}$$

と書けるので，右辺の分子の $1-e^{i\frac{(m'-m)\pi}{N}2N}=1-e^{i2(m'-m)\pi}$ はすべての $m'-m$ でゼロである．ただし $m'=m$ のときは分母もゼロとなるが，このときはもとに戻って考えればよい．

完全性　$\boldsymbol{l}^{(m)}$ が完全系をつくるとは，やはり上の場合と同じ公式によって

$$\sum_{m=-N+1}^{N} l_n{}^{(m)}\cdot l_{n'}{}^{(m)*} = \frac{1}{2N} \sum_{m=-N+1}^{N} e^{i\frac{(n-n')\pi}{N}m} = \delta_{nn'} \quad (4.44)$$

であることから知られる．（4.44）式は $2N\times 2N$ の単位行列 I を用いて

$$\sum_{m=-N+1}^{N} \boldsymbol{l}^{(m)}\boldsymbol{l}^{(m)\dagger} = I \quad (4.45)$$

と書いてよい．

フーリエ級数展開との関係を付けるためには P とは別の，もう1つの $2N\times$

$2N$ 対角行列 Q

$$
Q = \begin{pmatrix}
N & & & & & & & \\
& N-1 & & & & & \text{\huge 0} & \\
& & \ddots & & & & & \\
& & & 1 & & & & \\
& & & & 0 & & & \\
& & & & & -1 & & \\
& \text{\huge 0} & & & & & \ddots & \\
& & & & & & & -N+1
\end{pmatrix} \tag{4.46}
$$

を考える. Q の固有値はそのまま行列の番号になっているものである. ここ
で行と列の番号付けは, ある行と列を 0 番とし, その両側に増やしたり減らし
たりして, P のときと同じように決めた. この意味で Q を**位置の行列**とよん
でもよい. やはり固有値方程式

$$
Ql = \lambda l \tag{4.47}
$$

の解を考えるが, これはすぐに解けて, $2N$ 個の λ とそれに対応する l が次の
ように求まる.

$$
\lambda^{(m)} = m, \quad l^{(m)} = \begin{pmatrix} 0 \\ \vdots \\ 0 \\ 1 \\ 0 \\ \vdots \\ 0 \end{pmatrix} \quad (m = -N+1, \cdots, -1, 0, 1, \cdots, N) \tag{4.48}
$$

ここで $l^{(m)}$ の中の 1 は, 行の番号が m のところに現われる. いい換えれば

$$
l_n^{(m)} = \delta_{mn} \tag{4.49}
$$

である. この $l^{(m)}$ も, 正規直交関係(4.43)と完全性の関係式(4.45)を満たす
のは明らかである.

　以上をまとめてみよう. P の固有値方程式(4.32)に現われる固有ベクトル
(4.42)を改めて $l_P{}^{(m)}$ と書き, Q に関して出てくる固有ベクトル(4.48)を
$l_Q{}^{(m)}$ と書くと, 次の 2 組の式が得られたことになる.

$$
l_P{}^{(m)\dagger} \cdot l_P{}^{(m')} = l_Q{}^{(m)\dagger} \cdot l_Q{}^{(m')} = \delta_{mm'} \tag{4.50a}
$$

$$\sum_{m=-N+1}^{N} \boldsymbol{l}_P{}^{(m)} \boldsymbol{l}_P{}^{(m)\dagger} = \sum_{m=-N+1}^{N} \boldsymbol{l}_Q{}^{(m)} \boldsymbol{l}_Q{}^{(m)\dagger} = I \qquad (4.50\mathrm{b})$$

4-2　*N*→∞ の極限と連続行列

いよいよ $2N \times 2N$ 行列の $N \to \infty$ の極限を考える. P 行列は 1 周期分だけを考えるので $2N \times 2N$ である. まず P の極限を考えよう.

　数直線上で, $-N+1$ から N までの整数値の上に点を打つと, 点の数は $2N$ で, 区間の数は $2N-1$ 個である. これを図 4-1 のように 1 つの区間の長さが ε で, それが $2N-1$ 個ある線分に対応させる. 両端は $N\varepsilon \equiv L$ と $\varepsilon(-N+1) = -L+\varepsilon$ である. この対応のもとに $N \to \infty$ の極限移行を L を固定したまま実行する. 当然 $\varepsilon = L/N \to 0$ となり, $n\varepsilon = x\ (n = 0, \pm1, \cdots)$ で表わされる点は $-L \leqq x \leqq L$ の間に密集し, $N \to \infty$ で連続分布する. つまり行と列が連続パラメーター x で指定される行列となる. この極限でフーリエ級数展開との関係がつくのである.

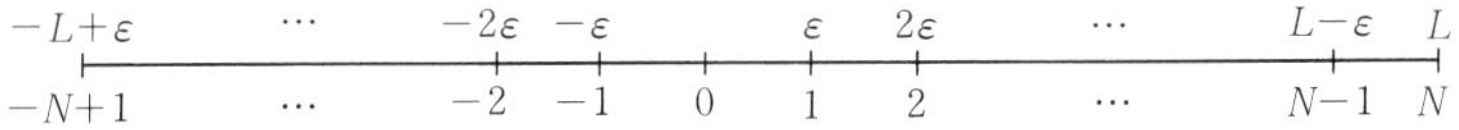

図 4-1

まず P の固有値(4.38)の分布を見よう.

$$\lambda^{(m)} = -2\sin\frac{\pi m}{N} = -2\sin\frac{\pi \varepsilon m}{N\varepsilon} = -2\sin\frac{\pi m}{L}\varepsilon$$

ここで L を固定して $N \to \infty$ つまり $\varepsilon \to 0$ とすれば, ε の 1 次までとって

$$\lambda^{(m)} = -\frac{2\pi m\varepsilon}{L} \equiv -2\varepsilon p_m \qquad (4.51)$$

$$p_m = \frac{m\pi}{L} \qquad (4.52)$$

と書ける. 一方, P の固有ベクトル $\boldsymbol{l}_P{}^{(m)}$ の第 n 成分は

$$\boldsymbol{l}_{P,n}^{(m)} = \frac{1}{\sqrt{2N}}e^{i\frac{m\pi}{N}n} = \frac{\sqrt{\varepsilon}}{\sqrt{2L}}e^{i\frac{m\varepsilon\pi}{N\varepsilon}n} = \frac{\sqrt{\varepsilon}}{\sqrt{2L}}e^{i\frac{m\pi}{L}n\varepsilon} \tag{4.53}$$

ここで図 4-1 の線分上の点 $x=n\varepsilon$ は，$\varepsilon\to0$ で $-L$ から L まで連続分布するので，線分上の位置を指定する連続変数，つまり x は座標となる．よって (4.52)で定義された p_m を用いると

$$\boldsymbol{l}_{P,n}^{(m)} = \sqrt{\varepsilon}\,\boldsymbol{l}_{P,x}^{(m)}, \quad \text{ただし} \quad \boldsymbol{l}_{P,x}^{(m)} = \frac{1}{\sqrt{2L}}e^{ip_m x} \tag{4.54}$$

と書ける．これで規格化されたフーリエ級数の基底関数が現われたことになるが，$\sqrt{\varepsilon}$ の因子だけ異なる．しかしこれはちょうど，変数 x による積分に書き直せば，吸収されるのである．実際に，(4.43)と(4.44)で，$N\to\infty$ としてみよう．

まず，直交性に関しては，(4.43)から

$$\delta_{mm'} = \boldsymbol{l}^{(m)\dagger}\cdot\boldsymbol{l}^{(m')} = \varepsilon\sum_{n=-N+1}^{N}\frac{1}{2L}e^{i\frac{(m'-m)\pi}{L}\varepsilon n}$$
$$\xrightarrow[\varepsilon\to0]{} \frac{1}{2L}\int_{-L}^{L}dx\,e^{i\frac{m'\pi}{L}x}e^{-i\frac{m\pi}{L}x} \tag{4.55}$$

ここで $\varepsilon\sum_n\to\int dx$ というよく知られた置き換えを用いた．(4.55)は(1.14)に一致する．次に完全性に関しては，(4.44)から

$$\delta_{nn'} = \sum_{m=-N+1}^{N}\boldsymbol{l}_n^{(m)}\cdot\boldsymbol{l}_{n'}^{(m)*} = \frac{\varepsilon}{2L}\sum_{m=-N+1}^{N}e^{i\frac{m\pi x}{L}}e^{-i\frac{m\pi x'}{L}} \tag{4.56}$$

ここで $x=n\varepsilon$, $x'=n'\varepsilon$ と置いた．さて

$$\lim_{\varepsilon\to0}\frac{1}{\varepsilon}\delta_{nn'} = \delta(x-x') \tag{4.57}$$

が成立することを示そう．そのために次のような恒等式を考える．$f(x)$ を x の任意の関数として，$x=n\varepsilon$ の対応を用いると，

$$f(n\varepsilon) = \sum_{n'=-N+1}^{N}\delta_{nn'}f(n'\varepsilon) = \varepsilon\sum_{n'=-N+1}^{N}\frac{1}{\varepsilon}\delta_{nn'}f(n'\varepsilon)$$

ここで $\varepsilon\to0$ とする．$n\varepsilon=x$, $n'\varepsilon=x'$ のように変数変換した後，$\lim\left(\frac{1}{\varepsilon}\delta_{nn'}\right)=g(x,x')$ と書いて

$$f(x) = \int_{-L}^{L} dx' g(x, x') f(x')$$

となる. これが任意の $f(x)$ について成立するので, $g(x, x') = \delta(x - x')$ である. 結局(4.56)式は, $N \to \infty$ で

$$\frac{1}{2L} \sum_{m=-\infty}^{\infty} e^{i\frac{m\pi x}{L}} e^{-i\frac{m\pi x'}{L}} = \delta(x - x') \tag{4.58}$$

となり, これは(3.10)において x', y' ともに $-L \leqq x' < L$, $-L \leqq y' < L$ をみたすときの関係式である. 実際このとき(3.10)の左辺の和では $n = 0$ のみが効く. 最後に固有値方程式(4.32)の極限を見よう. (4.35)に(4.37)と(4.38)を代入すると, 恒等式

$$\frac{i}{\sqrt{2N}} \Big(e^{i\frac{m\pi}{N}(n+1)} - e^{i\frac{m\pi}{N}(n-1)} \Big) = -2 \Big(\sin \frac{\pi m}{N} \Big) \frac{1}{\sqrt{2N}} e^{i\frac{m\pi}{N}n} \tag{4.59}$$

を得る. ここで $N \to \infty$ とする. ふたたび $\sin \dfrac{\pi m}{N} \sim \dfrac{\pi m}{L} \varepsilon = p_m \varepsilon$ を用いて, (4.59)式は

$$\frac{1}{i} \Big(\frac{e^{ip_m(x+\varepsilon)} - e^{ip_m(x-\varepsilon)}}{2\varepsilon} \Big) = p_m e^{ip_m x} \tag{4.60}$$

となるが, これは $\varepsilon \to 0$ で

$$\frac{1}{i} \frac{d}{dx} e^{ip_m x} = p_m e^{ip_m x} \tag{4.61}$$

という当然の式となる.

これまでのことから, 次のことがいえる. 式(4.61)は演算子 $P = \dfrac{1}{i} \dfrac{d}{dx}$ の関数固有値方程式

$$Pf(x) = \lambda f(x) \tag{4.62}$$

の形をしている. これは(4.32)で与えられる $2N \times 2N$ 行列の固有値方程式において, $N\varepsilon = L$ に固定して極限 $N \to \infty$, $\varepsilon \to 0$ へ移行したときの極限形である. そのことをはっきりと見るために, (4.32)をもういちど行列要素と和の記号を用いて書くと, 次のようになる.

$$\sum_{n'} P_{n,n'} l_{n'}^{(m)} = \lambda^{(m)} l_n^{(m)} \tag{4.63}$$

この式は，(4.51)を用いて，次の形に書けることが分かる．

$$\varepsilon \sum_n \frac{P_{n,n'}}{-2\varepsilon^2} \frac{\boldsymbol{l}_n^{(m)}}{\sqrt{\varepsilon}} = p_m \frac{\boldsymbol{l}_n^{(m)}}{\sqrt{\varepsilon}} \tag{4.64}$$

この形で，$\varepsilon \to 0$ の極限をとれば，次の式を得る．

$$-\frac{1}{i} \int dx' \left(\frac{d}{dx'} \delta(x-x') \right) \boldsymbol{l}_{P,x'}^{(m)} = p_m \boldsymbol{l}_{P,x}^{(m)} \tag{4.65}$$

この式を得るために，$\displaystyle\lim_{\varepsilon \to 0} \frac{P_{n,n'}}{-2\varepsilon^2} = P_{x,x'}$ という記号を導入すると

$$\lim_{\varepsilon \to 0} \frac{P_{n,n'}}{-2\varepsilon^2} = P_{x,x'} = \frac{1}{i} \frac{d}{dx} \delta(x-x') \tag{4.66}$$

となることを用いた．この極限公式は次のように示される．任意の関数 $f(x)$ について $x = n\varepsilon$ と対応させて

$$\varepsilon \sum_{n'} \frac{P_{n,n'}}{-2\varepsilon^2} f(n'\varepsilon) = \frac{i}{-2\varepsilon} \{ f((n+1)\varepsilon) - f((n-1)\varepsilon) \}$$

$$= \frac{i}{-2\varepsilon} (f(x+\varepsilon) - f(x-\varepsilon))$$

ここで $\varepsilon \to 0$ の極限へ移行して

$$\int dx' \left(\lim_{\varepsilon \to 0} \frac{P_{n,n'}}{-2\varepsilon^2} \right) f(x') = \frac{1}{i} \frac{d}{dx} f(x) \tag{4.67}$$

これが任意の $f(x)$ について成立するので，(4.66)が証明された．公式(4.57)に続いて公式(4.66)を得たわけである．これらの事実から，(4.65)は行列 $P_{x,x'}$ に対する積分形の関数固有値方程式

$$\int dx' P_{x,x'} f(x') = \lambda f(x) \tag{4.68}$$

の解が，$\lambda = p_m$，$f(x) = \boldsymbol{l}_{P,x}^{(m)}$((4.53)参照)で与えられることを示している．
　次に行列 Q の極限形を求めよう．そのために(4.47)を

$$\sum_{n'} Q_{n,n'} \boldsymbol{l}_{n'}^{(m)} = \lambda^{(m)} \boldsymbol{l}_n^{(m)} \tag{4.69}$$

と書いて，(4.46)と(4.47)に注目する．$\boldsymbol{l}_{n'}^{(m)} = \delta_{mn'}$ であるから，公式(4.57)を用いると

$$\lim_{\varepsilon \to 0} \frac{1}{\varepsilon} \boldsymbol{l}_n{}^{(m)} = \delta(x' - y) \tag{4.70}$$

ただし $y = m\varepsilon$, $x' = n'\varepsilon$ である. 一方 $Q_{n,n'} = n\delta_{nn'}$ であるから,

$$Q_{x,x'} \equiv \lim_{\varepsilon \to 0} Q_{n,n'} = \lim_{\varepsilon \to 0} n\varepsilon \frac{1}{\varepsilon} \delta_{nn'} = x\delta(x - x') \tag{4.71}$$

と書ける. (4.69)を

$$\varepsilon \sum_{n'} Q_{n,n'} \frac{1}{\varepsilon} \boldsymbol{l}_{n'}{}^{(m)} = \varepsilon \lambda^{(m)} \frac{1}{\varepsilon} \boldsymbol{l}_n{}^{(m)} \tag{4.72}$$

と書き直して, $\varepsilon\lambda^{(m)} = \varepsilon m = y$ であることに注意すると, (4.72)は $\varepsilon \to 0$ の極限で

$$\int dx' x\delta(x - x')\delta(x' - y) = y\delta(x - y) \tag{4.73}$$

という, 当然の式となる. この式は(4.71)を用いて $Q_{x,x'}$ に対する関数固有値方程式

$$\int dx' Q_{x,x'} f(x') = \lambda f(x) \tag{4.74}$$

の解が任意の y を用いて $\lambda = y$, $f(x) = \delta(x - y)$ で与えられることを示している.

　以上のことをまとめると, 離散的な指標 n を用いて書かれる行列の固有値方程式(4.63), (4.69)は, $N \to \infty$ の極限で, 連続値をとる x で行と列が指定される(4.68), (4.74)の関数固有値方程式へ移行する. これらを積分方程式とみたとき, $P_{x,x'}, Q_{x,x'}$ は積分核とよばれるものになっている. 特別な場合として $P_{x,x'}, Q_{x,x'}$ が式(4.66), (4.71)で与えられるように δ 関数を用いて書かれている場合には, (4.68), (4.74)は実は微分方程式となってしまう. このように積分核に δ 関数のようなものまで許すと積分方程式と微分方程式との間には区別がないこととなる.

　さて, これだけの準備ができると, $N \to \infty$ の極限をとった後の表式に対して, ディラックの表記法が自然に導入される. この方法を用いると, 関数空間がベクトル空間に対応していることを, 実にはっきりと見ることができる.

ディラックの表記法　(4.11a, b)に関して導入したディラックのブラ・ケット記号をそのまま拡張する．$Q_{n,n'}$ の m 番目の固有ベクトル $\boldsymbol{l}_Q{}^{(m)}$ は(4.48)で与えられるが，これを $\boldsymbol{l}_Q{}^{(m)} = |m\rangle$，そのエルミート共役ベクトルを $\boldsymbol{l}_Q{}^{(m)\dagger} = \langle m|$ と書く．一般に任意の２つのベクトル $\boldsymbol{l}, \boldsymbol{l}'$ に対応するブラを $|l\rangle, |l'\rangle$，その内積を

$$\boldsymbol{l}^\dagger \cdot \boldsymbol{l}' = \langle l | l' \rangle = \sum_{i=-N+1}^{N} l_i{}^* l_i' \tag{4.75}$$

で定義する．ここで l_i, l_i' $(i = -N+1, \cdots, -1, 0, 1, \cdots, N)$ は $\boldsymbol{l}, \boldsymbol{l}'$ の成分である．そうすると，公式(4.50a, b)は次のように書ける．

$$\begin{cases} \langle m' | m \rangle = \delta_{mm'} & (4.76\text{a}) \\ \displaystyle\sum_{m=-N+1}^{N} |m\rangle\langle m| = I & (4.76\text{b}) \end{cases}$$

ここで $\dfrac{1}{\sqrt{\varepsilon}}|m\rangle = |x\rangle$（ただし $n\varepsilon = x$）の記号を導入する．(4.76a)の両辺を ε で割って(4.57)を用いると，$\varepsilon \to 0$ の極限で次式を得る．

$$\langle x' | x \rangle = \delta(x - x') \tag{4.77a}$$

(4.76b)の方は，左辺を $\varepsilon \sum_m \dfrac{1}{\varepsilon}|m\rangle\langle m|$ と書いて $\varepsilon \to 0$ とすれば

$$\int_{-L}^{L} dx\, |x\rangle\langle x| = I \tag{4.77b}$$

となる．右辺は連続極限 $\varepsilon \to 0$ をとった後での単位ベクトルと解釈すべきである．(4.77a)は，極限操作の後で $|x\rangle$ が正規直交ベクトルをなすこと，(4.77b)は，それらが完全性を満たすことをいっている．

　$\dfrac{1}{\sqrt{\varepsilon}}|m\rangle = |x\rangle$ で定義された $|x\rangle$ が $\varepsilon \to 0$ で存在するのかという疑問が起こると思われるが，$|x\rangle$ が単独で現われる量には関心をもたないで，(4.77a)や(4.77b)の組合せで現われるものだけに注目すれば，有限の量（超関数の意味で）だけ取り扱うことができる．この意味では $|x\rangle$ が $\dfrac{1}{\sqrt{\varepsilon}}|m\rangle$ から $\varepsilon \to 0$ の極限で得られたことを忘れてよいということになる．実際そのようにして使用されている．

　ブラベクトル $|x\rangle$ は連続無限個の正規直交完全系をなす．x の変域が $-L \leqq x \leqq L$ に限られるのは，われわれが条件(4.34)を課したからである．$L \to \infty$ の

極限をとると，フーリエ積分との関連がつく．このとき $\boldsymbol{l}_{P,x}{}^{(m)}$ の中の L ももちろん無限大となる．このときは

$$\int_{-\infty}^{\infty} dx\,|x\rangle\langle x| = I \tag{4.78}$$

が成立する．しかし有限の周期をもつ周期関数を考えるときは(4.77b)を採用する．以下では x の積分範囲は特に書かないことにする．

関数とベクトル　ケットベクトル $|x\rangle$ の張るベクトル空間内の任意のケットベクトルを $|f\rangle$ とする．(4.77b)または(4.78)を用いると，

$$|f\rangle = \int dx\,|x\rangle\langle x|f\rangle \tag{4.79}$$

これは(4.12)式に対応し，$|f\rangle$ というベクトルの基底ベクトル $|x\rangle$ への射影成分が，内積 $\langle x|f\rangle$ であることをいっている．$|f\rangle$ を与えることと $\langle x|f\rangle$ をすべての x について与えることとは同等である．ここで任意の関数 $f(x)$ を

$$f(x) = \langle x|f\rangle \tag{4.80}$$

と書く．つまり関数 $f(x)$ の x における値とは，ベクトル $|f\rangle$ の基底ベクトル $|x\rangle$ 方向への射影成分であるとみなすわけである．この対応が，関数空間をベクトル空間と対応させる鍵となるものであって，関数空間における正規直交系，完全性等の概念は，ベクトル空間におけるものと1対1の対応がつけられる．

$f(x)$ が周期 $2L$ の周期関数であるとする．これはベクトル $|f\rangle$ の性質を規定するものである．$|x\rangle$ の張る全空間を x の幅 $2L$ の区間ごとに分解して(4.78)の x 積分を区間ごとの積分の和として書くと，成分 $\langle x|f\rangle$ は異なる区間で同じ値が周期的に出てくる．そこで1つの区間を $-L \leqq x \leqq L$ にとって，残りは捨ててしまってこの範囲だけ考えてよいことになる．周期関数の場合

$$|f\rangle = \int_{-L}^{L} dx\,|x\rangle\langle x|f\rangle \tag{4.81}$$

はこの意味が含まれている．

次に $P_{n,n'}$ の固有ベクトル $\boldsymbol{l}_P{}^{(m)}$ を考えよう．(4.53)から

$$\boldsymbol{l}_{P,n}{}^{(m)} = \frac{1}{\sqrt{2N}} e^{i\frac{m\pi}{N}n}$$

$$= \sum_{l=-N+1}^{N} \frac{1}{\sqrt{2N}} e^{i\frac{m\pi}{N}l} \delta_{ln}$$

$$= \sum_{l=-N+1}^{N} \frac{1}{\sqrt{2N}} e^{i\frac{m\pi}{N}l} \boldsymbol{l}_{Q,n}{}^{(l)} \tag{4.82}$$

これをベクトルで書くときは，添字 n を省略して

$$\boldsymbol{l}_P{}^{(m)} = \sum_{l=-N+1}^{N} \frac{1}{\sqrt{2N}} e^{i\frac{m\pi}{N}l} \boldsymbol{l}_Q{}^{(l)} \tag{4.83}$$

ここでケットベクトル $|p_m\rangle = \boldsymbol{l}_P{}^{(m)}$ を導入する．(4.83)式は $\boldsymbol{l}_Q{}^{(l)} = |l\rangle$ を用いて

$$|p_m\rangle = \sum_{l=-N+1}^{N} \frac{1}{\sqrt{2N}} e^{i\frac{m\pi}{N}l} |l\rangle \tag{4.84}$$

となる．さて $\varepsilon \to 0$ としよう．そのため定義(4.52)を用いて，

$$|p_m\rangle = \sum_{l=-N+1}^{N} \frac{\sqrt{\varepsilon}}{\sqrt{2L}} e^{i\frac{m\pi}{L}\varepsilon l} |l\rangle$$

$$= \varepsilon \sum_{l=-N+1}^{N} \frac{1}{\sqrt{2L}} e^{ip_m \varepsilon l} \frac{1}{\sqrt{\varepsilon}} |l\rangle$$

と書き直す．こうすると $\frac{1}{\sqrt{\varepsilon}}|l\rangle \to |x\rangle$（ただし $x=l\varepsilon$）であるから，極限がとれて

$$|p_m\rangle = \int_{-L}^{L} dx \frac{1}{\sqrt{2L}} e^{ip_m x} |x\rangle \tag{4.85}$$

となる．このようにして，$|p_m\rangle$ を $|x\rangle$ で展開する公式を得た．(4.85)の左から $\langle x'|$ を掛ける（内積をとる）ことによって，(4.77a)を用いて，展開係数

$$\langle x'|p_m\rangle = \frac{1}{\sqrt{2L}} e^{ip_m x'} \tag{4.86}$$

を得る．これらが正規直交系，完全系をなすことは，(4.55),(4.58)ですでに示されている．それを次のように書こう．(4.77b)を用いて

$$\langle p_{m'}|p_m\rangle = \int_{-L}^{L} dx \langle p_{m'}|x\rangle\langle x|p_m\rangle = \frac{1}{2L} \int_{-L}^{L} dx e^{-ip_{m'}x} e^{ip_m x} = \delta_{mm'} \tag{4.87}$$

$$\frac{1}{2L} \sum_{m=-\infty}^{\infty} e^{ip_m x} e^{-ip_m x'} = \sum_{m=-\infty}^{\infty} \langle x|p_m\rangle\langle p_m|x'\rangle = \delta(x-x') \qquad (4.88)$$

(4.88)は(4.77a)を考慮すると

$$\sum_{m=-\infty}^{\infty} |p_m\rangle\langle p_m| = I \qquad (4.89)$$

を示唆している. 実際, 任意のベクトル $|f\rangle$, $|g\rangle$ に対し, (4.77b), (4.88)を用いて

$$\sum_{m=-\infty}^{\infty} \langle g|p_m\rangle\langle p_m|f\rangle = \int_{-L}^{L} dx \int_{-L}^{L} dx' \sum_{m=-\infty}^{\infty} \langle g|x\rangle\langle x|p_m\rangle\langle p_m|x'\rangle\langle x'|f\rangle$$

$$= \int_{-L}^{L} dx \int_{-L}^{L} dx' \langle g|x\rangle\delta(x-x')\langle x'|f\rangle$$

$$= \int_{-L}^{L} dx \langle g|x\rangle\langle x|f\rangle = \langle g|f\rangle \qquad (4.90)$$

この式は(4.89)が成立することを示している.

結局, $|p_m\rangle$ も $|x\rangle$ も次の意味でわれわれのベクトル空間の2つの独立な正規直交完全系をなすのである.

$$\langle x|x'\rangle = \delta(x-x'), \qquad \langle p_m|p_{m'}\rangle = \delta_{mm'} \qquad (4.91a)$$

$$I = \int_{-L}^{L} dx |x\rangle\langle x| = \sum_{m=-\infty}^{\infty} |p_m\rangle\langle p_m| \qquad (4.91b)$$

任意のベクトル $|f\rangle$ は2つの方法で展開できる.

$$|f\rangle = \int_{-L}^{L} dx |x\rangle\langle x|f\rangle = \sum_{m=-\infty}^{\infty} |p_m\rangle\langle p_m|f\rangle$$

空間のベクトル $|f\rangle$ は $\langle x|f\rangle$ を与えても決まるが, 同様に $\langle p_m|f\rangle$ を与えても決定できる. $\langle x|f\rangle$ は $f(x)$ と書いて普通の関数と対応しているが, $\langle p_m|f\rangle$ には知られた名前がない. しかしこれは $f(x)$ と同等の情報をもっている. このことは

$$\langle x|f\rangle = \sum_{m=-\infty}^{\infty} \langle x|p_m\rangle\langle p_m|f\rangle = \sum_{m=-\infty}^{\infty} \frac{1}{\sqrt{2L}} e^{ip_m x}\langle p_m|f\rangle \qquad (4.92a)$$

$$\langle p_m|f\rangle = \int_{-L}^{L} dx \langle p_m|x\rangle\langle x|f\rangle = \int_{-L}^{L} dx \frac{1}{\sqrt{2L}} e^{-ip_m x}\langle x|f\rangle \qquad (4.92b)$$

のように，自由に変換できることから明らかである．この意味で$\langle x|p_m\rangle$または$\langle p_m|x\rangle$のことを**変換関数**とよぶことがある．(4.92b)を得るとき，任意のベクトル$|a\rangle, |b\rangle$に対して成立する関係

$$\langle a|b\rangle^* = \langle b|a\rangle$$

を用いた．

　ここまでくると，フーリエ級数展開とその逆変換との関連を改めて議論する必要はないだろう．$\langle x|f\rangle = f(x)$，$\langle p_m|f\rangle = f_m$と書けば，(4.92a)が$f(x)$のフーリエ級数展開，(4.92b)がその逆変換そのものである．パーシバルの恒等式は次のように示される．

$$\langle f|f\rangle = \int_{-L}^{L} dx \langle f|x\rangle \langle x|f\rangle = \int_{-L}^{L} dx f(x)^* f(x)$$

$$= \sum_{m=-\infty}^{\infty} \langle f|p_m\rangle \langle p_m|f\rangle = \sum_{m=-\infty}^{\infty} f_m{}^* f_m \tag{4.93}$$

これはベクトル$|f\rangle$のノルムは，成分$\langle x|f\rangle$でも成分$\langle p_m|f\rangle$でも書けるということをいっている．

　ここまでの議論の核心は，$|x\rangle$と$|p_m\rangle$が(4.91b)のように完全系をなすことにあった．それでは$|x\rangle$と$|p_m\rangle$以外に完全系をなすベクトルの組はないのであろうか．答は「有り」で，しかも無数に可能なのである．ちょうど$2N \times 2N$行列のうち任意のエルミート行列の固有ベクトルをもってくれば$2N \times 2N$複素ベクトル空間で完全系をなすのと同じことである．このような例を，次にいくつか示すことにする．

4-3　完全系のいくつかの例

関数空間も，$|f\rangle, |x\rangle$というベクトル記号を導入すれば，ベクトル空間とみなせることを学んだ．この節では，$|x\rangle$や$|p_m\rangle$のようにこのベクトル空間において完全系をなす他の例をいくつか挙げることにする．それらは主に，特殊関数とよばれる仲間に入っていて，微分方程式の境界値問題の解として現われるのであるが，この問題の一般的取扱いは次の章で行なうことにして，この節で

完全系の具体例を先に示す．結果のみ先に示すことになるが，完全系には種々様々なものがあるということを実感するには役に立つと思う．いずれも物理数学ではよく出てくるものである．以下では周期関数をはなれて $-\infty \leqq x \leqq \infty$ または $0 \leqq x \leqq \infty$ の区間を考える．最初の例はすでに学んだフーリエ積分である．

　フーリエ積分　　前節の議論で $L \to \infty$ の極限を考える．（4.88）で（4.52）を考慮すると，$L \to \infty$ で

$$\frac{1}{2\pi} \int_{-\infty}^{\infty} dp\, e^{ipx} e^{-ipx'} = \delta(x-x') \tag{4.94}$$

を得る．ここでブラベクトル $|p\rangle$ を

$$|p\rangle = \sqrt{\frac{L}{\pi}}\, |p_m\rangle \tag{4.95}$$

で定義すれば，関係式（4.85），（4.86），（4.87）は，$L \to \infty$ で有限の（超関数の意味で）式となる．

$$|p\rangle = \frac{1}{\sqrt{2\pi}} \int_{-\infty}^{\infty} dx\, e^{ipx} |x\rangle$$

$$\langle x|p\rangle = \frac{1}{\sqrt{2\pi}}\, e^{ipx} \tag{4.96}$$

$$\langle p'|p\rangle = \frac{1}{2\pi} \int_{-\infty}^{\infty} dx\, e^{-ip'x} e^{ipx} = \delta(p-p')$$

ベクトル $|p\rangle$ を用いると，（4.94）式は

$$\int_{-\infty}^{\infty} dp\, \langle x|p\rangle \langle p|x'\rangle = \delta(x-x')$$

と書けるが，（4.88）の関係から（4.89）式を導いたときの議論を用いると

$$\int_{-\infty}^{\infty} dp\, |p\rangle \langle p| = I \tag{4.97}$$

を得る．

　エルミート多項式 $H_n(x)$　　x の n 次の多項式であるエルミート多項式 $H_n(x)$ は，次の母関数 $S(\xi, x)$ の ξ^n の係数として現われる．

$$S(\xi, x) = e^{x^2 - (\xi-x)^2} = e^{-\xi^2 + 2\xi x} \tag{4.98a}$$

$$= \sum_{n=0}^{\infty} \frac{H_n(x)}{n!} \xi^n \tag{4.98b}$$

$H_n(x)$ の具体形は

$$H_n(x) = \frac{\partial^n S(\xi, x)}{\partial \xi^n} \bigg|_{\xi=0}$$

で求まるが,(4.98a)の中央の表示を用いると

$$\frac{\partial S}{\partial \xi} = -e^{x^2} \frac{\partial}{\partial x} e^{-(\xi-x)^2}$$

であることが分かるので,

$$\frac{\partial^n S}{\partial \xi^n} = (-1)^n e^{x^2} \frac{\partial^n}{\partial x^n} e^{-(\xi-x)^2}$$

となる.よって次の3通りの表わし方を得る.

$$H_n(x) = (-1)^n e^{x^2} \frac{d^n}{dx^n} e^{-x^2} \tag{4.99a}$$

$$= \sum_{r=0}^{k} (-1)^r \frac{n!}{r!(n-2r)!} (2x)^{n-2r} \tag{4.99b}$$

$$= \sqrt{\frac{2^n}{2\pi}} \int_{-\infty}^{\infty} e^{-t^2/2} (\sqrt{2}\,x + it)^n dt \tag{4.99c}$$

(4.99b)では,n が偶数なら $k=n/2$,奇数なら $k=(n-1)/2$ である.(4.99b)と(4.99c)の表式は直接計算すれば(4.99a)と等しいことが確かめられる.例えば,(4.99a)から,H_n に対する漸化式をつくると(4.99b)が得られ,(4.99c)を x でベキ展開して t 積分すると,(4.99b)となる.$H_n(x)$ からつくられる関数 $u_n(x)$ を

$$u_n(x) = \sqrt{\frac{1}{\sqrt{\pi}\,2^n n!}}\, e^{-x^2/2} H_n(x) \tag{4.100}$$

で定義すると,$u_n(x)$ は正規直交系をなす.

$$\int_{-\infty}^{\infty} dx\, u_n(x) u_m(x) = \delta_{nm} \tag{4.101}$$

これは次のように示すことができる.

$$\int_{-\infty}^{\infty} S(\xi, x) S(\eta, x) e^{-x^2} dx = \sum_{n=0}^{\infty} \sum_{m=0}^{\infty} \frac{\xi^n}{n!} \frac{\eta^m}{m!} \int_{-\infty}^{\infty} H_n(x) H_m(x) e^{-x^2} dx \quad (4.102)$$

ここで左辺を(4.98a)を用いて直接計算して得られる答

$$\sqrt{\pi} \, e^{2\xi\eta} = \sqrt{\pi} \sum_{n=0}^{\infty} \frac{1}{n!} (2\xi\eta)^n \quad (4.103)$$

を右辺と比べることにより，(4.101)が直ちに得られる．$u_n(x)$ が完全系をなすことは，(4.99c)を用いて次のように示すことができる．

$$\sum_{n=0}^{\infty} u_n(x) u_n(x') = \sum_{n=0}^{\infty} \frac{2^n}{2\pi} \int_{-\infty}^{\infty} dt \int_{-\infty}^{\infty} ds \, e^{-(t^2+s^2)/2} (\sqrt{2}\,x + it)^n (\sqrt{2}\,x' + is)^n$$

$$\times \frac{1}{\sqrt{\pi}\,2^n n!} e^{-(x^2+x'^2)/2}$$

$$= \frac{1}{2\pi^{3/2}} \int_{-\infty}^{\infty} dt \int_{-\infty}^{\infty} ds \, e^{-(t^2+s^2)/2} e^{(\sqrt{2}\,x + it)(\sqrt{2}\,x' + is)} e^{-(x^2+x'^2)/2}$$

$$= \frac{1}{4\pi^{3/2}} \int_{-\infty}^{\infty} d\alpha \int_{-\infty}^{\infty} d\beta \, e^{-\frac{\alpha^2}{2} + \frac{(x+x')}{\sqrt{2}} i\alpha} e^{-\frac{i}{\sqrt{2}}(x-x')\beta} e^{-\frac{x^2+x'^2}{2} + 2xx'}$$

ここで $t+s=\alpha$, $t-s=\beta$ とおいた．β 積分から $2\pi\sqrt{2}\,\delta(x-x')$ が出て，α 積分はガウス型で $\sqrt{2\pi} \exp\left\{ -\frac{(x+x')^2}{4} \right\}$ を与える．結局，$\delta(x-x')$ の因子があるので，残りの因子では $x=x'$ とおいて

$$\sum_{n=0}^{\infty} u_n(x) u_n(x') = \delta(x-x') \quad (4.104)$$

を得る．これをブラ・ケットベクトルの記号で書くため，

$$\langle x | u_n \rangle = u_n(x) \quad (4.105)$$

を導入すると，(4.101)と(4.104)は

$$\langle u_m | u_n \rangle = \int_{-\infty}^{\infty} dx \langle u_m | x \rangle \langle x | u_n \rangle = \delta_{nm} \quad (4.106)$$

$$\sum_{n=0}^{\infty} \langle x | u_n \rangle \langle u_n | x' \rangle = \delta(x-x')$$

つまり

$$\sum_{n=0}^{\infty} | u_n \rangle \langle u_n | = I \quad (4.107)$$

と書ける．(4.106)と(4.107)は $u_n(x)$ が正規直交完全系をなすことを，ベクトルの記号で書いたものである．

単位行列 I の分解式(4.78),(4.97),(4.107)を用いると，任意の関数の，それぞれの基底への分解公式が得られる．

コヒーレント状態関数 $C_z(x)$ この例は直交関数系ではないが完全系をつくっているという，面白いものである(コヒーレントという名前は量子力学からきたものである)．z を複素数とし実部を z_R，虚部を z_I とおく．つまり $z = z_R + i z_I$ である．複素数全体をとる z で指定される関数

$$C_z(x) = \pi^{-1/4} \exp\left\{ \frac{z^2}{2} - \frac{|z|^2}{2} - \left(\frac{x}{\sqrt{2}} - z \right)^2 \right\} \tag{4.108}$$

を考える．x は実数で $-\infty \leqq x \leqq \infty$ とする．$C_z(x)$ は次の意味で完全系をなす．

$$\int d^2z\, C_z{}^*(x) C_z(x') = \delta(x - x') \tag{4.109a}$$

$$\int d^2z \equiv \frac{1}{\pi} \int_{-\infty}^{\infty} dz_R \int_{-\infty}^{\infty} dz_I \tag{4.109b}$$

この証明は $C_z{}^*(x) = C_{z^*}(x)$ を用い，$z_R - z_I$ と $z_R + z_I$ を積分変数にとればすぐにできる．ところが，z と z' を異なる2つの複素数とすると，

$$\int_{-\infty}^{\infty} dx\, C_z{}^*(x) C_{z'}(x) = \exp(-|z|^2 - |z'|^2 + z^* z') \tag{4.110}$$

であって，直交関数系ではない．$C_z(x)$ は直交関数系より多くの関数から成り立っているので，その中から直交系を選び出すことはできるであろうが，そうするとたいへん複雑な関数の集まりとなる．ふつうは $C_z(x)$ のままで用いる．完全性は成り立っているので

$$C_z(x) = \langle x | z \rangle \tag{4.111}$$

と書いてベクトル $|z\rangle$ を導入すれば，単位行列 I の新しい分解

$$\int d^2z\, |z\rangle\langle z| = I \tag{4.112}$$

を得る．

ベッセル関数系 $J_n(xy)$ 負でない整数 n の各々に対してベッセル関数

$J_n(xy)$ は次の意味で正規直交完全系を成している．これは次の積分公式による．

$$\int_0^\infty dy \sqrt{xy} J_n(xy) \sqrt{x'y} J_n(x'y) = \delta(x-x') \tag{4.113}$$

ただし $0 \leqq x, x' \leqq \infty$ を考える．n は固定し，$0 \leqq y \leqq \infty$ の範囲の実数値パラメーター y で指定される関数の集まり $u_y(x)$ を

$$u_y(x) = \sqrt{xy} J_n(xy)$$

で定義する．$u_y(x)$ は x と y の入れ換えについて対称なので，公式(4.113)は正規直交系の関係式ともとれるが，同時に完全系の式とも見られる．

$$u_y(x) = \langle x | J, y \rangle \tag{4.114}$$

とおいて，y の違いが関数の違いに相当すると見るわけである．

そうすると(4.113)は

$$\int_0^\infty dy \langle x' | J, y \rangle \langle J, y | x \rangle = \delta(x-x')$$

つまり

$$\int_0^\infty dy | J, y \rangle \langle J, y | = I \tag{4.115}$$

という完全系の式となる．一方，$| J, y \rangle$ の内積は，次のように求まる．

$$\langle J, y | J, y' \rangle = \int_0^\infty dx \langle J, y | x \rangle \langle x | J, y' \rangle = \int_0^\infty dx u_y(x) u_{y'}(x) = \delta(y-y') \tag{4.116}$$

ここで(4.113)で $x \to y$, $x' \to y'$, $y \to x$ とした式を用いた．これは正規直交性の式である．上の議論は $J_n(x)$ の n を固定して，すべての n について成立することを改めて注意しておく．じつは公式(4.113)は**フーリエ-ベッセルの積分定理**として知られているものであるが，これもベクトル記号のもとに書き直せることを理解していただけたと思う．

　簡単な例　　今まで出てきた単位行列 I の分解公式は

$$I = \int_{-\infty}^\infty dx |x\rangle\langle x| = \int_{-\infty}^\infty dp |p\rangle\langle p| = \sum_{n=0,1,2,\cdots}^\infty |u_n\rangle\langle u_n|$$

$$= \int d^2z \, |z\rangle\langle z| = \int_0^\infty dy \, |J,y\rangle\langle J,y| \tag{4.117}$$

のようにまとめられる（最後の式では積分範囲が他とは異なる）．これらの応用例としてガウス関数 $f(x) = e^{-x^2/2} = \langle x|f\rangle$ をいろいろな基底ベクトルに分解してみよう．

(i) $\quad \langle p|f\rangle = \int_{-\infty}^\infty dx \langle p|x\rangle\langle x|f\rangle = \dfrac{1}{\sqrt{2\pi}} \int_{-\infty}^\infty e^{-ipx} e^{-x^2/2} dx = e^{-p^2/2} \tag{4.118}$

これは $f(x)$ のフーリエ変換で，やはりガウス型をしている．これはすでに 3-2 節の例 4 のところで指摘した．

(ii) $\quad \langle u_n|f\rangle = \int_{-\infty}^\infty dx \langle u_n|x\rangle\langle x|f\rangle$

$$= \sqrt{\dfrac{1}{\sqrt{\pi}\,2^n n!}} \int_{-\infty}^\infty dx e^{-x^2/2} H_n(x) e^{-x^2/2} = \pi^{1/4} \delta_{n0} \tag{4.119}$$

この結果は(4.99b)で $n=0$ とおいて得られる $H_0(x)=1$ と(4.101)から得られる．(4.119)は $|f\rangle$ が $|u_0\rangle$ に比例しているので当然である．

(iii) $\quad \langle z|f\rangle = \int_{-\infty}^\infty dx \langle z|x\rangle\langle x|f\rangle$

$$= \pi^{-1/4} \exp\left(\dfrac{z^{*2}}{2} - \dfrac{|z|^2}{2}\right) \int_{-\infty}^\infty dx \exp\left\{-\left(\dfrac{x}{\sqrt{2}} - z^*\right)^2 - \dfrac{x^2}{2}\right\}$$

$$= \pi^{1/4} \exp\left(-\dfrac{|z|^2}{2}\right) \tag{4.120}$$

これもやはりガウス型をしている．これを用いると，(4.118)の結果を $|z\rangle$ の完全系を用いても出すことができる．そのために，$\langle p|z\rangle$ を導いておかなくてはならない．

$$\langle p|z\rangle = \int_{-\infty}^\infty dx \langle p|x\rangle\langle x|z\rangle = \dfrac{1}{\sqrt{2\pi}} \int_{-\infty}^\infty dx e^{-ipx} \pi^{-1/4} \exp\left\{\dfrac{z^2}{2} - \dfrac{|z|^2}{2} - \left(\dfrac{x}{\sqrt{2}} - z\right)^2\right\}$$

$$= \dfrac{1}{\sqrt{2\pi}} \pi^{-1/4} \exp\left\{-\dfrac{z^2}{2} - \dfrac{|z|^2}{2}\right\} \int_{-\infty}^\infty dx \exp\left\{-\dfrac{1}{2}(x - \sqrt{2}\,z + ip)^2\right\}$$

$$\times \exp\dfrac{1}{2}(\sqrt{2}\,z - ip)^2$$

$$= \pi^{-1/4} \exp\left\{\frac{z^2}{2} - \frac{|z|^2}{2} - \sqrt{2}\, izp - \frac{p^2}{2}\right\} \tag{4.121}$$

これを用いると，(4.120)の結果を使って，

$$\langle p|f\rangle = \int d^2z \langle p|z\rangle\langle z|f\rangle = \int d^2z \exp\left\{\frac{z^2}{2} - |z|^2 - \sqrt{2}\, izp\right\} \exp\left(-\frac{p^2}{2}\right) \tag{4.122}$$

ここで(4.109b)を用いて z_R と z_I の積分を逐次実行すると，たしかに(4.118)式を与えることが確かめられる．これは完全系には何を用いてもよいことの確認となる．

4-4 微分方程式と行列方程式

4-2 節で $P_{x,x'}, Q_{x,x'}$ を(4.66)と(4.71)で導入した．これはおのおの $\frac{P_{n,n'}}{-2\varepsilon^2}, Q_{n,n'}$ という行列の連続極限 $\varepsilon \to 0$ であった．その意味で $P_{x,x'}$ も $Q_{x,x'}$ も行列とみることができる．ただし行と列は連続変数 x または x' で指定されている．行列同士の掛け算や行列とベクトルの掛け算も $\sum_n$ から積分 $\int dx$ へ移行することになる．

さて，$P_{x,x'}$ と $Q_{x,x'}$ を $|x\rangle$ で張られるベクトル空間の行列 P, Q の行列要素とみる（以下 P とか Q と書けばそれは $|x\rangle$ で行列表示するものとする）．

$$P_{x,x'} = \langle x|P|x'\rangle = \frac{1}{i}\frac{d}{dx}\delta(x-x') = -\frac{1}{i}\frac{d}{dx'}\delta(x-x') \tag{4.123a}$$

$$Q_{x,x'} = \langle x|Q|x'\rangle = x\delta(x-x') \tag{4.123b}$$

任意のベクトル $|f\rangle$ に対して $P|f\rangle$ の成分 $\langle x|P|f\rangle$ を考えると，

$$\langle x|P|f\rangle = \int dx' \langle x|P|x'\rangle\langle x'|f\rangle = -\frac{1}{i}\int dx' \frac{d}{dx'}\delta(x-x')f(x') = \frac{1}{i}\frac{d}{dx}f(x) \tag{4.124}$$

となる．そこで行列としての固有値方程式

$$P|f\rangle = \lambda|f\rangle \tag{4.125}$$

を $|x\rangle$ 成分の式として書けば $\langle x|P|f\rangle = \lambda\langle x|f\rangle$ つまり

$$\frac{1}{i}\frac{d}{dx}f(x) = \lambda f(x) \tag{4.126}$$

という関数固有値方程式となる．ここで(4.80)の定義を用いた．単位行列 I は

$$\langle x|I|x'\rangle = \langle x|x'\rangle = \delta(x-x') \tag{4.127}$$

で定義される．任意の行列 A がエルミート行列であることの定義としては，

$$\langle x|A|x'\rangle = \langle x'|A|x\rangle^*$$

を採用すればよい．この意味では P も Q もエルミートである．実際

$$\langle x|P|x'\rangle = \frac{1}{i}\frac{d}{dx}\delta(x-x') = -\frac{1}{i}\frac{d}{dx'}\delta(x'-x) = \langle x'|P|x\rangle^* \tag{4.128}$$

ここで $\frac{d}{dx}\delta(x)$ は x について奇関数であることを用いた．

Q についても同様のことがいえる．任意の $|f\rangle$ に対して

$$\langle x|Q|f\rangle = \int dx'\langle x|Q|x'\rangle\langle x'|f\rangle = \int dx'\, x\delta(x-x')f(x') = xf(x) \tag{4.129}$$

(4.124)と(4.129)から，P, Q を

$$P \longleftrightarrow \frac{1}{i}\frac{d}{dx}, \qquad Q \longleftrightarrow x \tag{4.130}$$

と対応させることができる．左辺の P, Q は行列であり，右辺は x についての演算子（x も演算子とよべば）である．(4.121)は行列とみることと，関数空間の演算子とみることとが同等であることをいっている．この対応は $\frac{d}{dx}$ と x の任意関数についても成立する．例えば

$$\left(\frac{d}{dx}\right)^n x^m \left(\frac{d}{dx}\right)^l x^k\cdots \tag{4.131}$$

という演算子を考えよう．これはそのままの順序で

$$(iP)^n Q^m (iP)^l Q^k\cdots \tag{4.132}$$

に対応する．(4.131)においては微分はその右側にあるすべての x に作用する．このことがちょうど(4.132)では積が行列の積として定義されていることに対応している．例えば $\frac{d}{dx}x$ を考えよう．右から勝手な関数 $f(x)$ を掛けて演算すると

$$\frac{d}{dx}xf(x) = f(x) + x\frac{d}{dx}f(x) \tag{4.133}$$

となるが，これは iPQ に右から勝手なベクトル $|f\rangle$ を掛けて基底ベクトル $|x\rangle$ への成分をとることに対応している．実際，ベクトルの積の定義から，または完全系をはさんで，次式を得る．

$$\langle x|iPQ|f\rangle = \int dx'\int dx'' \langle x|iP|x'\rangle\langle x'|Q|x''\rangle\langle x''|f\rangle$$

$$= \int dx'\int dx'' \frac{d}{dx}\delta(x-x')x'\delta(x'-x'')f(x'')$$

$$= \int dx'\left(\frac{-d}{dx'}\right)\delta(x-x')x'f(x')$$

$$= \frac{d}{dx}(xf(x)) = f(x) + x\frac{d}{dx}f(x) \tag{4.134}$$

以上のことにより

「関数 $f(x)$ とはベクトル $|f\rangle$ の $|x\rangle$ への成分のことであり，関数間の方程式はベクトルとして成立するベクトル空間の関係式を $|x\rangle$ 方向へ射影したものである」

といえる．この表現が関数空間とベクトル空間の対応を最も分かりやすくいい表わしている．そしてこれを利用して，微分方程式をベクトル記号を用いて書きなおすことができる．章末演習問題[1]に例が示されている．

最後に P と Q の交換関係

$$[P, Q] \equiv PQ - QP$$

を求めよう．これは量子力学において，運動量 P と位置座標 Q の間の基本的な関係式である．まず

$$\langle x|iQP|f\rangle = \int dx'\int dx'' \langle x|Q|x'\rangle\langle x'|iP|x''\rangle\langle x''|f\rangle$$

$$= \int dx'\int dx'' x\delta(x-x')\frac{d}{dx'}\delta(x'-x'')f(x'') = x\frac{d}{dx}f(x) \tag{4.135}$$

(4.134)から(4.135)を引いて

$$\langle x|(PQ-QP)|f\rangle = \frac{1}{i}\langle x|f\rangle$$

を得る．これが任意の $|x\rangle, |f\rangle$ について成立するので

$$[P,Q] = \frac{1}{i}I \qquad (4.136)$$

と書いてよい．ただし I は単位行列(演算子)である．これが求める交換関係である．

第4章演習問題

[1]　固有値方程式

$$\left(-\frac{d^2}{dx^2}+x^2\right)f(x) = 2\lambda f(x)$$

を考える．

（a）　$H_n(x)$ を n 次エルミート多項式($n=0,1,2,\cdots$)とすると，固有値 2λ, 固有関数 $f(x)$ は $2\lambda=2n+1$, $f(x)=e^{-x^2/2}H_n(x)$ で与えられることを示しなさい．ただし $H_n(x)$ は

$$\left(-\frac{d^2}{dx^2}+2x\frac{d}{dx}-2n\right)H_n(x) = 0$$

をみたす．

（b）　ベクトル表示で $f(x)=\langle x|f\rangle$, $H_n(x)=\langle x|H_n\rangle$ と書いたとき，P,Q を用いて $|f\rangle$ と $|H_n\rangle$ がみたす固有値方程式は

$$\frac{1}{2}(P^2+Q^2)|f\rangle = \left(n+\frac{1}{2}\right)|f\rangle$$

$$(P^2+2iQP)|H_n\rangle = 2n|H_n\rangle$$

となることを示しなさい．

[2]　前問の $f(x)$ に対する固有値方程式を別の方法で解いてみる．(4.66)で $P_{x,x'}$ を定義し，この x 表示で $\langle x'|P|x\rangle = P_{x',x}$ と書く．同じように(4.71)で $Q_{x',x}=\langle x'|Q|x\rangle$ を定義する．

（a）　$a=\frac{1}{\sqrt{2}}(Q+iP)$, $a^\dagger=\frac{1}{\sqrt{2}}(Q-iP)$ とおくと，

$$[a, a^\dagger] = I, \qquad \frac{1}{2}(P^2 + Q^2) = a^\dagger a + \frac{1}{2}$$

が成立することを示しなさい.

(b) $a^\dagger a$ の固有値方程式を

$$a^\dagger a|n\rangle = n|n\rangle$$

と書く. このとき n は 0 または正の整数であることを示しなさい. そして $n=0$ に対しては $a|0\rangle=0$, $n>1$ に対しては $|n\rangle=\dfrac{1}{\sqrt{n!}}(a^\dagger)^n|0\rangle$ となることを示しなさい.

(c) $\langle x|a|0\rangle=0$ から $|0\rangle$ の x 表示, つまり $|0\rangle$ の波動関数は $\langle x|0\rangle=\pi^{-1/4}e^{-x^2/2}$ であることを示しなさい.

(d) $\langle x|(a^\dagger)^n|0\rangle$ を考えることにより, $\langle x|1\rangle$, $\langle x|2\rangle$ は(4.100)に与えられている $u_1(x), u_2(x)$ と一致することを示しなさい.

[3] コヒーレント状態関数 $C_z(x)$ は前問[2](a)で導入した a の固有値 z に属する固有状態であることを示そう. まず a の固有値方程式を

$$a|z\rangle = z|z\rangle$$

と書く. z は複素数である.

(a) このように定義したとき, $\langle x|z\rangle$ は規格化因子を除いて(4.108)と一致することを示しなさい.

(b) 規格化を $C_z(x)$ と一致するようにとると

$$\left\langle z\left|\frac{1}{2}(P^2+Q^2)\right|z\right\rangle = \left(\frac{1}{2}+|z|^2\right)e^{-|z|^2}$$

となることを示しなさい.

[4] 2次元の $\boldsymbol{P}=(P_1, P_2)$, $\boldsymbol{Q}=(Q_1, Q_2)$ を考え, 固有値方程式

$$\frac{1}{2}\boldsymbol{P}^2|f\rangle = \lambda|f\rangle$$

を考える. 行列表示は

$$\langle x_1', x_2'|Q_1|x_1, x_2\rangle = x_1\delta(x_1'-x_1)\delta(x_2'-x_2)$$
$$\langle x_1', x_2'|Q_2|x_1, x_2\rangle = x_2\delta(x_1'-x_1)\delta(x_2'-x_2)$$
$$\langle x_1', x_2'|P_1|x_1, x_2\rangle = \frac{1}{i}\frac{\partial}{\partial x_1'}\delta(x_1'-x_1)\delta(x_2'-x_2)$$
$$\langle x_1', x_2'|P_2|x_1, x_2\rangle = \delta(x_1'-x_1)\frac{1}{i}\frac{\partial}{\partial x_2'}\delta(x_2'-x_2)$$

で与えられる.

(a) 固有値方程式は次の形をとることを示しなさい.

$$\frac{1}{2}\left(-\frac{\partial^2}{\partial x_1{}^2}-\frac{\partial^2}{\partial x_2{}^2}\right)\langle x_1, x_2|f\rangle = \lambda\langle x_1, x_2|f\rangle$$

（b）極座標 $x_1=r\cos\theta$, $x_2=r\sin\theta$ を導入し，上の式を書き直しなさい．

（c）$\langle x_1, x_2|f\rangle=g(r)h(\theta)$ を仮定すると，$m=0, \pm1, \pm2, \cdots$ として

$$h(\theta) = e^{im\theta}, \quad g(r) = J_m(\sqrt{2\lambda}r) \quad (m=0, \pm1, \pm2, \cdots)$$

で与えられることを示しなさい．ただし $J_m(z)$ はベッセル方程式で

$$\frac{d^2J_m}{dz^2}+\frac{1}{z}\frac{dJ_m}{dz}+\left(1-\frac{m^2}{z^2}\right)J_m = 0$$

の解である．

5 グリーン関数入門

これまで常微分方程式をいくつかの章で議論してきた．いずれも限られた例題ではあるが，1-4節ではフーリエ級数を用いて微分方程式を議論した．3-3節ではフーリエ変換を応用した．また4-4節では，微分方程式を行列方程式の極限と見ることを学んだ．

この章では常微分方程式，偏微分方程式の両方に対して重要な概念であるグリーン関数について学ぶ．グリーン関数の一般論は数学的に複雑になるので，できるだけ簡単な，しかし自然界によく現われる重要な例を用いて議論する．グリーン関数が威力を発揮するのは，非斉次の場合や初期値問題，境界値問題であるので，そこに重点を置く．

この章では主にフーリエ級数・フーリエ変換という視点からグリーン関数を学ぶ．本シリーズ第4巻『偏微分方程式』の第7章でも，グリーン関数が別の観点から論じられている．合わせて読まれることをおすすめする．

5-1 常微分方程式とグリーン関数

フーリエ級数の応用例として，グリーン関数を取りあげる．グリーン関数は理工学のさまざまな微分方程式を解く問題において，よく使われる便利なものである．やはり簡単な例から始める．

[**例1**]　第1章の(1.60)の問題で $\omega=0$ とおいた式

$$\frac{d^2x(t)}{dt^2} = f(t) \tag{5.1}$$

を考えよう．t の区間を $a\leqq t\leqq b$ に限ることにする．これは，t を全区間 $-\infty<t<\infty$ にとり，$x(t)$ や $f(t)$ が t について周期 $T=b-a$ の周期関数であると考えて，その1周期を考えるのと同じことである．(5.1)において $f(t)$ は与えられた関数とする．

さて，(5.1)の一般解は(5.1)の右辺を2回積分すれば得られ，

$$x(t) = c_1t+c_2+\int_a^t dt'' \int_a^{t''} dt'f(t') \tag{5.2}$$

となる．(5.2)の右辺の c_1t+c_2 の項は(5.1)で $f(t)=0$ とおいた斉次方程式の一般解であり，残りの積分で表わされる項は(5.1)の特殊解である．t'',t' に関する積分の下限は a ではなく勝手にとってもよい．これを変えることは c_1,c_2 を変えることで吸収される．c_1,c_2 は $x(t)$ に対する境界条件できまる．例として $t=a,b$ において

$$x(a) = x_a, \quad x(b) = x_b \tag{5.3}$$

とする．具体的にはこの部分は解かなくてもよい．

グリーン関数の方法は，次の式を満たす2変数関数 $G(t,\xi)$ を用意することから出発する．

$$\frac{d^2}{dt^2}G(t,\xi) = \delta(t-\xi) \tag{5.4}$$

$$G(a,\xi) = G(b,\xi) = 0 \tag{5.5}$$

ここで ξ は $a\leqq\xi\leqq b$ の範囲を動き，$\delta(t-\xi)$ はディラックの δ 関数で，(5.5)の条件は(5.3)に対応したものである．(5.3)が変われば別の形をとる．さて(5.4),(5.5)を満たす $G(t,\xi)$ が見つかったとすると，(5.1),(5.3)の解 $x(t)$ は

$$x(t) = c_1't+c_2'+\int_a^b G(t,\xi)f(\xi)d\xi \tag{5.6}$$

で与えられる．これは次のようにして確かめることができる．

$a<t<b$ に対しては，(5.6)の左から d^2/dt^2 を作用させて

$$\frac{d^2 x(t)}{dt^2} = \int_a^b \frac{d^2}{dt^2} G(t,\xi) f(\xi) d\xi = \int_a^b \delta(t-\xi) f(\xi) d\xi = f(t) \tag{5.7}$$

を得る．また $t=a, b$ では(5.5)を用いて得られる関係式

$$x_a = c_1' a + c_2, \qquad x_b = c_2' b + c_2$$

を解いて c_1', c_2' が決まり，(5.6)が求める解であることが分かる．この $G(t,\xi)$ を(5.1)に対する**グリーン関数**(Green function)とよぶ．$f(t)$ を力学における外力のように考えれば，$G(t,\xi)$ は(5.5)のように単位外力 $\delta(t-\xi)$ に対する解であって，任意の外力 $f(t)$ に対する解は，(5.6)式の右辺第2項のように $G(t,\xi)$ に重み $f(\xi)$ を掛けて ξ で重ね合わせれば得られるということになる．これは(5.1)が $x(t)$ について1次であるという意味で線形微分方程式であるから，もっともなことであろう．

さて，$G(t,\xi)$ を求めよう．t の区間を $a \leqq t \leqq \xi$ と $\xi \leqq t \leqq b$ に分ける．この両方で $G(t,\xi)$ は

$$\frac{d^2}{dt^2} G(t,\xi) = 0$$

を満たすので，$G(t,\xi)$ は $A(\xi)t + B(\xi)$ の形をしている．境界条件(5.5)を考慮すると

$$G(t,\xi) = \begin{cases} (t-a)C(\xi) & (a \leqq t \leqq \xi) \\ (t-b)D(\xi) & (\xi \leqq t \leqq b) \end{cases} \tag{5.8}$$

とおける．$\delta(t-\xi)$ を出すためには，(2.78)の公式を利用すればよい．(2.78)で x を t, a を ξ と書いて

$$\frac{d}{dt} \theta(t-\xi) = \delta(t-\xi)$$

ここで $\theta(t-\xi)$ は単位階段関数

$$\theta(t-\xi) = \begin{cases} 1 & (t > \xi) \\ 0 & (t < \xi) \end{cases}$$

である．$t=\xi$ で $\theta(t-\xi)$ は大きさ1のとびをもっているが，これを微分すると，$\delta(t-\xi)$ を与えるのである．(5.4)を

$$\frac{d}{dt}\left(\frac{d}{dt}G(t,\xi)\right) = \delta(t-\xi) \tag{5.9}$$

と書く.

ところで，$t=\xi$ で $G(t,\xi)$ 自身に不連続性があると $\dfrac{d}{dt}G(t,\xi)$ が $\delta(t-\xi)$ を含むことになり，それをさらに t で微分すると(5.9)と矛盾する．よって $G(t,\xi)$ は $t=\xi$ で連続，つまり(5.8)から

$$(\xi-a)C(\xi) = (\xi-b)D(\xi) \tag{5.10}$$

を得る．(5.8)から，

$$\frac{d}{dt}G(t,\xi) = \begin{cases} C(\xi) & (a\leqq t<\xi) \\ D(\xi) & (\xi<t\leqq b) \end{cases}$$

であるから，$t=\xi$ において $\dfrac{d}{dt}G(t,\xi)$ が 1 だけ不連続性をもつには

$$D(\xi)-C(\xi) = 1 \tag{5.11}$$

となっていればよい．(5.10),(5.11)から

$$C(\xi) = \frac{\xi-b}{b-a}, \quad D(\xi) = \frac{\xi-a}{b-a}$$

と求まり，結局グリーン関数 $G(t,\xi)$ は

$$G(t,\xi) = \begin{cases} -\dfrac{(t-a)(b-\xi)}{b-a} & (a\leqq t\leqq\xi<b) \\ -\dfrac{(b-t)(\xi-a)}{b-a} & (a<\xi\leqq t\leqq b) \end{cases} \tag{5.12}$$

という形に求まった．実際(5.12)が(5.4)を満たしていることは，次のようにして確かめることができる．$t\neq\xi$ では明らかなので，(5.4)の左辺を $t=\xi$ のまわりのごく小さな領域 $\xi-\varepsilon<t<\xi+\varepsilon\ (\varepsilon>0)$ で積分してみる．

$$\int_{\xi-\varepsilon}^{\xi+\varepsilon}dt\frac{d^2}{dt^2}G(t,\xi) = \left[\frac{d}{dt}G(t,\xi)\right]_{\xi-\varepsilon}^{\xi+\varepsilon} = \left(\frac{\xi-a}{b-a}\right)_{t=\xi+\varepsilon} - \left(\frac{-(b-\xi)}{b-a}\right)_{t=\xi-\varepsilon} = 1$$

これは $\dfrac{d^2}{dt^2}G(t,\xi)$ が実際 $\delta(t-\xi)$ であることを示している．

さて，もともとの問題(5.1)へ戻ろう．その解(5.6)が(5.2)と同等のものであることを見ることにする．(5.6)に(5.12)を代入すると

$$x(t) = c_1't + c_2' - \int_t^b \frac{(t-a)(b-\xi)}{b-a}f(\xi)d\xi - \int_a^t \frac{(b-t)(\xi-a)}{b-a}f(\xi)d\xi$$

を得るが，$\int_t^b = \int_a^b - \int_a^t$ を用いて右辺を書きなおすと

$$x(t) = c_1't + c_2' - \int_a^b \frac{(t-a)(b-\xi)}{b-a}f(\xi)d\xi$$

$$-\frac{1}{b-a}\int_a^t \{(b-t)(\xi-a) - (t-a)(b-\xi)\}f(\xi)d\xi$$

$$= c_1 t + c_2 + \int_a^t (t-\xi)f(\xi)d\xi$$

となる．ここで c_1, c_2 は t によらない新たな定数である．右辺第 3 項は部分積分により

$$\int_a^t (t-\xi)f(\xi)d\xi = \left[(t-\xi)\int_a^\xi f(\xi')d\xi'\right]_{\xi=a}^{\xi=t} + \int_a^t d\xi \int_a^\xi d\xi' f(\xi')$$

$$= \int_a^t dt'' \int_a^{t''} dt' f(t')$$

となるので，(5.6)と(5.2)は同じものであることが分かる．

(5.4), (5.5)をフーリエ級数を用いて別の方法で解いてみよう．区間 $a \leqq t \leqq b$ で(5.5)の条件を考慮して，$G(t,\xi)$ をフーリエサイン展開する．その係数は ξ の関数となる．$L = b - a$ とおいて

$$G(t,\xi) = \sum_{m=1,2,\cdots} g_m(\xi) \sin \frac{m\pi(t-a)}{L} \tag{5.13}$$

これは次のようにして理解できる．$a \leqq t \leqq b$ を t の全領域へ拡張することを考える．(5.5)より，$t=a$ に関して折り返しても $t=b$ に関して折り返しても，$G(t,\xi)$ が奇関数的，つまり

$$G(t,\xi) = -G(2a-t,\xi) = -G(2b-t,\xi)$$

となるように拡張する．そうすると(5.13)のようにコサインの項は入らないことが分かる．拡張した関数の周期は $2L$ で(1.4)の形の展開のうち，サインの方だけをとったものとなっている．

さて

$$\frac{d^2}{dt^2}G(t,\xi) = -\frac{\pi^2}{L^2}\sum_{m=1}^{\infty}m^2 g_m(\xi)\sin\frac{m\pi(t-a)}{L} = \delta(t-\xi)$$

の両辺に $\sin\dfrac{n\pi(t-a)}{L}$ をかけて t で積分すると, $n\geqq 1$ として

$$\int_a^b \sin\frac{n\pi(t-a)}{L}\sin\frac{m\pi(t-a)}{L}dt$$

$$= \frac{1}{2}\int_a^b\left\{\cos\frac{(n-m)\pi(t-a)}{L}-\cos\frac{(n+m)\pi(t-a)}{L}\right\}dt = \frac{L}{2}\delta_{nm} \quad (5.14)$$

を得る. これを用いて $g_n(\xi)$ が次式から求まる.

$$-\frac{\pi^2 n^2}{L^2}\frac{L}{2}g_n(\xi) = \sin\frac{n\pi(\xi-a)}{L}$$

よって

$$G(t,\xi) = -\frac{2L}{\pi^2}\sum_{m=1}^{\infty}\frac{1}{m^2}\sin\frac{m\pi(t-a)}{L}\sin\frac{m\pi(\xi-a)}{L} \quad (5.15)$$

これが(5.12)に一致することを見よう.

このためには, 1-3 節の複素積分の方法で(5.15)から(5.12)を導いてもよいが(章末演習問題[1]参照), (5.12)のフーリエ級数をつくって, それが(5.15)になることを示す方が簡単である. (5.5)の条件からフーリエサイン展開となることはすぐに分かるので, 次のように置く.

$$G(t,\xi) = \sum_{m=1}^{\infty}a_m(\xi)\sin\frac{m\pi(t-a)}{L} \quad (5.16)$$

公式(5.14)と(5.12)を用い, さらに部分積分を実行して,

$$a_m(\xi) = \frac{2}{L}\int_a^b G(t,\xi)\sin\frac{m\pi(t-a)}{L}dt = -\frac{2}{L^2}\int_a^\xi (t-a)(b-\xi)\sin\frac{m\pi(t-a)}{L}dt$$

$$-\frac{2}{L^2}\int_\xi^b (b-t)(\xi-a)\sin\frac{m\pi(t-a)}{L}dt$$

$$= -\frac{2}{L^2}(b-\xi)\left\{(\xi-a)\frac{-L}{m\pi}\cos\frac{m\pi(\xi-a)}{L}+\frac{L}{m\pi}\int_a^\xi\cos\frac{m\pi(t-a)}{L}dt\right\}$$

$$-\frac{2}{L^2}(\xi-a)\left\{-(b-\xi)\frac{-L}{m\pi}\cos\frac{m\pi(\xi-a)}{L}-\frac{L}{m\pi}\int_\xi^b\cos\frac{m\pi(t-a)}{L}dt\right\}$$

$$= -\frac{2}{L^2}(b-\xi)\frac{L^2}{m^2\pi^2}\sin\frac{m\pi(\xi-a)}{L} - \frac{2}{L^2}(\xi-a)\frac{L^2}{m^2\pi^2}\sin\frac{m\pi(\xi-a)}{L}$$

$$= -\frac{2L}{m^2\pi^2}\sin\frac{m\pi(\xi-a)}{L} \tag{5.17}$$

よって(5.16)と(5.15)は一致することが分かった.

ここで境界条件(5.3)を次のように変えてみよう. 異なったグリーン関数が得られる.

$$x(a) = x_a, \quad \frac{dx(t)}{dt}\bigg|_{t=b} = v_b \tag{5.18}$$

解をやはり(5.6)の形に書く. ただし

$$G(a,\xi) = 0, \quad \frac{d}{dt}G(t,\xi)\bigg|_{t=b} = 0 \tag{5.19}$$

にとる. c_1', c_2' は

$$x_a = c_1'a + c_2', \quad v_b = c_1'$$

として求まる.

ここで $G(t,\xi)$ を t の全区間へ拡張するために, (5.19)を考慮して $t=a$ に関しては奇関数, $t=b$ に関しては偶関数のようにする. つまり

$$G(t,\xi) = -G(2a-t,\xi)$$
$$= G(2b-t,\xi) \tag{5.20}$$

を要求する. このような $G(t,\xi)$ は半奇数次のフーリエサイン展開をもつ.

$$G(t,\xi) = \sum_{m=1}^{\infty} a_m(\xi)\sin\frac{(2m+1)\pi(t-a)}{2L} \tag{5.21}$$

これがたしかに(5.20)を満たしている. さて, $m,n\geqq1$ に対して, 公式

$$\int_a^b \sin\frac{(2m+1)\pi(t-a)}{2L}\sin\frac{(2n+1)\pi(t-a)}{2L}dt$$
$$= \frac{1}{2}\int_a^b\left(\cos\frac{(m-n)\pi(t-a)}{L} - \cos\frac{(m+n+1)\pi(t-a)}{L}\right)dt$$
$$= \frac{L}{2}\delta_{mn} \tag{5.22}$$

が成り立つ. ここで(5.21)を2回微分した式

$$\frac{d^2}{dt^2}G(t,\xi) = -\frac{\pi^2}{4L^2}\sum_{m=1}^{\infty}(2m+1)^2 a_m(\xi)\sin\frac{(2m+1)\pi(t-a)}{2L}$$

と(5.4),(5.22)を用いて，次式を得る.

$$-\frac{L}{2}\frac{\pi^2}{4L^2}(2n+1)^2 a_n(\xi) = \int_a^b \delta(t-\xi)\sin\frac{(2n+1)\pi(t-a)}{2L}dt$$

$$= \sin\frac{(2n+1)\pi(\xi-a)}{2L}$$

これによって $a_n(\xi)$ が求まり $G(t,\xi)$ を決定することができる.

$$G(t,\xi) = -\frac{8L}{\pi^2}\sum_{m=1}^{\infty}\frac{\sin\dfrac{(2m+1)\pi(t-a)}{2L}\sin\dfrac{(2m+1)\pi(\xi-a)}{2L}}{(2m+1)^2} \quad (5.23)$$

これがフーリエ級数展開で求めた $G(t,\xi)$ である. 一方，$G(t,\xi)$ を(5.5)の代りに，(5.19)を満たすようにとる. このためには

$$G(t,\xi) = \begin{cases} (t-a)\bar{C}(\xi) & (a \leqq t \leqq \xi) \\ \bar{D}(\xi) & (\xi \leqq t \leqq b) \end{cases} \quad (5.24)$$

と置けばよい. $G(t,\xi)$ が $t=\xi$ で連続であるという条件(5.10)は

$$(\xi-a)\bar{C}(\xi) = \bar{D}(\xi)$$

そして $t=\xi$ での $G(t,\xi)$ の微分のとびが1であるという条件(5.11)は

$$\bar{C}(\xi) = -1$$

となり，結局

$$G(t,\xi) = \begin{cases} a-t & (a \leqq t \leqq \xi) \\ a-\xi & (\xi \leqq t \leqq b) \end{cases} \quad (5.25)$$

を得る. 実際(5.25)が(5.23)と等しいかどうかを見るため，(5.25)を(5.21)のようにフーリエ展開してみる. その係数は

$$a_n(\xi) = \frac{2}{L}\int_a^b G(t,\xi)\sin\frac{(2n+1)\pi(t-a)}{2L}dt$$

$$= \frac{2}{L}\left\{\int_a^\xi (a-t)\sin\frac{(2n+1)\pi(t-a)}{2L}dt + \int_\xi^b (a-\xi)\sin\frac{(2n+1)\pi(t-a)}{2L}dt\right\}$$

$$= \frac{2}{L}\left[-(a-\xi)\frac{2L}{(2n+1)\pi}\cos\frac{(2n+1)\pi(\xi-a)}{2L}\right.$$

$$-\frac{2L}{(2n+1)\pi}\int_a^\xi \cos\frac{(2n+1)\pi(t-a)}{2L}\,dt$$

$$-(a-\xi)\frac{2L}{(2n+1)\pi}\left\{\cos\frac{(2n+1)\pi L}{2L}-\cos\frac{(2n+1)\pi(\xi-a)}{2L}\right\}\Bigg]$$

$$=-\frac{2}{L}\left(\frac{2L}{(2n+1)\pi}\right)^2\sin\frac{(2n+1)\pi(\xi-a)}{2L}$$

となって，たしかに(5.23)が再現されている．

[例2]　次の例として，第1章と第3章で議論してきた微分方程式(1.60)に対するグリーン関数を求めてみよう．

$$\frac{d^2}{dt^2}x(t)+\omega^2 x(t)=f(t) \tag{5.26}$$

まずよく知られた方法で解いてみよう．$f(t)=0$ とした斉次方程式の一般解

$$x(t)=C\cos\omega t+D\sin\omega t \tag{5.27}$$

の C,D を $C(t),D(t)$ と考えて，(5.26)の解を1つ見つける．これは**定数変化法**とよばれる．

$$\frac{dx}{dt}=\frac{dC}{dt}\cos\omega t+\frac{dD}{dt}\sin\omega t+\omega(-C\sin\omega t+D\cos\omega t)$$

$$\frac{d^2x}{dt^2}=\frac{d^2C}{dt^2}\cos\omega t+\frac{d^2D}{dt^2}\sin\omega t+2\omega\left(-\frac{dC}{dt}\sin\omega t+\frac{dD}{dt}\cos\omega t\right)$$

$$-\omega^2(C\cos\omega t+D\sin\omega t)$$

であるから，この式を用いて $C(t),D(t)$ に対する微分方程式が次のように得られる．

$$\frac{d^2x}{dt^2}+\omega^2 x=\frac{d^2C}{dt^2}\cos\omega t+\frac{d^2D}{dt^2}\sin\omega t+2\omega\left(-\frac{dC}{dt}\sin\omega t+\frac{dD}{dt}\cos\omega t\right)$$

$$=f(t) \tag{5.28}$$

ここで C,D に対して，勝手に次の条件を課す．

$$\frac{dC}{dt}\cos\omega t+\frac{dD}{dt}\sin\omega t=0 \tag{5.29}$$

とにかく特殊解を1つ見つければよいのであるから，(5.29)をみたす C,D の中で解をさがすことにする．(5.29)を微分して

$$\frac{d^2C}{dt^2}\cos\omega t + \frac{d^2D}{dt^2}\sin\omega t = \omega\left(\frac{dC}{dt}\sin\omega t - \frac{dD}{dt}\cos\omega t\right)$$

よって(5.28)は

$$-\frac{dC}{dt}\sin\omega t + \frac{dD}{dt}\cos\omega t = \frac{1}{\omega}f(t) \tag{5.30}$$

と書き直せる．(5.29),(5.30)から

$$\frac{dC}{dt} = \frac{-1}{\omega}f(t)\sin\omega t$$

$$\frac{dD}{dt} = \frac{1}{\omega}f(t)\cos\omega t$$

を得るので，$C(t), D(t)$ はこれを積分して求まる．

$$C(t) = -\frac{1}{\omega}\int_a^t f(t')\sin\omega t' dt'$$

$$D(t) = \frac{1}{\omega}\int_a^t f(t')\cos\omega t' dt'$$

結局(5.26)の一般解として

$$x(t) = C\cos\omega t + D\sin\omega t$$
$$-\frac{1}{\omega}\cos\omega t\int_a^t f(t')\sin\omega t' dt' + \frac{1}{\omega}\sin\omega t\int_a^t f(t')\cos\omega t' dt' \tag{5.31}$$

が得られた．C, D は境界条件から決まるがここでは(5.3)をとることにする．
そして x_a, x_b が与えられれば C, D が決まるものとする．

この問題をグリーン関数を用いて解いてみよう．このため

$$\begin{cases} \dfrac{d^2G(t,\xi)}{dt^2} + \omega^2 G(t,\xi) = \delta(t-\xi) & (5.32) \\[2mm] G(a,\xi) = G(b,\xi) = 0 & (5.33) \end{cases}$$

を満たす $G(t,\xi)$ を求める．$t \neq \xi$ で(5.32),(5.33)を満たすものとして

$$G(t,\xi) = \begin{cases} A(\xi)\sin\omega(t-a) & (a\leq t\leq\xi) \\ B(\xi)\sin\omega(t-b) & (\xi\leq t\leq b) \end{cases} \tag{5.34}$$

を考えればよい．$t=\xi$ で δ 関数を出すためには，例1の経験から

$$\begin{cases} A(\xi)\sin\omega(\xi-a)-B(\xi)\sin\omega(\xi-b)=0 \\ -\omega A(\xi)\cos\omega(\xi-a)+\omega B(\xi)\cos\omega(\xi-b)=1 \end{cases}$$

が成立すればよい．これを解いて $A(\xi),B(\xi)$ が求まる．

$$\omega B(\xi)\sin\omega(b-a)=\sin\omega(\xi-a)$$
$$\omega A(\xi)\sin\omega(b-a)=\sin\omega(\xi-b)$$

よって $\omega L\neq n\pi\ (n=1,2,3,\cdots)$ と仮定して

$$G(t,\xi)=\frac{-1}{\omega\sin\omega L}\begin{cases}\sin\omega(t-a)\sin\omega(b-\xi) & (a\leqq t\leqq\xi)\\ \sin\omega(b-t)\sin\omega(\xi-a) & (\xi\leqq t\leqq b)\end{cases}\quad(5.35)$$

これは当然，$\omega\to0$ で(5.12)に一致する．一般解は(5.6)の形

$$x(t)=C'\cos\omega t+D'\sin\omega t+\int_a^b G(t,\xi)f(\xi)d\xi$$

で与えられるが，これは(5.31)と同じものである．（章末演習問題[2]に入れてあるので，読者は自ら確かめてほしい．）

さてフーリエ級数展開による $G(t,\xi)$ を求めてみよう．(5.33)の境界条件により(5.13)のように展開できる．(5.32)へ代入して

$$\frac{d^2G(t,\xi)}{dt^2}+\omega^2G(t,\xi)=\sum_{m=1}^\infty\Big(\omega^2-\frac{m^2\pi^2}{L^2}\Big)g_m(\xi)\sin\frac{m\pi(t-a)}{L}=\delta(t-\xi)$$

ここで両辺に $\sin\frac{n\pi}{L}(t-a)$ を掛けて t で積分し，(5.14)を用いると，$g_n(\xi)$ が得られる．

$$\frac{L}{2}\Big(\omega^2-\frac{n^2\pi^2}{L^2}\Big)g_n(\xi)=\sin\frac{n\pi(\xi-a)}{L}$$

よって

$$G(t,\xi)=\frac{2}{L}\sum_{m=1}^\infty\frac{\sin\dfrac{m\pi(t-a)}{L}\sin\dfrac{m\pi(\xi-a)}{L}}{\omega^2-\dfrac{m^2\pi^2}{L^2}}\quad(5.36)$$

を得た．さてこの式と(5.35)の関係をみるため，(5.35)を(5.13)のようにフーリエ級数に展開して(5.36)になることを確かめよう．すこし計算は複雑であるが，正直にやればよい．(5.13)と(5.35)，さらに $b-\xi=L+a-\xi$ を用いて

$$a_n(\xi) = \frac{2}{L}\int_a^b G(t,\xi)\sin\frac{n\pi(t-a)}{L}dt$$

$$= -\frac{2}{\omega L\sin\omega L}\left[\int_a^\xi \sin\omega(t-a)\sin\omega(b-\xi)\sin\frac{n\pi(t-a)}{L}dt\right.$$

$$\left.+\int_\xi^b \sin\omega(b-t)\sin\omega(\xi-a)\sin\frac{n\pi(t-a)}{L}dt\right]$$

$$= -\frac{1}{\omega L\sin\omega L}\left[-\sin(\omega(\xi-a)-\omega L)\left\{\frac{\sin(\omega-n\pi/L)(\xi-a)}{\omega-n\pi/L}\right.\right.$$

$$\left.-\frac{\sin(\omega+n\pi/L)(\xi-a)}{\omega+n\pi/L}\right\}+\sin\omega(\xi-a)\left\{-\frac{\sin((\omega+n\pi/L)(\xi-a)-\omega L)}{\omega+n\pi/L}\right.$$

$$\left.\left.+\frac{\sin((\omega-n\pi/L)(\xi-a)-\omega L)}{\omega-n\pi/L}\right\}\right]$$

$$= \frac{2}{L}\frac{\sin\dfrac{n\pi}{L}(\xi-a)}{\omega^2-n^2\pi^2/L^2}$$

これで(5.36)が再現された.

グリーン関数の性質　一般にグリーン関数は次のような性質をもっている. L_t を, t に関する微分を含む演算子とする. 例1では $L_t=\dfrac{d^2}{dt^2}$, 例2では $L_t=\dfrac{d^2}{dt^2}+\omega^2$ である. そして次の微分方程式を考える.

$$L_t x(t) = f(t) \tag{5.37}$$

この解は,

$$L_t x(t) = 0 \tag{5.38}$$

の一般解を $x_0(t)$ として, 次のように与えられる.

$$x(t) = x_0(t)+\int_a^b G(t,\xi)f(\xi)d\xi \tag{5.39}$$

ただしここで

$$L_t G(t,\xi) = \delta(t-\xi) \tag{5.40}$$

の解としてグリーン関数 $G(t,\xi)$ が定義される.

　(5.40),(5.38)を用いて(5.39)で与えられる $x(t)$ がもとの微分方程式(5.37)を満たすことはすぐに分かる. $x(t)$ の境界条件に応じて $G(t,\xi)$ の境界条件を選び, そのもとで(5.40)を解いて $G(t,\xi)$ が決まる. $G(t,\xi)$ の境界条件としてはふつう, 次のような斉次型(＝0 の型をしているもの)を選ぶ. $x(t)$ に対す

る境界条件が，例えば

（ⅰ） $x(a)=x_a$, $x(b)=x_b$ のとき： $G(a,\xi)=G(b,\xi)=0$ とする．このときは，$x_0(a)=x_a$, $x_0(b)=x_b$ を満たす $x_0(t)$ を選ぶ．

（ⅱ） $x(a)=x_a$, $\dfrac{d}{dt}x(t)\Big|_{t=b}=v_b$ のとき： このときは $G(a,\xi)=0$,

$\dfrac{d}{dt}G(t,\xi)\Big|_{t=b}=0$ とする．ただし $x_0(a)=x_a$, $\dfrac{d}{dt}x_0(t)\Big|_{t=b}=v_b$ である．

（ⅲ） $\dfrac{d}{dt}x(t)\Big|_{t=a}=v_a$, $\dfrac{d}{dt}x(t)\Big|_{t=b}=v_b$ のとき： このときは $\dfrac{d}{dt}G(t,\xi)\Big|_{t=a}=0$,

$\dfrac{d}{dt}G(t,\xi)\Big|_{t=b}=0$ とする．そして $\dfrac{d}{dt}x_0(t)\Big|_{t=a}=v_a$, $\dfrac{d}{dt}x_0(t)\Big|_{t=b}=v_b$ となる．

その他いろいろ考えられる．グリーン関数の有用性は次の2点にあるといってよいであろう．

（1） 境界条件を斉次型に選ぶと問題が解きやすくなる．

（2） いちどグリーン関数が求まれば，公式(5.39)によって任意の $f(\xi)$ について解が書ける．

以下では2変数関数へ拡張して偏微分方程式におけるグリーン関数を考えることにする．

5-2 偏微分方程式と境界値問題——ラプラス-ポアソン型

この節では変数を t,x,y 等と書き，関数を $u(t,x)$ または $u(x,y)$ 等と書くことにする．

次のような，$u(x,y)$ に関する線形2階の偏微分方程式を考える．$f(x,y)$ を与えられた関数として

$$K[u]=f(x,y) \tag{5.41}$$

ただし，$C\sim F$ を定数として，$K[u]$ は一般に

$$K[u]=\frac{\partial^2 u}{\partial x^2}+C\frac{\partial^2 u}{\partial y^2}+D\frac{\partial u}{\partial x}+E\frac{\partial u}{\partial y}+Fu \tag{5.42}$$

で与えられるとする．$\dfrac{\partial^2 u}{\partial x\partial y}$ の項が存在しても x,y に適当な1次変換をすれば，

(5.42)の形へもっていける．以下では(5.42)のさまざまな場合について議論しよう．この節ではまず $C=1$, $D=E=F=0$ に対応するラプラス‐ポアソン(Laplace-Poisson)型の方程式からはじめる．考える微分方程式は

$$\nabla^2 \equiv \frac{\partial^2}{\partial x^2} + \frac{\partial^2}{\partial y^2}$$

という記号(2次元ラプラシアン)を用いて

$$K[u] = \nabla^2 u = f(x, y) \tag{5.43}$$

である．以下 $\frac{\partial}{\partial x} \equiv \partial_x$, $\frac{\partial^2}{\partial x^2} \equiv \partial_x{}^2$ 等の記号も用いる．

グリーンの公式　以下グリーンの公式を用いるので，ここで証明なしに述べておく*．$u(x, y), v(x, y)$ を任意の関数として $v \nabla^2 u - u \nabla^2 v$ という量をある2次元の領域 S 内で積分すると，その結果は $v\frac{\partial u}{\partial n} - u\frac{\partial v}{\partial n}$ という量の領域 S の境界 $\bar{S}$ 上の線積分で与えられる．

$$\iint_S (v \nabla^2 u - u \nabla^2 v) dS = \oint_{\bar{S}} \left(v\frac{\partial u}{\partial n} - u\frac{\partial v}{\partial n} \right) dl \tag{5.44}$$

図 5-1 のように領域 S，境界 $\bar{S}$ を考えると，$\frac{\partial u}{\partial n}$ は u の境界に対して外向き法線方向の微分を表わす．つまり $\boldsymbol{n}$ を外向き単位法線ベクトルとすると

$$\frac{\partial u}{\partial n} = \boldsymbol{n} \cdot \nabla u$$

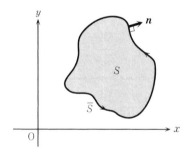

図 5-1

---

*　3次元のグリーンの公式については，本シリーズ第4巻『偏微分方程式』第4章の(4.37)式に与えられている．

で与えられる. ここで ∇u は u の勾配を表わす.

dl は境界線の微小な長さ $dl=\sqrt{(dx)^2+(dy)^2}$ であり, 線積分 $\oint$ は領域 S を左側に見るような方向にとる.

グリーン関数　いよいよ(5.43)に対するグリーン関数を考えよう. 2次元であるからグリーン関数は $G(x,y\,;\,\xi,\eta)$ と4つの変数に依存する. (5.43)に対して(5.40)を拡張して

$$K[G] = \nabla^2 G(x,y\,;\,\xi,\eta)$$
$$= \delta(x-\xi)\delta(y-\eta) \tag{5.45}$$

を考える. 右辺は2次元の δ 関数とよばれている. 左辺の K は ∇^2 であり, x, y に演算する演算子である. このとき, ξ,η は定数のように固定しておく.

G に対する境界条件としては次の2つが考えられる.

(1)　**第1種のグリーン関数**

$$\text{点 }(x,y)\text{ が境界 }\bar{S}\text{ 上で}\qquad G(x,y\,;\,\xi,\eta) = 0 \tag{5.46}$$

このとき(5.45), (5.46)の解を**第1種グリーン関数**とよび $G_1(x,y\,;\,\xi,\eta)$ と書くことにする. G_1 は**ディリクレ型グリーン関数**ともよばれる.

(2)　**第2種のグリーン関数**

$$\text{点 }(x,y)\text{ が境界 }\bar{S}\text{ 上で}\qquad \frac{\partial}{\partial n}G(x,y\,;\,\xi,\eta) = 0 \tag{5.47}$$

ここで $\frac{\partial}{\partial n}$ は境界の法線方向の微分 $\frac{\partial}{\partial n}=\boldsymbol{n}\cdot\nabla$ である. ただし ∇ は x,y に関する微分であることに注意. これを $G_2(x,y\,;\,\xi,\eta)$ と書き, **ノイマン型グリーン関数**とよぶ.

以下では第1種のグリーン関数のみ考えることにする.

さて, 次の重要な性質を証明しよう.

$$G(x,y\,;\,\xi,\eta) = G(\xi,\eta\,;\,x,y) \tag{5.48}$$

この式は G_1, G_2 の両方について成立する. つまり G は $(x,y)\rightleftarrows(\xi,\eta)$ の入れ換えに対して対称である. (5.48)は, (5.44)において $u=G(x,y\,;\,\xi_1,\eta_1)$, $v=G(x,y\,;\,\xi_2,\eta_2)$ と代入して証明できる.

$$\iint_S \{G(x,y\,;\,\xi_2,\eta_2)\nabla^2 G(x,y\,;\,\xi_1,\eta_1) - G(x,y\,;\,\xi_1,\eta_1)\nabla^2 G(x,y\,;\,\xi_2,\eta_2)\}dxdy$$

$$= \oint_{\bar{S}}\left\{G(x,y\,;\,\xi_2,\eta_2)\frac{\partial}{\partial n}G(x,y\,;\,\xi_1,\eta_1)-G(x,y\,;\,\xi_1,\eta_1)\frac{\partial}{\partial n}G(x,y\,;\,\xi_2,\eta_2)\right\}dl$$

この右辺は G が第1種であろうが第2種であろうがゼロである．左辺は（5.45）を用いると次のようになる．

$$\iint_S\left\{G(x,y\,;\,\xi_2,\eta_2)\delta(x-\xi_1)\delta(y-\eta_1)-G(x,y\,;\,\xi_1,\eta_1)\delta(x-\xi_2)\delta(y-\eta_2)\right\}dxdy$$
$$= G(\xi_1,\eta_1\,;\,\xi_2,\eta_2)-G(\xi_2,\eta_2\,;\,\xi_1,\eta_1)$$

よって（5.48）が証明された．

　さて，グリーン関数を用いると（5.43）の解は $f(x,y)$ と解 u の $\bar{S}$ 上での値と，その法線方向微分 $\partial u/\partial n$ で書き表わされる．実際，（5.44）に $v=G$ を代入して

$$\iint_S\left\{G(x,y\,;\,\xi,\eta)\,\nabla^2 u(x,y)-u(x,y)\,\nabla^2 G(x,y\,;\,\xi,\eta)\right\}dxdy$$
$$= \oint_{\bar{S}}\left\{G(x,y\,;\,\xi,\eta)\frac{\partial}{\partial n}u(x,y)-u(x,y)\frac{\partial}{\partial n}G(x,y\,;\,\xi,\eta)\right\}dl$$

（右辺に現われる x と y は $\bar{S}$ 上に乗っているという意味で独立ではないことに注意．）　左辺に（5.43）と（5.45）を代入して

$$u(\xi,\eta) = \iint_S G(x,y\,;\,\xi,\eta)f(x,y)dxdy$$
$$-\oint_{\bar{S}}\left\{G(x,y\,;\,\xi,\eta)\frac{\partial}{\partial n}u(x,y)-u(x,y)\frac{\partial}{\partial n}G(x,y\,;\,\xi,\eta)\right\}dl$$

あるいは（5.48）を用いて，さらに $(\xi,\eta)\leftrightarrow(x,y)$ として

$$u(x,y) = \iint_S G(x,y\,;\,\xi,\eta)f(\xi,\eta)d\xi d\eta$$
$$-\oint_{\bar{S}}\left\{G(x,y\,;\,\xi,\eta)\frac{\partial}{\partial n_\xi}u(\xi,\eta)-u(\xi,\eta)\frac{\partial}{\partial n_\xi}G(x,y\,;\,\xi,\eta)\right\}dl_\xi \quad (5.49)$$

ここで右辺第2項において，点 (ξ,η) が $\bar{S}$ 上にあり，$\partial/\partial n_\xi, dl_\xi$ は (ξ,η) に関する微分または積分であることを示すための記号である．

　（5.49）式が求める公式である．ここで $\bar{S}$ 上で与えられた u の境界条件によって，G として G_1 または G_2 をうまく選ぶと S 内の u が完全にきまる．

(1) $\bar{S}$ 上で $u(x,y)$ が与えられたとき（第1種境界値問題）： $G=G_1$ にとれば，(5.49)より

$$u(x,y) = \iint_S G_1(x,y\,;\,\xi,\eta)f(\xi,\eta)d\xi d\eta$$
$$+ \int_{\bar{S}} u(\xi,\eta)\frac{\partial}{\partial n_\xi}G_1(x,y\,;\,\xi,\eta)dl_\xi \tag{5.50}$$

G_1 が計算できれば，右辺の量はすべて知られたものである．

(2) $\bar{S}$ 上で $\frac{\partial}{\partial n}u(x,y)$ が与えられたとき（第2種境界値問題）： $G=G_2$ にとれば

$$u(x,y) = \iint_S G_2(x,y\,;\,\xi,\eta)f(\xi,\eta)d\xi d\eta$$
$$- \int_{\bar{S}} G_2(x,y\,;\,\xi,\eta)\frac{\partial}{\partial n_\xi}u(\xi,\eta)dl_\xi \tag{5.51}$$

G_2 が分かれば，右辺は知られた量である．

(3) 特別な場合として，$\bar{S}$ 上で $u(x,y)=0$ の場合は G_1 を用い，あるいは $\bar{S}$ 上で $\frac{\partial}{\partial n}u(x,y)=0$ の場合は G_2 を用いて，両者とも同じ形で書ける．

$$u(x,y) = \iint_{\bar{S}} G_{1\,\text{or}\,2}(x,y\,;\,\xi,\eta)f(\xi,\eta)d\xi d\eta \tag{5.52}$$

(4) (5.43)の斉次方程式，つまり $f(x,y)=0$ のときは，次のような公式を得る．第1種境界条件に対して，

$$u(x,y) = \int_{\bar{S}} \left(\frac{\partial}{\partial n_\xi}G_1(x,y\,;\,\xi,\eta)\right)u(\xi,\eta)dl_\xi \tag{5.53}$$

第2種境界条件に対して

$$u(x,y) = -\int_{\bar{S}} G_2(x,y\,;\,\xi,\eta)\frac{\partial}{\partial n_\xi}u(\xi,\eta)dl_\xi \tag{5.54}$$

以下では，いくつかの例題を調べることにしよう．

[例1] 円内の領域と境界値問題

円で与えられる領域における第1種の問題を考えよう．境界条件(5.46)はあとから考えるとして，(5.45)を満たす $G(x,y\,;\,\xi,\eta)$ を1つ見つけよう．$\xi=\eta$

＝0 とおいた次式から出発する.

$$\nabla^2 g(x, y) = \delta(x)\delta(y) \tag{5.55}$$

$r=\sqrt{x^2+y^2}$ とおくと, 解の1つとして

$$g(x, y) = \frac{1}{2\pi} \ln r \tag{5.56}$$

が存在する. 実際に試してみる. $\partial_x r = x/r$, $\partial_y r = y/r$ を用いると, $r \neq 0$ では,

$$\partial_x g(x, y) = \frac{1}{2\pi} \frac{x}{r^2}, \qquad \partial_x^2 g(x, y) = \frac{1}{2\pi} \frac{1}{r^2}\Big(1-2\frac{x^2}{r^2}\Big)$$

$$\partial_y g(x, y) = \frac{1}{2\pi} \frac{y}{r^2}, \qquad \partial_y^2 g(x, y) = \frac{1}{2\pi} \frac{1}{r^2}\Big(1-2\frac{y^2}{r^2}\Big)$$

であって, たしかに $(\partial_x^2+\partial_y^2)g=0$ となっている. $x=y=0$ でどうなっているか
を見るために, 原点を中心にした半径 ε の小さな円 S_ε の内部で, $\nabla^2 g$ を積分す
る. $\nabla^2 g=\mathrm{div\ grad}\,g$ と書くと, 2次元のガウスの定理を用いることができる.

$$\iint_{S_\varepsilon} \nabla^2 g(x, y)dxdy = \oint_{\bar{S}_\varepsilon} \{\partial_x g(x, y)dy - \partial_y g(x, y)dx\} = \frac{1}{2\pi} \oint_{\bar{S}_\varepsilon} \Big(\frac{x}{r^2}dy - \frac{y}{r^2}dx\Big)$$

ここで $\bar{S}_\varepsilon$ は S_ε の周囲（円周）である. さて $\bar{S}_\varepsilon$ 上では極座標 ε, φ を導入して $r=$
ε, $x=\varepsilon \cos \varphi$, $y=\varepsilon \sin \varphi$ と書けるから, 上式は

$$\frac{1}{2\pi} \int_0^{2\pi} \Big(\frac{\varepsilon \cos \varphi}{\varepsilon^2}\varepsilon \cos \varphi d\varphi + \frac{\varepsilon \sin \varphi}{\varepsilon^2}\varepsilon \sin \varphi d\varphi\Big) = \frac{1}{2\pi} \int_0^{2\pi} d\varphi = 1$$

これら2つの事実から, (5.55)が確かめられた. ここで δ 関数の定義は, 1
次元での定義, すなわち $x \neq 0$ なら $\delta(x)=0$ であり, かつ ε を微小量として
$\int_{-\varepsilon}^{\varepsilon} \delta(x)dx=1$ であることを, 2次元的領域 S_ε へ拡張したものを用いた. つま
り $x \neq 0, y \neq 0$ のとき $\delta(x)=\delta(y)=0$, かつ $\iint_{S_\varepsilon} \delta(x)\delta(y)dxdy=1$ である.
(5.55)を一般化すると

$$\nabla^2 g(x, y) = \delta(x-\xi)\delta(y-\eta) \tag{5.57}$$

の解は

$$g(x, y) = \frac{1}{2\pi} \ln r$$
$$r = \sqrt{(x-\xi)^2+(y-\eta)^2} \tag{5.58}$$

で与えられる.

　さて境界条件(5.46)に移ろう. 中心を O とし, 半径 a の円内に 2 点 P$(x,$ $y)$, Q(ξ, η) をとり, 極座標で $(x, y) = \rho(\cos \varphi, \sin \varphi)$, $(\xi, \eta) = \rho'(\cos \varphi', \sin \varphi')$ とおく. 物理学では(5.58)の形の解は, 点 P に単位電荷をおいたときの点 Q におけるポテンシャルという意味をもっている. 円内の点 P に単位電荷をおくと円周上でポテンシャルがゼロという境界条件(第 1 種境界条件)のため, ポテンシャルが(5.58)からずれる.

　それは次のような**鏡像法**(method of images)とよばれる技法で解決できることが知られている. まず円に関する点 P の鏡像を $\overline{\mathrm{P}}$ とする. 図 5-2 のように $\overline{\mathrm{P}}$ は OP の延長線上で

$$\mathrm{OP} \cdot \mathrm{O\overline{P}} = a^2$$

を満たす点として定義される. $\overline{\mathrm{P}}$ に負の単位電荷をおいて P と $\overline{\mathrm{P}}$ 両方が存在するとき, 点 Q のポテンシャル $G(x, y ; \xi, \eta)$ を考える. それは次のように与えられる.

$$G(x, y ; \xi, \eta) = C + \frac{1}{2\pi} \ln r - \frac{1}{2\pi} \ln r' = C + \frac{1}{2\pi} \ln \frac{r}{r'} \tag{5.59}$$

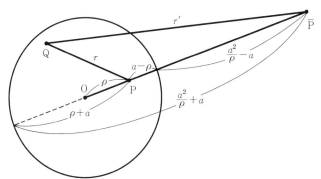

図 5-2

　ここで QP$=r$, Q$\overline{\mathrm{P}}=r'$ とおいた. 点 Q が円周上にあれば,

$$\mathrm{QP} : \mathrm{Q\overline{P}} = \mathrm{PA} : \mathrm{A\overline{P}} = \rho : a = 一定$$

である(アポロニウスの円とよばれている). よって(5.59)の C を $\dfrac{-1}{2\pi} \ln \dfrac{\rho}{a}$ に

とれば，**Q** が円周上では $G=0$ となる．よってわれわれの問題のグリーン関数は

$$G(x, y; \xi, \eta) = \frac{1}{2\pi} \ln \frac{ra}{r'\rho} \tag{5.60}$$

と求まった．

さて ξ, η に関する $\nabla^2 G$ を実行すると，$\overline{\mathbf{P}} = (\bar{x}, \bar{y})$ とおいて

$$(\partial_\xi^2 + \partial_\eta^2)G(x, y; \xi, \eta) = \delta(\xi - x)\delta(\eta - y) - \delta(\xi - \bar{x})\delta(\eta - \bar{y}) \tag{5.61}$$

であることが，(5.57),(5.58)から分かる．このとき ρ, a は定数とみなす．右辺第 2 項 $\delta(\xi - \bar{x})\delta(\eta - \bar{y})$ はつねにゼロである．(ξ, η) は円内にあり $(\bar{x}, \bar{y})$ は円外にあるからである．

じつは $G(x, y; \xi, \eta)$ は $(x, y) \rightleftarrows (\xi, \eta)$ の入れ換えに対して対称なのである．一見したところそうは見えないが，(5.60)における $r'\rho$ は対称であることが分かり r は対称であるから，G は対称である．実際 $\overline{\mathbf{P}} = (\bar{x}, \bar{y}) = \dfrac{a^2}{\rho}(\cos\varphi, \sin\varphi)$ と書けるので，

$$\begin{aligned}\rho r' &= \rho\sqrt{(\xi - \bar{x})^2 + (\eta - \bar{y})^2} = \rho\sqrt{\rho'^2 + \frac{a^4}{\rho^2} - 2\rho'\frac{a^2}{\rho}\cos(\varphi - \varphi')} \\ &= \sqrt{\rho^2\rho'^2 + a^4 - 2\rho\rho'a^2\cos(\varphi - \varphi')}\end{aligned} \tag{5.62}$$

これは明らかに $\rho \leftrightarrow \rho'$, $\varphi \leftrightarrow \varphi'$ で対称である．この対称性を用いると，(5.61)から

$$(\partial_x^2 + \partial_y^2)G(x, y; \xi, \eta) = \delta(x - \xi)\delta(y - \eta) \tag{5.63}$$

さらに点 P が円周上にあれば $G=0$ が導ける．これで円内領域における第 1 種グリーン関数が求まったことになり，公式(5.50)を用いることができる．

まず斉次問題を考えよう．(5.50)で $f=0$ とおく．$\dfrac{\partial}{\partial n_\xi}G(x, y; \xi, \eta)$ は次のようになる．(ξ, η) に依存する部分のみを書けば，(5.62)を用いて，

$$\begin{aligned}G &\sim \frac{1}{2\pi}(\ln r - \ln r'\rho) \\ &= \frac{1}{4\pi}\ln(\rho^2 + \rho'^2 - 2\rho\rho'\cos(\varphi - \varphi')) - \frac{1}{4\pi}\ln(\rho^2\rho'^2 + a^4 - 2\rho\rho'a^2\cos(\varphi - \varphi'))\end{aligned}$$

となるが，

$$\frac{\partial}{\partial n_\xi} = \frac{\partial}{\partial \rho'}\bigg|_{\rho'=a}$$

であるから

$$\frac{\partial G}{\partial n_\xi} = \frac{1}{4\pi}\left\{\frac{2(a-\rho\cos(\varphi-\varphi'))}{\rho^2+a^2-2\rho a\cos(\varphi-\varphi')} - \frac{2a\rho(\rho-a\cos(\varphi-\varphi'))}{a^2(\rho^2+a^2-2\rho a\cos(\varphi-\varphi'))}\right\}$$

$$= \frac{1}{2\pi a}\frac{a^2-\rho^2}{\rho^2+a^2-2a\rho\cos(\varphi-\varphi')} \tag{5.64}$$

公式(5.53)における $\bar{S}$ 上の $u(\xi,\eta)$ を φ' の関数 $h(\varphi')$ とおき，$dl_\xi = ad\varphi'$ と書きなおして，結局

$$u(x,y) = \frac{1}{2\pi}\int_0^{2\pi}\frac{a^2-\rho^2}{\rho^2+a^2-2a\rho\cos(\varphi-\varphi')}h(\varphi')d\varphi' \tag{5.65}$$

を得る．これが円周上で値 $h(\varphi)$ が与えられたときのラプラス方程式 $\nabla^2 u=0$ の解であり，ポアソンの公式とよばれている．

フーリエ級数展開による解法   同じ問題をフーリエ級数展開の方法で解いてみよう．2次元極座標 (ρ,φ) を用いると，ラプラスの方程式は次のように書ける．

$$\nabla^2 u = \left(\frac{\partial^2}{\partial\rho^2}+\frac{1}{\rho}\frac{\partial}{\partial\rho}+\frac{1}{\rho^2}\frac{\partial^2}{\partial\varphi^2}\right)u = 0 \tag{5.66}$$

$u(\rho,\varphi)$ は φ の周期 2π の周期関数であるから，フーリエ級数に展開できる．

$$u(\rho,\varphi) = \frac{a_0(\rho)}{2}+\sum_{n=1}^{\infty}\{a_n(\rho)\cos n\varphi+b_n(\rho)\sin n\varphi\} \tag{5.67}$$

これを(5.66)へ代入して

$$\sum_{n=0}^{\infty}\left(\frac{d^2}{d\rho^2}+\frac{1}{\rho}\frac{d}{d\rho}-\frac{n^2}{\rho^2}\right)(a_n(\rho)\cos n\varphi+b_n(\rho)\sin n\varphi) = 0$$

これから $a_n(\rho),b_n(\rho)$ ともに

$$\left(\frac{d^2}{d\rho^2}+\frac{1}{\rho}\frac{d}{d\rho}-\frac{n^2}{\rho^2}\right)H(\rho) = 0$$

のときに解であることが分かる．この解として $H(\rho)=\rho^n$ と ρ^{-n} があるが，$\rho=0$ で有限な ρ^n のみをとる．$a_n(\rho)=a_n\rho^n$，$b_n(\rho)=b_n\rho^n$ とおいて

$$u(\rho, \varphi) = \frac{a_0}{2} + \sum_{n=1}^{\infty} \rho^n(a_n \cos n\varphi + b_n \sin n\varphi) \qquad (5.68)$$

と書ける. $\rho=a$ で $u(\rho, \varphi)=h(\varphi)$ という条件から

$$h(\varphi) = \frac{a_0}{2} + \sum_{n=1}^{\infty} a^n(a_n \cos n\varphi + b_n \sin n\varphi) \qquad (5.69)$$

これから a_n, b_n がきまる.

$$\frac{a_0}{2} = \frac{1}{2\pi} \int_0^{2\pi} h(\varphi') d\varphi'$$

$$a_n = \frac{1}{\pi a^n} \int_0^{2\pi} h(\varphi') \cos n\varphi' d\varphi'$$

$$b_n = \frac{1}{\pi a^n} \int_0^{2\pi} h(\varphi') \sin n\varphi' d\varphi'$$

これを(5.68)に代入して

$$u(\rho, \varphi) = \frac{1}{2\pi} \int_0^{2\pi} h(\varphi') d\varphi' + \frac{2}{2\pi} \sum_{n=1}^{\infty} \left(\frac{\rho}{a}\right)^n \int_0^{2\pi} h(\varphi') \cos n(\varphi-\varphi') d\varphi'$$

を得る. ここで $\sum_n$ を実行する. Re は実数部を表わすとして,

$$1 + 2 \sum_{n=1}^{\infty} \left(\frac{\rho}{a}\right)^n \cos n(\varphi-\varphi') = 1 + 2 \,\mathrm{Re} \sum_{n=1}^{\infty} \left(\frac{\rho}{a}\right) e^{in(\varphi-\varphi')}$$

$$= 1 + 2 \,\mathrm{Re} \frac{\dfrac{\rho}{a} e^{i(\varphi-\varphi')}}{1 - \dfrac{\rho}{a} e^{i(\varphi-\varphi')}} = \frac{a^2 - \rho^2}{\rho^2 + a^2 - 2\rho a \cos(\varphi-\varphi')}$$

$$(5.70)$$

これで(5.65)が再現された.

　同じグリーン関数(5.60)を用いて, 非斉次問題(5.43)も解ける. 第1種の u に対する境界条件, つまり $\bar{S}$ 上で $u=0$ を満たす解は, 次のように書ける.

$$u(x, y) = \frac{1}{2\pi} \iint_S \left(\ln \frac{ra}{r'\rho}\right) f(\xi, \eta) d\xi d\eta \qquad (5.71)$$

ここで $(x, y) = \rho(\cos\varphi, \sin\varphi)$, $(\xi, \eta) = \rho'(\cos\varphi', \sin\varphi')$ として $r = \sqrt{\rho^2 + \rho'^2 - 2\rho\rho' \cos(\varphi-\varphi')}$, $r' = \sqrt{\rho'^2\rho^2 + a^4 - 2\rho\rho'a^2 \cos(\varphi-\varphi')}$ である.

　[例2]　長方形領域における境界値問題

　辺の長さ a, b の長方形の領域を $0 \leq x \leq a$, $0 \leq y \leq b$ にとる(図5-3参照). 第

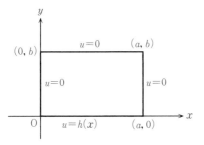

図 5-3

1種のグリーン関数 $G_1(x, y ; \xi, \eta)$ を考えよう. $u(x, y)$ は x 軸上 $0 \leqq x \leqq a$ で $h(x)$, それ以外の境界ではゼロとする.

この問題は第1種であるから

$$G_1(0, y ; \xi, \eta) = G_1(a, y ; \xi, \eta) = 0$$

が満たされている. よって G_1 を x についてフーリエサイン展開する.

$$G_1(x, y ; \xi, \eta) = \sum_{n=1}^{\infty} g_n(y, \xi, \eta) \sin \frac{n\pi x}{a} \tag{5.72}$$

これを

$$(\partial_x{}^2 + \partial_y{}^2) G_1(x, y ; \xi, \eta) = \delta(x-\xi)\delta(y-\eta)$$

へ代入して

$$\sum_{n=1}^{\infty} \left\{ \partial_y{}^2 - \left(\frac{n\pi}{a}\right)^2 \right\} g_n(y, \xi, \eta) \sin \frac{n\pi x}{a} = \delta(x-\xi)\delta(y-\eta)$$

両辺に $\sin \dfrac{m\pi x}{a}$ をかけて x で 0 から a まで積分すると

$$\frac{a}{2} \left\{ \partial_y{}^2 - \left(\frac{m\pi}{a}\right)^2 \right\} g_m(y, \xi, \eta) = \sin \frac{m\pi \xi}{a} \delta(y-\eta)$$

よって, $g_m(y, \xi, \eta) = \dfrac{2}{a} k_m(y, \eta) \sin \dfrac{m\pi \xi}{a}$ と仮定すると, k_m に対する式を得る.

$$\left\{ \partial_y{}^2 - \left(\frac{m\pi}{a}\right)^2 \right\} k_m(y, \eta) = \delta(y-\eta) \tag{5.73}$$

第1種グリーン関数は $G_1(x, 0 ; \xi, \eta) = G_1(x, b ; \xi, \eta) = 0$ であるから,

$$k_m(0, \eta) = k_m(b, \eta) = 0 \tag{5.74}$$

(5.73)と(5.74)を同時に満たす k_m は, (5.32), (5.33)の場合と同じように求

まる．ただし(5.32)の ω^2 を $-\left(\dfrac{m\pi}{a}\right)^2$，つまり $\omega \to i\dfrac{m\pi}{a}$ とすべきである．(5.35)で求めた解に $\omega \to i\dfrac{m\pi}{a}$ を代入する．（$\omega \to -i\dfrac{m\pi}{a}$ としても同じ答となる．）

$$\sin i\theta = \frac{e^{-\theta} - e^{\theta}}{2i} = i\sinh\theta$$

を用い，さらに(5.35)の a, b, L, ξ, t に $0, b, b, \eta, y$ をそれぞれ代入して

$$k_m(y, \eta) = \frac{-a}{m\pi \sinh\dfrac{m\pi b}{a}} \begin{cases} \sinh\dfrac{m\pi y}{a}\sinh\dfrac{m\pi(b-\eta)}{a} & (y \leqq \eta) \\[3mm] \sinh\dfrac{m\pi\eta}{a}\sinh\dfrac{m\pi(b-y)}{a} & (y \geqq \eta) \end{cases}$$

と求まる．結局，求める G_1 は

$$G_1(x, y\,;\,\xi, \eta) = -\frac{2}{\pi}\sum_{n=1}^{\infty}\frac{\sin\dfrac{n\pi x}{a}\sin\dfrac{n\pi\xi}{a}}{n\sinh\dfrac{n\pi b}{a}} \begin{cases} \sinh\dfrac{n\pi y}{a}\sinh\dfrac{n\pi(b-\eta)}{a} & (y \leqq \eta) \\[3mm] \sinh\dfrac{n\pi\eta}{a}\sinh\dfrac{n\pi(b-y)}{a} & (y \geqq \eta) \end{cases}$$

$$\tag{5.75}$$

となる．x と y を逆に考えると別の表式を得るが，それは同じものである．

まず斉次方程式 $\nabla^2 u = 0$ の解で，図5-3に示したように

$$u(0, y) = u(a, y) = u(x, b) = 0, \qquad u(x, 0) = h(x)$$

なる境界条件を満たす解を求めよう．公式(5.53)によると，$\dfrac{\partial}{\partial n_\xi}G_1$ の $\eta = 0$（$0 \leqq \xi \leqq a$）での値が必要となる．$\partial/\partial n$ は外向きゆえ $-\partial/\partial\eta$ で置きかわる．$\eta = 0$ ゆえ，$y \geqq \eta$ の方を用いて，

$$-\frac{\partial G_1}{\partial\eta_\xi}\bigg|_{\eta=0} = \frac{2}{a}\sum_{n=1}^{\infty}\frac{\sin\dfrac{n\pi x}{a}\sin\dfrac{n\pi\xi}{a}}{\sinh\dfrac{n\pi b}{a}}\sinh\frac{n\pi(b-y)}{a}$$

これを(5.53)に代入する．求める u は

$$u(x, y) = \frac{2}{a}\sum_{n=1}^{\infty}\frac{\sin\dfrac{n\pi x}{a}\sinh\dfrac{n\pi(b-y)}{a}}{\sinh\dfrac{n\pi b}{a}}\int_0^a h(\xi)\sin\frac{n\pi\xi}{a}d\xi \tag{5.76}$$

となる．

グリーン関数を用いているので，非斉次方程式 $\nabla^2 u = f$ の解で長方形の4辺

すべての上で $u=0$ となるものがすぐに求まる．公式(5.52)に(5.75)を代入して

$$u(x,y) = -\frac{2}{\pi}\sum_{n=1}^{\infty}\frac{\sin\dfrac{n\pi x}{a}}{n\sin\dfrac{n\pi b}{a}}\int_0^a \sin\frac{n\pi\xi}{a}d\xi$$

$$\times\left\{\int_0^y \sinh\frac{n\pi\eta}{a}\sinh\frac{n\pi(b-y)}{a}f(\xi,\eta)d\eta\right.$$

$$\left.+\int_y^b \sinh\frac{n\pi y}{a}\sinh\frac{n\pi(b-\eta)}{a}f(\xi,\eta)d\eta\right\} \tag{5.77}$$

ここで求めた解は $\sum_n$ を含んでいて，この和は容易にはとれない．((5.70)では和を求めることはできたが．) しかし一般に数値的に $\sum_n$ のはじめの少数項でかなり良い近似が得られる場合が多い．($h(x)=c$ の場合の(5.76)の数値解が本シリーズと姉妹シリーズの理工系の数学入門コース第6巻『フーリエ解析』5-4節に示されている．)

5-3 波動方程式と初期値問題

1次元問題

(5.42)で $y=t$, $C=-\dfrac{1}{v^2}$, $D=E=F=0$ とおくと，1次元波動方程式

$$\left(\frac{1}{v^2}\frac{\partial^2}{\partial t^2}-\frac{\partial^2}{\partial x^2}\right)u(x,t) = 0 \tag{5.78}$$

を得る．これは速度 v で伝わる波を表わす．(以下では $v>0$ とする．) (5.78)を初期条件

$$u(x,0) = f(x), \qquad \frac{\partial u(x,t)}{\partial t}\bigg|_{t=0} = g(x) \tag{5.79}$$

のもとで解く．考える領域は $0<t<\infty$, $-\infty<x<\infty$ とする．このような無限区間ではフーリエ変換が自然である．この問題のグリーン関数を $G^{(1)}(x,t\,;y)$, $G^{(2)}(x,t\,;y)$ とおき，u を

$$u(x,t) = \int_{-\infty}^{\infty} G^{(1)}(x,t\,;y)f(y)dy+\int_{-\infty}^{\infty} G^{(2)}(x,t\,;y)g(y)dy \tag{5.80}$$

の形で求める. $G^{(1)}, G^{(2)}$ の満たすべき式は

$$\left(\frac{1}{v^2}\frac{\partial^2}{\partial t^2}-\frac{\partial^2}{\partial x^2}\right)G^{(1),(2)}(x,t\,;\,y) = 0 \qquad (5.81)$$

$$G^{(1)}(x,0\,;\,y) = \delta(x-y), \qquad \frac{\partial}{\partial t}G^{(1)}(x,t\,;\,y)\bigg|_{t=0} = 0 \qquad (5.82a)$$

$$G^{(2)}(x,0\,;\,y) = 0, \qquad \frac{\partial}{\partial t}G^{(2)}(x,t\,;\,y)\bigg|_{t=0} = \delta(x-y) \qquad (5.82b)$$

まず(5.81)の解を $G^{(1),(2)}=e^{ik_0 t-ikx}$ の形でさがす.

$$\left(\frac{-k_0{}^2}{v^2}+k^2\right)e^{ik_0 t-ikx} = 0$$

を得るので, $k_0 = \pm vk$ であれば(5.81)の解である. このようにして得られた

$$e^{-ik(vt+x)},\ e^{ik(vt-x)}$$

なる2つの解を勝手な重み $a(k), b(k)$ で重ね合わせても解であるから, この $a(k), b(k)$ を初期条件(5.82a, b)が成立するように決める. さて

$$G^{(1),(2)}(x,t\,;\,y) = \int_{-\infty}^{\infty} dk\{a^{(1),(2)}(k)e^{-ik(vt-x+y)}+b^{(1),(2)}(k)e^{ik(vt+x-y)}\}$$

と書こう. ここで $G^{(1),(2)}$ は $x-y$ の関数であることをあらかじめ用いた.

(i) $G^{(1)}$: $a^{(1)}(k)=b^{(1)}(k)=\frac{1}{4\pi}$ とすると, これは(5.82a)を満たす.
よって

$$G^{(1)}(x,t\,;\,y) = \frac{1}{4\pi}\int_{-\infty}^{\infty} dk\{e^{-ik(vt-x+y)}+e^{ik(vt+x-y)}\} \qquad (5.83)$$

(ii) $G^{(2)}$: $a^{(2)}(k)=-b^{(2)}(k)=\frac{i}{4\pi kv}$ と選べばよい. その結果(5.82b)を
満たす $G^{(2)}$ が求まる.

$$G^{(2)}(x,t\,;\,y) = \frac{i}{4\pi v}\int_{-\infty}^{\infty} \frac{dk}{k}\{e^{-ik(vt-x+y)}-e^{ik(vt+x-y)}\} \qquad (5.84)$$

まず $G^{(2)}$ を求めよう. すると $G^{(1)}$ は

$$G^{(1)}(x,t\,;\,y) = \frac{\partial}{\partial t}G^{(2)}(x,t\,;\,y) \qquad (5.85)$$

から求まる. (5.84)の被積分関数は sin に置き換えてよく

$$G^{(2)}(x, t \; ; \; y) = \frac{1}{4\pi v} \int_{-\infty}^{\infty} \frac{dk}{k} \{\sin k\,(vt-x+y) + \sin k\,(vt+x-y)\} \quad (5.86)$$

ここで公式

$$\int_{-\infty}^{\infty} \frac{\sin ak}{k} dk = \begin{cases} \pi & (a>0) \\ 0 & (a=0) \\ -\pi & (a<0) \end{cases}$$

を用いると，(5.86)の積分がゼロでない領域は $t>0$ では図 5-4 の領域 II のみであることがわかる．この領域は $\theta(v^2 t^2 - x^2)$ と書ける．光の場合 v は光速で領域 II は $t>0$ の(1次元の)光円錐内部とよばれる．よって

$$G^{(2)}(x, t \; ; \; y) = \frac{1}{2v} \theta(v^2 t^2 - (x-y)^2) \quad (5.87)$$

ここでは階段関数 $\theta(x)$ は次のように定義されている．

$$\theta(x) = \begin{cases} 1 & (x>0) \\ \frac{1}{2} & (x=0) \\ 0 & (x<0) \end{cases}$$

(5.85)と $\dfrac{\partial \theta(x)}{\partial x} = \delta(x)$ を用いると，$G^{(1)}$ は次のようになる．

$$G^{(1)}(x, t \; ; \; y) = \frac{1}{2v} 2v^2 t \delta\{v^2 t^2 - (x-y)^2\} = vt\delta\{(vt-x+y)(vt+x-y)\}$$

$$= \frac{1}{2}[\delta(vt-x+y) + \delta(vt+x-y)] \quad (5.88)$$

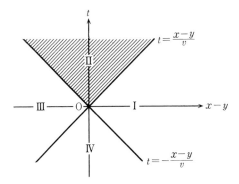

図 5-4

$G^{(1)}$ は領域 II の境界 $t=\pm\dfrac{x-y}{v}$ のみで値をもつ関数である．こうして求めた $G^{(1)}, G^{(2)}$ を(5.80)へ代入すると u が求まる．領域 II は $-vt\leqq x-y\leqq vt$ つまり $x-vt\leqq y\leqq x+vt$ と書けるので，次の表式を得る．

$$u(x,t) = \frac{1}{2}\{f(x-vt)+f(x+vt)\}+\frac{1}{2v}\int_{x-vt}^{x+vt}g(y)dy \qquad (5.89)$$

これは**ストークス**(Stokes)**の波動公式**とよばれている．点 (x,t) を固定すると，$u(x,t)$ の値に影響するのは，$t=0$ において，f の方は $y=x-vt$, $x+vt$ の2点のみ，g の方は $x-vt<y\leqq x+vt$ の領域である．この事情を図5-5に示してある．これは**ホイヘンスの原理**(Huygens' principle)の一例で，$x-vt\leqq y$ $\leqq x+vt$ からくる波を重ね合わせて (x,t) における $u(t,x)$ が決まるのである．

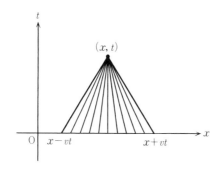

図 5-5

3 次元問題

3 次元波動方程式

$$\left(\frac{1}{v^2}\frac{\partial^2}{\partial t^2}-\frac{\partial^2}{\partial x^2}-\frac{\partial^2}{\partial y^2}-\frac{\partial^2}{\partial z^2}\right)u(t,x,y,z) = 0 \qquad (5.90)$$

を次の初期条件

$$u(0,x,y,z) = f(x,y,z), \qquad \frac{\partial}{\partial t}u(t,x,y,z)\bigg|_{t=0} = g(x,y,z) \qquad (5.91)$$

のもとで解く．(5.90)は v を光速とすれば，まさに光の波動方程式である．(5.81),(5.82a, b)を拡張して $G^{(1)}, G^{(2)}$ を導入する．

$$\left(\frac{1}{v^2}\frac{\partial^2}{\partial t^2}-\frac{\partial^2}{\partial x^2}-\frac{\partial^2}{\partial y^2}-\frac{\partial^2}{\partial z^2}\right)G^{(1),(2)}(t,x,y,z\,;\,\xi,\eta,\zeta) = 0 \qquad (5.92)$$

$$\begin{cases} G^{(1)}(0,x,y,z\;;\xi,\eta,\zeta) = \delta(x-\xi)\delta(y-\eta)\delta(z-\zeta) \\ \left.\dfrac{\partial}{\partial t}G^{(1)}(t,x,y,z\;;\xi,\eta,\zeta)\right|_{t=0} = 0 \end{cases} \tag{5.93a}$$

$$\begin{cases} G^{(2)}(0,x,y,z\;;\xi,\eta,\zeta) = 0 \\ \left.\dfrac{\partial}{\partial t}G^{(2)}(t,x,y,z\;;\xi,\eta,\zeta)\right|_{t=0} = \delta(x-\xi)\delta(y-\eta)\delta(z-\zeta) \end{cases} \tag{5.93b}$$

(5.92)の解として

$$e^{-i(vkt-\boldsymbol{k}\cdot\boldsymbol{x})}, \quad e^{i(vkt+\boldsymbol{k}\cdot\boldsymbol{x})}$$

の2つがある。ただし $\boldsymbol{x}=(x,y,z)$, $\boldsymbol{k}=(k_x,k_y,k_z)$, $k=\sqrt{\boldsymbol{k}^2}=\sqrt{k_x{}^2+k_y{}^2+k_z{}^2}$.
$G^{(1)}, G^{(2)}$ に対する解はすぐに書き下せる。$\boldsymbol{r}=(x-\xi,y-\eta,z-\zeta)$ として

$$G^{(1)}(t,x,y,z\;;\xi,\eta,\zeta) = \frac{1}{2(2\pi)^3}\int_{-\infty}^{\infty}d^3\boldsymbol{k}\,\{e^{-i(vkt-\boldsymbol{k}\cdot\boldsymbol{r})}+e^{i(vkt+\boldsymbol{k}\cdot\boldsymbol{r})}\} \tag{5.94a}$$

$$G^{(2)}(t,x,y,z\;;\xi,\eta,\zeta) = \frac{i}{2v(2\pi)^3}\int_{-\infty}^{\infty}\frac{d^3\boldsymbol{k}}{k}\{e^{-i(vkt-\boldsymbol{k}\cdot\boldsymbol{r})}-e^{i(vkt+\boldsymbol{k}\cdot\boldsymbol{r})}\} \tag{5.94b}$$

ただし $\int_{-\infty}^{\infty}d^3\boldsymbol{k}=\int_{-\infty}^{\infty}dk_x\int_{-\infty}^{\infty}dk_y\int_{-\infty}^{\infty}dk_z$ である。1次元と同様, $G^{(1)}=\partial G^{(2)}/\partial t$
が成立する。$G^{(2)}$ を計算しよう。$d^3\boldsymbol{k}$ の角度積分を先に実行する。$r=|\boldsymbol{r}|$ と
書いて,

$$\begin{aligned} G^{(2)}(t,x,y,z\;;\xi,\eta,\zeta) &= \frac{1}{v(2\pi)^3}\int_{-\infty}^{\infty}\frac{d^3\boldsymbol{k}}{k}e^{i\boldsymbol{k}\cdot\boldsymbol{r}}\sin vkt \\ &= \frac{2\pi}{v(2\pi)^3}\int_0^{\infty}\frac{k^2dk}{k}\int_{-1}^{1}d\cos\theta\,e^{ikr\cos\theta}\sin vkt \\ &= \frac{2\pi\cdot2}{v(2\pi)^3}\frac{1}{r}\int_0^{\infty}dk\,\sin kr\,\sin vkt \\ &= \frac{-1}{2\pi^2 v}\frac{1}{r}\frac{\partial}{\partial r}\int_0^{\infty}dk\,\frac{\cos kr}{k}\sin vkt \\ &= -\frac{1}{8\pi^2 v}\frac{1}{r}\frac{\partial}{\partial r}\int_{-\infty}^{\infty}\frac{dk}{k}\{\sin k(vt+r)+\sin k(vt-r)\} \end{aligned}$$

ここで(5.86)と同じ積分が現われたので, 結果はすぐに分かる。

$$G^{(2)}(t,x,y,z\;;\xi,\eta,\zeta) = -\frac{1}{4\pi v}\frac{1}{r}\frac{\partial}{\partial r}\theta(v^2t^2-r^2) = \frac{1}{2\pi v}\delta(v^2t^2-r^2)$$

$$= \frac{1}{4\pi vr}\{\delta(vt-r)-\delta(vt+r)\} \tag{5.95}$$

$$G^{(1)}(t,x,y,z\ ;\ \xi,\eta,\zeta) = \frac{1}{4\pi r}\{\delta'(vt-r)-\delta'(vt+r)\} \tag{5.96}$$

$r>0$ であるから，$t>0$ に対しては右辺の $\delta(vt+r)$ や $\delta'(vt+r)$ は効かない．3 次元では 1 次元と違い，$vt=r$ を満たす点のみが $G^{(1),(2)}$ つまり $u(t,x,y,z)$ に効いている．(5.80)に対応する式は次のようになる．

$$u(t,x,y,z) = \int_{-\infty}^{\infty} d^3\boldsymbol{\xi}\,G^{(1)}(t,x,y,z\ ;\ \xi,\eta,\zeta)f(\xi,\eta,\zeta)$$

$$+ \int_{-\infty}^{\infty} d^3\boldsymbol{\xi}\,G^{(2)}(t,x,y,z\ ;\ \xi,\eta,\zeta)g(\xi,\eta,\zeta) \tag{5.97}$$

ただし $\int_{-\infty}^{\infty} d^3\boldsymbol{\xi} \equiv \int_{-\infty}^{\infty} d\xi \int_{-\infty}^{\infty} d\eta \int_{-\infty}^{\infty} d\zeta$．$vt=r$ を満たす点とはいっても，点 (ξ,η,ζ) を (x,y,z) から見た角度部分は任意であるので，(x,y,z) を中心として半径 vt の球面がすべて(5.97)の積分に寄与している．

5-4　拡散型方程式と初期値問題

1 次元拡散方程式

1 次元拡散方程式は，(5.42)で $y=t$，$C=D=F=0$，$E=-\frac{1}{\lambda}$ ($\lambda>0$) とおいて得られる．$u(x,t)$ に対して次の方程式を考えることになる．

$$\frac{1}{\lambda}\frac{\partial u}{\partial t} - \frac{\partial^2 u}{\partial x^2} = 0 \tag{5.98}$$

λ は**拡散係数**(diffusion coefficient)とよばれる．この問題を $t>0$，$-\infty<x<\infty$ の領域で考え，初期条件

$$u(x,0) = f(x) \tag{5.99}$$

のもとに解こう．グリーン関数 $G(x,t\ ;\ y)$ を

$$\left(\frac{1}{\lambda}\frac{\partial}{\partial t} - \frac{\partial^2}{\partial x^2}\right)G(x,t\ ;\ y) = 0 \tag{5.100}$$

$$G(x,0\ ;\ y) = \delta(x-y) \tag{5.101}$$

で定義する. まず(5.100)の解として

$$e^{ikx - \lambda k^2 t}$$

が存在するので, これを重ね合わせる. (5.101)を考慮して

$$G(x, t \, ; \, y) = \frac{1}{2\pi} \int_{-\infty}^{\infty} e^{ik(x-y) - \lambda k^2 t} dk \tag{5.102}$$

が求めるものであることはすぐに分かる. k 積分は実行できる.

$$
\begin{aligned}
G(x, t \, ; \, y) &= \frac{1}{2\pi} \int_{-\infty}^{\infty} dk \, \exp\left[-\lambda t \left(k - i \frac{x-y}{2\lambda t} \right)^2 \right] e^{-(x-y)^2/4\lambda t} \\
&= \sqrt{\frac{1}{4\pi\lambda t}} \, e^{-(x-y)^2/4\lambda t}
\end{aligned}
\tag{5.103}
$$

よって

$$u(x, t) = \sqrt{\frac{1}{4\pi\lambda t}} \int_{-\infty}^{\infty} e^{-(x-y)^2/4\lambda t} f(y) dy \tag{5.104}$$

これは $t = 0$ で $f(x)$ の形をしていた u が, 時間がたつと拡散して $t \to \infty$ では x によらない一様な形

$$u(x, \infty) = \sqrt{\frac{1}{4\pi\lambda t}} \int_{-\infty}^{\infty} f(y) dy$$

に近づくことを示している. **拡散型**とよばれるゆえんである. 例えば $f(x) = \delta(x)$ で与えられるように, $t = 0$ では $x = 0$ に集中していたとしよう. (5.104) より $t > 0$ では

$$u(x, t) = \sqrt{\frac{1}{4\pi\lambda t}} \, e^{-x^2/4\lambda t}$$

というふうに $x = 0$ のまわりにどんどんぼやけていき, $t \to \infty$ では

$$u(x, t) = \sqrt{\frac{1}{4\pi\lambda t}}$$

に近づいていく. 時刻 t での x の拡がりの目安は $e^{-x^2/4\lambda t} = e^{-1}$ で与えられ, $x = \sqrt{4\lambda t}$ の幅をもつガウス型となっている.

3次元拡散方程式
3次元へ拡張しよう. そのため $u(t, x, y, z)$ に対して

$$\begin{cases} \left(\dfrac{1}{\lambda}\dfrac{\partial}{\partial t}-\dfrac{\partial^2}{\partial x^2}-\dfrac{\partial^2}{\partial y^2}-\dfrac{\partial^2}{\partial z^2}\right)u = 0 & (5.105)\\[2mm] u(0,x,y,z) = f(x,y,z) & (5.106) \end{cases}$$

を考える. 答のみ書けば, $r=(x-\xi, y-\eta, z-\zeta)$ として

$$G(t,x,y,z\,;\,\xi,\eta,\zeta) = \left(\dfrac{1}{4\pi\lambda t}\right)^{3/2}e^{-r^2/4\lambda t} \qquad (5.107)$$

$$u(t,x,y,z) = \left(\dfrac{1}{4\pi\lambda t}\right)^{3/2}\int_{-\infty}^{\infty}e^{-r^2/4\lambda t}f(\xi,\eta,\zeta)d^3\xi \qquad (5.108)$$

である. 例として $f(\xi,\eta,\zeta)=\delta(\xi)\delta(\eta)\delta(\zeta)$ をとると

$$u(t,x,y,z) = \left(\dfrac{1}{4\pi\lambda t}\right)^{3/2}\exp\left(-\dfrac{x^2+y^2+z^2}{4\lambda t}\right)$$

である. 球対称性を保ったまま $x=y=z=0$ に存在した鋭いピークが t とともにぼやけていくのが分かる.

随伴方程式と随伴グリーン関数

ラプラス型の偏微分演算子 $K[u]$ に対しては, グリーンの公式(5.44)が成立し, それから(5.49)のように u を境界の値と非斉次項 f, それにグリーン関数 G の積分で与えることができた. じつはいま考えている拡散型偏微分方程式に対して(5.44)の形の公式を得るには, ちょっと工夫が必要である. それは拡散型偏微分方程式が t に関して1階であることに由来する.

さて,

$$K[u] = \dfrac{1}{\lambda}\dfrac{\partial u}{\partial t}-\dfrac{\partial^2 u}{\partial x^2} \qquad (5.109)$$

に対して

$$\tilde{K}[u] = -\dfrac{1}{\lambda}\dfrac{\partial u}{\partial t}-\dfrac{\partial^2 u}{\partial x^2} \qquad (5.110)$$

を $K[u]$ に対する**随伴表式**（ずいはん）, $\tilde{K}$ を K に対する**随伴演算子**(adjoint operator)とよぶ.

(x,t) 面のある領域を S, その周辺を $\bar{S}$ とおいて, まず S 内の次の積分を考える. $v(x,t), u(x,t)$ を勝手な2つの関数として

$$vK[u] - u\tilde{K}[v] = v\left(\frac{1}{\lambda}\frac{\partial u}{\partial t} - \frac{\partial^2 u}{\partial x^2}\right) - u\left(-\frac{1}{\lambda}\frac{\partial v}{\partial t} - \frac{\partial^2 v}{\partial x^2}\right)$$

$$= -\frac{\partial}{\partial x}\left(v\frac{\partial u}{\partial x} - u\frac{\partial v}{\partial x}\right) + \frac{1}{\lambda}\frac{\partial}{\partial t}(uv)$$

のように書ける．ここで

$$\frac{1}{\lambda}uv = Q, \quad -\left(v\frac{\partial u}{\partial x} - u\frac{\partial v}{\partial x}\right) = P$$

とおいて，2次元のガウスの定理を用いて変形していく．

$$\iint_S \{vK[u] - u\tilde{K}[v]\}dxdt = \iint_S \left(\frac{\partial P}{\partial x} + \frac{\partial Q}{\partial t}\right)dxdt = \oint_{\bar{S}}(Pdt - Qdx)$$

$$= -\oint_{\bar{S}}\left\{\left(v\frac{\partial u}{\partial x} - u\frac{\partial v}{\partial x}\right)dt + \frac{1}{\lambda}uvdx\right\} \quad (5.111)$$

さてここで $\tilde{K}$ に関する随伴グリーン関数 $\tilde{G}$ を

$$\tilde{K}[\tilde{G}] = \left(-\frac{1}{\lambda}\frac{\partial}{\partial t} - \frac{\partial^2}{\partial x^2}\right)\tilde{G}(x, t\,;\,\xi, \tau) = \delta(x-\xi)\delta(t-\tau) \quad (5.112)$$

を満たすものとして導入する．初期値問題(5.99)を考えよう．このときは $\tilde{G}$ に対する条件として，$t > \tau$ に対しては

$$\tilde{G}(x, t\,;\,\xi, \tau) = 0 \quad (5.113)$$

を課すと都合がよい．(5.112),(5.113)を満たす $\tilde{G}$ は，フーリエ変換を用いると簡単に求まる．$\tilde{G}$ は $x-\xi, t-\tau$ の関数であることが予想されるので，

$$\tilde{G}(x, t\,;\,\xi, \tau) = \frac{1}{(2\pi)^2}\int_{-\infty}^{\infty}\int_{-\infty}^{\infty}\tilde{g}(k, \omega)e^{i\{k(x-\xi)-\omega(t-\tau)\}}dkd\omega$$

と変換する．δ 関数も

$$\delta(x-\xi)\delta(t-\tau) = \frac{1}{(2\pi)^2}\int_{-\infty}^{\infty}\int_{-\infty}^{\infty}e^{i\{k(x-\xi)-\omega(t-\tau)\}}dkd\omega$$

と書けるので，これらを(5.112)へ代入しフーリエ逆変換すれば

$$\tilde{g}(k, \omega) = \frac{1}{i\dfrac{\omega}{\lambda} + k^2} \quad (5.114)$$

となり

$$\tilde{G}(x, t\,;\,\xi, \tau) = \frac{1}{(2\pi)^2} \int_{-\infty}^{\infty} e^{ik(x-\xi)} dk \int_{-\infty}^{\infty} \frac{e^{-i\omega(t-\tau)}}{i\dfrac{\omega}{\lambda} + k^2} d\omega \qquad (5.115)$$

を得る. さて積分

$$\int_{-\infty}^{\infty} \frac{e^{-i\omega(t-\tau)}}{i\dfrac{\omega}{\lambda} + k^2} d\omega \qquad (5.116)$$

を考えよう. これを留数定理を用いて計算する. 複素数 ω のガウス平面で(5.116)の被積分関数は $\omega = i\lambda k^2$ に 1 位の極をもつ(図 5-6 参照). 積分を $\int_{-R}^{R} d\omega$ として $R \to \infty$ の極限を最後にとることにする. $t-\tau < 0$ のときは Im $\omega > 0$ の上半面に半円周 C_1 をつけ加えて複素積分しても $R \to \infty$ ではこのつけ加えた分はゼロとなる. なぜなら, この部分においては, $R \to \infty$ で $e^{-i\omega(t-\tau)}$ が十分早くゼロへいくからである. このとき $\omega = i\lambda k^2$ における極が閉じた積分路の内部にあるので, そこでの留数が積分値を与える. 一方, $t-\tau > 0$ なら下半面の半円周 C_2 をつけ加える. このときは閉じた積分路の内部には特異点はないので, 積分の値はゼロである. よって

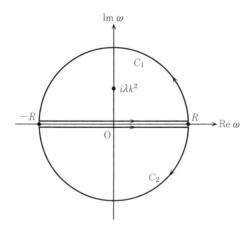

図 5-6

$$\int_{-\infty}^{\infty} \frac{e^{-i\omega(t-\tau)}}{i\frac{\omega}{\lambda}+k^2} d\omega = \begin{cases} 2\pi\lambda e^{-\lambda k^2(\tau-t)} & (t<\tau) \\ 0 & (t>\tau) \end{cases}$$

となる．これを(5.115)へ代入すると，k 積分は次のように実行できる．$t<\tau$ として

$$\int_{-\infty}^{\infty} e^{ik(x-\xi)} e^{-\lambda k^2(\tau-t)} dk$$
$$= \int_{-\infty}^{\infty} \exp\left[-\lambda(\tau-t)\left\{k-\frac{i(x-\xi)}{2\lambda(\tau-t)}\right\}^2\right] e^{-(x-\xi)^2/4\lambda(\tau-t)} dk$$
$$= \sqrt{\frac{\pi}{\lambda(\tau-t)}} e^{-(x-\xi)^2/4\lambda(\tau-t)}$$

結局，

$$\tilde{G}(x,t;\xi,\tau) = \begin{cases} \sqrt{\frac{\lambda}{4\pi(\tau-t)}} e^{-(x-\xi)^2/4\lambda(\tau-t)} & (t<\tau) \\ 0 & (t>\tau) \end{cases} \tag{5.117}$$

を得る．この $\tilde{G}$ が(5.112)はもちろん，$t>\tau$ に対して(5.113)も満たしているのである．

さて初期値問題を解く準備ができた．ここで(5.111)において $v=\tilde{G}$ を代入する．$\tilde{K}[\tilde{G}]=\delta(x-\xi)\delta(t-\tau)$ であるから，(5.111)の左辺第2項からは $-u(\xi,\tau)$ が出てくる．$K[u]$ はもちろんゼロである．よって(5.111)は次のように書ける．

$$u(\xi,\tau) = \oint_{\bar{S}}\left[\left\{\tilde{G}(x,t;\xi,\tau)\frac{\partial u(x,t)}{\partial x}-u(x,t)\frac{\partial \tilde{G}(x,t;\xi,\tau)}{\partial x}\right\}dt\right.$$
$$\left. +\frac{1}{\lambda}u(x,t)\tilde{G}(x,t;\xi,\tau)dx\right] \tag{5.118}$$

ここで x と t は $\bar{S}$ 上にあるという意味で互いに関数関係にある．さて領域 S を図5-7のような長方形にとる．R,R',T を正として，これらはすべて $+\infty$ へ近づくものとする．点 (ξ,τ) はこの長方形の内部にあるとする．

(5.118)の右辺の積分を

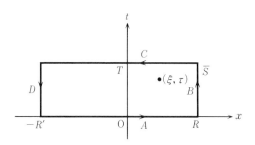

図 5-7

$$\oint_{\bar{S}}(\cdots)dt + \oint_{\bar{S}}(\cdots)dx$$

と書けば，第1項には辺 B, D，第2項には辺 A, C のみが効く．ところが R，$R' \to \infty$ では辺 B, D からの寄与はゼロとなる．実際 B, D 上での積分では x は R または $-R'$ に固定されているが，$\oint_{\bar{S}}(\cdots)dt$ の積分は，$t > \tau$ の領域では $\tilde{G} = 0$ ゆえもともとゼロであり，$t < \tau$ では(5.117)の形をみると $R, R' \to \infty$ で $\tilde{G} \to 0$ となり，この領域も積分値には効かない．さて $\oint_{\bar{S}}(\cdots)dx$ への辺 C の寄与もゼロである．C 上では $t > \tau$ であるから，$\tilde{G} = 0$ なのである．結局(5.118) の右辺へは辺 A 上の積分のみが残って，

$$u(\xi, \tau) = \frac{1}{\lambda} \int_{-\infty}^{\infty} u(x, 0)\tilde{G}(x, 0 ; \xi, \tau)dx = \sqrt{\frac{1}{4\pi\lambda\tau}} \int_{-\infty}^{\infty} e^{-(x-\xi)^2/4\lambda\tau}f(x)dx$$

となり，(5.104)と一致する答が得られた．

第5章演習問題

[1] 1-3節の最後に説明した複素積分の方法を用いて，(5.15)の和を直接計算し (5.12)と一致することを示しなさい(少々計算を必要とする)．

[2] (5.35)の下の式

$$x(t) = C' \cos \omega t + D' \sin \omega t + \int_a^b G(t, \xi)f(\xi)d\xi$$

の中に(5.35)を代入し，(5.31)と一致することを示しなさい.

[3]　フーリエ変換の方法を用いて，次の偏微分方程式の初期値問題を解きなさい．特に(b)については，(5.89)に一致することを確かめなさい.

（a）

$$\begin{cases} \dfrac{\partial u(x,t)}{\partial t} = \dfrac{\partial u(x,t)}{\partial x} \\ u(x,0) = f(x) \end{cases}$$

（b）

$$\begin{cases} \dfrac{\partial^2 u(x,t)}{\partial t^2} = \dfrac{\partial^2 u(x,t)}{\partial x^2} \\ u(x,0) = f(x), \quad \left. \dfrac{\partial u(x,t)}{\partial t} \right|_{t=0} = g(x) \end{cases}$$

6 ラプラス変換

いままで見てきたフーリエ変換においては，$-\infty\leqq x\leqq\infty$ で定義された関数 $f(x)$ に対して $e^{-i\omega x}$ を掛けて $-\infty\leqq x\leqq\infty$ の間で積分した．こうしてフーリエ変換 $F(\omega)$ が求まる．このとき，$f(x)$ の $x=\pm\infty$ における振舞いが悪くてこの積分が収束せず，$F(\omega)$ が定義できない場合がある．ラプラス変換は区間 $0\leqq x\leqq\infty$ のみを考え，$e^{-i\omega x}$ の代りに $e^{-\gamma x}$ を掛けて $0\leqq x\leqq\infty$ で積分する．ここで γ は積分が収束するような値にとる．こうしてできた(変換された)関数を $L(\gamma)$ と書き，$f(x)$ の**ラプラス変換**(Laplace transformation)とよぶ．

　問題は当然 $L(\gamma)$ から $f(x)$ が再現できるかということになる．$0\leqq x\leqq\infty$ で再現されたとすると $x<0$ ではどうなっているのかも知りたい．この章ではこれらを調べ，ラプラス変換の理工学上の応用例についてもいくつか述べる．特に微分方程式を $x=0$ での初期条件のもとに $x>0$ の範囲で解く際には，ラプラス変換はたいへん都合がよいことが分かる．このことは，フーリエ級数の場合の境界条件，つまり $x=-L$ と $x=L$ での値の線形結合で与えられるものとは大きな違いである．

6-1　ラプラス変換とは

次の関数を考えよう．

$$g(x) = \begin{cases} e^{-\gamma x}f(x) & (x \geqq 0) \\ 0 & (x < 0) \end{cases} \tag{6.1}$$

ここで γ は $g(x)$ が $x \to \infty$ で十分はやくゼロに近づくようにとる. たとえば $x \to \infty$ のとき $f(x) \to e^{ax}$ であれば $\gamma > a$ とし, $f(x) \to x^n$ であれば $\gamma > 0$ とすればよい. しかし $f(x) \to e^{\alpha x^2}$ $(\alpha > 0)$ のときは条件をみたす γ は存在しないので, このような $f(x)$ は考えないことにする.

十分はやくというのは具体的には $g(x)$ のフーリエ変換が存在するくらいにはやくという意味である. つまり

$$G(\omega) = \int_{-\infty}^{\infty} g(x)e^{-i\omega x}dx = \int_0^{\infty} e^{-\gamma x}f(x)e^{-i\omega x}dx$$
$$= \int_0^{\infty} e^{-(\gamma+i\omega)x}f(x)dx \equiv L_f(\gamma+i\omega) \tag{6.2}$$

が存在するとする. このような γ は一意ではないが, 以下では γ を1つ決めてそれは固定しておくものとする. しかし結果は γ の値を変えても変わらないことが後に分かる. さらに (6.2) においては, $x=0$ でも積分が収束する場合のみ考えることはもちろんである.

(6.2) で $f(x)$ のラプラス変換 $L_f(s)$ を, 「$f(x)$ のラプラス変換でそれは s の関数」という意味で,

$$L_f(s) = \int_0^{\infty} e^{-sx}f(x)dx \tag{6.3}$$

と定義した. s は一般に複素数で, (6.2) の場合は

$$s = \gamma + i\omega \tag{6.4}$$

である. $G(\omega)$ が存在するための条件は, s の実数部分つまり ${\rm Re}\,s$ に対するものとなる.

さて $g(x)$ を逆フーリエ変換で $G(\omega)$ から求めることができる. (3.5) より

$$g(x) = \frac{1}{2\pi}\int_{-\infty}^{\infty} G(\omega)e^{i\omega x}d\omega \tag{6.5}$$

$g(x)$ に不連続点がある場合も含めると, (2.5) で見たように左辺は $\frac{1}{2}\{g(x+0)+g(x-0)\}$ であるものと了解すればよい. (6.5) を用いると (6.3) の逆変換

つまりラプラス逆変換が求まる.

6-2 ラプラス逆変換

$(6.1),(6.2),(6.5)$から

$$g(x) = \frac{1}{2\pi}\int_{-\infty}^{\infty} L_f(\gamma+i\omega)e^{i\omega x}d\omega \tag{6.6}$$

ここで(6.4)を用いて積分をωから複素数sへ変換する. $e^{i\omega x}=e^{-\gamma x}e^{sx}$, $ds=id\omega$であるから

$$g(x) = \frac{e^{-\gamma x}}{2\pi i}\int_{\gamma-i\infty}^{\gamma+i\infty} e^{sx}L_f(s)ds \tag{6.7}$$

フーリエ逆変換の定理から,この$g(x)$が(6.1)に等しいのであるから,$x>0$では

$$f(x) = \frac{1}{2\pi i}\int_{\gamma-i\infty}^{\gamma+i\infty} e^{sx}L_f(s)ds \quad (x>0) \tag{6.8}$$

というラプラス逆変換の公式が得られる. $g(x)$に不連続点があるときは

$$\frac{1}{2}\{g(x+0)+g(x-0)\} = \frac{1}{2}e^{-\gamma x}\{f(x+0)+f(x-0)\}$$

に注意すると$f(x)$にも不連続点が出て,そのときの逆変換の表式は

$$\frac{1}{2}\{f(x+0)+f(x-0)\} = \frac{1}{2\pi i}\int_{\gamma-i\infty}^{\gamma+i\infty} e^{sx}L_f(s)ds \tag{6.9}$$

となり,これが一般的な公式である. 証明は(6.24)で行なう. $x<0$では$g(x)=0$であるから

$$0 = \frac{1}{2\pi i}\int_{\gamma-i\infty}^{\gamma+i\infty} e^{sx}L(s)ds \quad (x<0) \tag{6.10}$$

となるはずである. 以下,公式(6.9)と(6.10)をさらに吟味していくことにする. 特に(6.10)は不思議な感じがすると思う. さらにこれらの公式でγの値は(6.3)が収束すれば何でもよいのである. このことを含めて理解しなければならない.

その際，$f(x)$ がもともと $x<0$ でゼロである関数と見なして，いちいち (6.1) で導入した $g(x)$ を用いないことにする．この方が一般的であって分かりやすい．これは全領域で定義された別の関数 $\tilde{f}(x)$ に，(2.77) で現われた単位階段関数

$$\theta(x) = \begin{cases} 1 & (x>0) \\ 0 & (x<0) \end{cases} \tag{6.11}$$

を掛けたものと見なしてもよい．

$$f(x) = \theta(x)\tilde{f}(x) \tag{6.12}$$

$f(x)$ と $\tilde{f}(x)$ のラプラス変換は当然同じで，その逆変換は (6.10) の教えるように，$\tilde{f}(x)$ を与えるのではなく $f(x)$ であることに注意しよう．以下 (6.12) で定義された関数 $f(x)$ を考えることにする．

$L_f(s)$ の性質

ラプラス逆変換の公式は複素積分で表わされるので，$L_f(s)$ の複素平面上での解析性が重要である．いま (6.3) で定義される $L_f(s)$ はある γ_0 に対して $\mathrm{Re}\,s > \gamma_0$ であるすべての複素数 s に対して収束するとしよう．例えば $x \to \infty$ のとき $f(x) \to e^{ax}$ なら $\gamma_0 = a$ にとれる．そのときすぐに，次のことがいえる．

　「$L_f(s)$ は $\mathrm{Re}\,s > \gamma_0$ で正則である．」

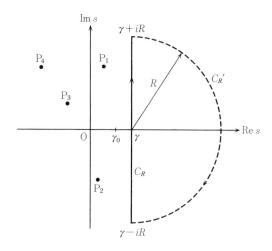

図 6-1

いい換えると，$L_f(s)$ は直線 $\mathrm{Re}\, s = \gamma_0$ の右側には特異点をもたない．一方，$\mathrm{Re}\, s \leqq \gamma_0$ には特異点が一般には存在する．この状況を図 6-1 に示してある．図では，孤立特異点を仮定し，黒丸 $\mathrm{P}_1, \mathrm{P}_2, \cdots$ で表わしてある．積分路は C_R で示してあるもので，$R \to \infty$ の極限をとるものとする．具体的な例は次節で見られる．

6-3 ラプラス変換と逆変換の例

(6.3)と(6.7)を用いたいくつかの例をあげる．各々についてラプラス変換が存在するための γ の最小値 γ_0 の値を書くことにする．逆変換(6.7)においては，積分路は $\mathrm{Re}\, s = \gamma > \gamma_0$ を満たす限り任意の直線である．

[**例1**]
$$f(x) = \theta(x) = \begin{cases} 1 & (x > 0) \\ 0 & (x < 0) \end{cases} \tag{6.13}$$

これは $x = 0$ で図 6-2 のように，不連続性
$$f(x+0) - f(x-0) = 1 \tag{6.14}$$
をもっている．これによって，公式(6.9)が成立しているかどうかを確かめることができる．この場合明らかに $\gamma_0 = 0$ である．

ラプラス変換： $$L_f(s) = \int_0^\infty e^{-sx} dx = \frac{1}{s} \tag{6.15}$$

逆変換： $$\frac{1}{2\pi i} \int_{\gamma - i\infty}^{\gamma + i\infty} \frac{e^{sx}}{s} ds \tag{6.16}$$

これが(6.13)となるかどうかを確かめよう．この積分を計算するために，s

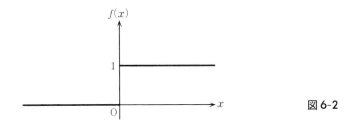

図6-2

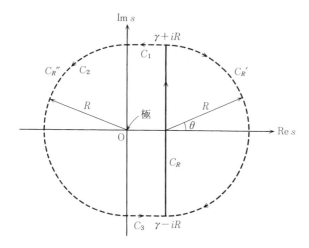

図 6-3

の複素平面の図が図 6-3 に示されている．積分は C_R に沿って行なわれ最後に $R\to\infty$ とする．$L_f(s)$ は $s=0$ の極以外は正則であり，$|s|\to\infty$ で $L_f(s)\to0$ という性質をもつ．この事が重要な役割を演じている．

　まず $x<0$ とする．$C_{R'}$ を図のように半径 R の半円とし $C_R+C_{R'}$ で閉曲線をなすものとする．e^{sx} も正則な関数なので，コーシーの積分定理から

$$\frac{1}{2\pi i}\int_{C_R}\frac{e^{sx}}{s}ds+\frac{1}{2\pi i}\int_{C_{R'}}\frac{e^{sx}}{s}ds=0 \qquad (6.17)$$

第 1 項は $R\to\infty$ で(6.16)となる．第 2 項の $R\to\infty$ での振舞いを知るには，次のようにすればよい．半円 $C_{R'}$ 上で s は $s=\gamma+Re^{i\theta}$（$-\pi/2\leqq\theta\leqq\pi/2$）と書ける．$ds=Rie^{i\theta}d\theta$ から $|ds|=Rd\theta$ である．さて次の不等式から出発する．

$$\left|\frac{1}{2\pi i}\int_{C_{R'}}\frac{e^{sx}}{s}ds\right|\leqq\frac{1}{2\pi}\int_{C_{R'}}\frac{|e^{sx}|}{|s|}|ds| \qquad (6.18)$$

ところが $e^{sx}=e^{\gamma x}e^{xRe^{i\theta}}=e^{\gamma x}e^{xR\cos\theta}e^{ixR\sin\theta}$ であるから，$|e^{sx}|=e^{\gamma x}e^{xR\cos\theta}$，さらに $|s|=|\gamma+Re^{i\theta}|>R$ であるから，(6.18)は次式で上からおさえられる．

$$\frac{e^{\gamma x}}{2\pi}\int_{-\pi/2}^{\pi/2}\frac{e^{xR\cos\theta}}{R}Rd\theta=\frac{e^{\gamma x}}{2\pi}2\int_0^{\pi/2}e^{xR\cos\theta}d\theta$$

ここで $0\leqq\theta\leqq\pi/2$ で成立する不等式 $\cos\theta\geqq1-\dfrac{2}{\pi}\theta$ を用いると上式はさらに次

のように上からおさえられる.

$$\frac{e^{\gamma x}}{2\pi}2\int_0^{\pi/2}e^{xR\left(1-\frac{2}{\pi}\theta\right)}d\theta=\frac{e^{\gamma x}}{2xR}\left(1-e^{xR}\right)$$

これは $x<0$ である限り $R\to\infty$ でゼロへいく. よって(6.17)の左辺第2項は $R\to\infty$ でゼロとなり, 結局

$$\frac{1}{2\pi i}\int_{\gamma-i\infty}^{\gamma+i\infty}\frac{e^{sx}}{s}ds=0\qquad(x<0)$$

が示された.

次に $x>0$ では図6-3のように C_R'' と C_R で閉曲線をつくる. こんどは e^{sx}/s のもつ $s=0$ での1位の極が $C_R''+C_R$ の内部にあるので, 留数の定理より(留数は1),

$$1=\frac{1}{2\pi i}\int_{C_R}\frac{e^{sx}}{s}ds+\frac{1}{2\pi i}\int_{C_{R''}}\frac{e^{sx}}{s}ds\qquad(6.19)$$

C_R'' は証明の都合上3つに分かれており, $C_R''=C_1+C_2+C_3$ と書かれる. 図6-3のように C_1,C_3 は ${\rm Re}\,s$ 軸に平行で, C_2 は原点を中心とする半径 R の半円である. (6.19)の第1項は $R\to\infty$ でやはり(6.16)になる. 第2項のうち C_1+C_3 を考えよう. C_1 上では $s=\eta+iR$ ($0\leqq\eta\leqq\gamma$) であって, $ds=d\eta$ となるから

$$\frac{1}{2\pi i}\int_{C_1}\frac{e^{sx}}{s}ds=\frac{1}{2\pi i}e^{iRx}\int_\gamma^0\frac{e^{\eta x}}{\eta+iR}d\eta$$

を得る. よって

$$\left|\frac{1}{2\pi i}\int_{C_1}\frac{e^{sx}}{s}ds\right|\leqq\frac{1}{2\pi}\frac{1}{R}\int_0^\gamma e^{\eta x}d\eta\to0\qquad(R\to\infty)$$

C_3 も同様である. C_2 については, (6.18)以下で行なったように(もっと簡単に) $R\to\infty$ でゼロへいくことが示せる(章末演習問題[1]参照). 結局(6.19)より

$$1=\frac{1}{2\pi i}\int_{\gamma-i\infty}^{\gamma+i\infty}\frac{e^{sx}}{s}ds\qquad(x>0)$$

が成立しこれは $f(x)$ の $x>0$ での値である. じつは C_R'' についての積分の $R\to\infty$ の極限に関して, もっと一般のジョルダンの補助定理が存在する. これはこの例の後に述べることにする.

さて問題は $x=0$ である．$x=0$ では，$f(x)$ は不連続であるが

$$\frac{1}{2}\{f(+0)+f(-0)\} = \frac{1}{2}$$

であるから，公式(6.9)によれば $e^{sx}\big|_{x=0}=1$ を用いると

$$\frac{1}{2\pi i}\int_{\gamma-i\infty}^{\gamma+i\infty}\frac{1}{s}\,ds = \frac{1}{2} \tag{6.20}$$

となるはずである．これは微妙な積分である．微妙というのは，まず積分が両端で収束するかどうかが分からない．収束するとしても積分路を右へずらせばゼロ，左へずらせば $s=0$ の極を拾って1となる．(6.20)はその相加平均であることを言っている．このことを調べるために，(6.20)を極限としてきちんと定義することにする．特に $x\to0$ と $\pm i\infty$ への極限のからみあいが重要である．以下の議論は一般の $f(x)$ について，そしてすべての x について(不連続点に限らず)成立するものである．

まず，有限の $R>0$ を用いて $f_R(x)$ を定義する．

$$f_R(x) = \frac{1}{2\pi i}\int_{\gamma-iR}^{\gamma+iR}e^{sx}L_f(s)ds = \frac{1}{2\pi i}\int_{\gamma-iR}^{\gamma+iR}e^{sx}\int_{-\infty}^{\infty}e^{-sy}f(y)dyds$$

$$= \frac{1}{\pi}\int_{-\infty}^{\infty}\frac{\sin R(x-y)}{x-y}e^{\gamma(x-y)}f(y)dy \tag{6.21}$$

ここで $f(y)$ は(6.13)で与えられるものである．(y と s の積分の交換を行なったが，これは y の無限積分が一様収束であることがいえるので許される．)(6.21)を得るには，$s=\gamma+i\xi$ ($-R\leqq\xi\leqq R$) と変換すると分かりやすい．ここで(6.19)において $y'=y-x$ と置きかえ，その後 y' を y と書き直すと，

$$f_R(x) = \frac{1}{\pi}\int_{-\infty}^{\infty}\frac{\sin Ry}{y}e^{-\gamma y}f(x+y)dy$$

$$= \frac{1}{\pi}\int_{0}^{\infty}\frac{\sin Ry}{y}e^{-\gamma y}f(x+y)dy + \frac{1}{\pi}\int_{0}^{\infty}\frac{\sin Ry}{y}e^{\gamma y}f(x-y)dy \tag{6.22}$$

を得る．さらに公式(3.18)を用いてすこし変形する．

$$f_R(x)-\frac{1}{2}\{f(x+0)-f(x-0)\} = \frac{1}{\pi}\int_{0}^{\infty}\frac{\sin Ry}{y}\{e^{-\gamma y}f(x+y)-f(x+0)\}dy$$

$$+\frac{1}{\pi}\int_0^\infty \frac{\sin Ry}{y}\{e^{ry}f(x-y)-f(x-0)\}dy$$
$$(6.23)$$

$R\to\infty$ で右辺の2つの項がそれぞれゼロとなることは公式(3.19)より理解できるので,

$$\lim_{R\to\infty} f_R(x) = \frac{1}{2}\{f(x+0)+f(x-0)\} \qquad (6.24)$$

これはすべての x について成立する.特に(6.13)の不連続点 $x=0$ では,(6.24)の右辺は1/2となる.一方,左辺に形式的に $x=0$ を入れるとちょうど(6.20)の左辺となり,結局は(6.20)が成立していたことが分かる.上の証明は(6.13)の $f(x)$ について,$x=0$ の不連続性に関するものに限らず成立する.(6.24)の x は任意であるから,一般的に公式(6.9)を証明したことになっている.これで(6.13)の例について,逆変換が正しく $f(x)$ を再現していることが分かる.▌

ここで173ページで予告したジョルダンの補助定理を証明しよう.

ジョルダンの補助定理　複素関数 $F(z)$ は上半平面,つまり $z=x+iy$ と書いたとき $y>0$,で正則であるとする.このとき原点を中心として半径 R の上半平面の部分にある半円を積分路 C_R とする.さらに $|z|\to\infty$ としたとき $F(z)$ が上半平面で一様に $F(z)\to0$ となるとする.このとき x を正の実数($x>0$)に対して,

$$K_R \equiv \int_{C_R} e^{ixz}F(z)dz \to 0 \qquad (R\to\infty)$$

が成立する(図6-4参照).

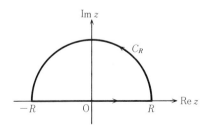

図6-4

［証明］

$z=Re^{i\theta}$ $(0\leqq\theta\leqq\pi)$ とすると, $dz=iRe^{i\theta}d\theta$, $e^{ixz}=e^{ixR\cos\theta}e^{-xR\sin\theta}$ であるから,

$$|K_R|\leqq\int_{C_R}|e^{ixz}||F(z)||dz|=\int_0^{\pi}e^{-xR\sin\theta}|F(Re^{i\theta})|Rd\theta$$

ここで $R\to\infty$ のとき $F(z)$ が一様にゼロへいくので, R が与えられると $|F(Re^{i\theta})|<\varepsilon$ なる ε が存在する. この ε は $R\to\infty$ でゼロへ近づく. よって

$$|K_R|<\varepsilon R\int_0^{\pi}e^{-xR\sin\theta}d\theta=2\varepsilon R\int_0^{\pi/2}e^{-xR\sin\theta}d\theta$$

ここで $0\leqq\theta\leqq\dfrac{\pi}{2}$ では $\sin\theta\geqq\dfrac{2}{\pi}\theta$, $x>0$ であるから

$$|K_R|<2\varepsilon R\int_0^{\pi/2}e^{-\frac{2xR}{\pi}\theta}d\theta=\frac{\varepsilon\pi}{x}(1-e^{-xR})\to 0\qquad(R\to\infty)$$

となる. ∎

なお(6.19)の積分も適当な変数変換をすれば, このジョルダンの補助定理の一例となる.

［例2］
$$f(x)=\begin{cases}x & (x\geqq0)\\ 0 & (x<0)\end{cases}$$

これは $x=0$ で連続で, $f(x)$ に不連続性はない. やはり $\gamma_0=0$ である.

ラプラス変換: $\quad L_f(s)=\displaystyle\int_0^{\infty}e^{-sx}xdx=\frac{1}{s^2}$ \hfill (6.25)

逆変換: $\quad\dfrac{1}{2\pi i}\displaystyle\int_{\gamma-i\infty}^{\gamma+i\infty}\frac{e^{sx}}{s^2}ds=\begin{cases}x & (x\geqq0)\\ 0 & (x<0)\end{cases}$ \hfill (6.26)

逆変換においては $L_f(s)$ の $s=0$ における2位の極に注意すれば, 例1と同様にジョルダンの補助定理を用いて計算できる.

一般に, n を自然数とすると
$$f(x)=\begin{cases}x^n & (x\geqq0)\\ 0 & (x<0)\end{cases}$$ \hfill (6.27)

については, $L_f(s)$ は $n+1$ 位の極を $s=0$ にもつ.

ラプラス変換: $\quad L_f(s)=\displaystyle\int_0^{\infty}e^{-sx}x^n dx=\frac{n!}{s^{n+1}}$ \hfill (6.28)

逆変換：
$$\frac{1}{2\pi i}\int_{\gamma-i\infty}^{\gamma+i\infty}e^{sx}\frac{n!}{s^{n+1}}ds = \begin{cases} x^n & (x\geqq 0) \\ 0 & (x<0) \end{cases} \tag{6.29}$$

（章末演習問題[2]参照.）逆変換しても $x=0$ で不連続にならないのは，(6.29) で形式的に $x=0$ とおくことが $n\geqq 1$ では許されるからである．$x=0$ とおくと

$$\frac{1}{2\pi i}\int_{\gamma-i\infty}^{\gamma+i\infty}\frac{n!}{s^{n+1}}ds$$

となるが，これは $n\geqq 1$ では収束して，n が自然数である限りゼロとなる．こ れはコーシー積分定理そのものである．

[例3]　$a>0$ として

$$f(x) = \begin{cases} 0 & (x>a) \\ 1 & (0\leqq x\leqq a) \\ 0 & (x<0) \end{cases} \tag{6.30}$$

これは $0\leqq x\leqq a$ の矩形である（図 6-5）．当然 $\gamma_0=0$ である．

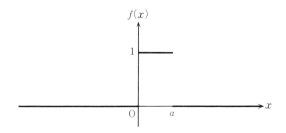

図 6-5

ラプラス変換：
$$L_f(s) = \int_0^a e^{-sx}dx = \frac{1-e^{-sa}}{s} \tag{6.31}$$

逆変換：
$$\frac{1}{2\pi i}\int_{\gamma-i\infty}^{\gamma+i\infty}e^{sx}\frac{1-e^{-sa}}{s}ds$$
$$= \frac{1}{2\pi i}\int_{\gamma-i\infty}^{\gamma+i\infty}\frac{e^{sx}}{s}ds - \frac{1}{2\pi i}\int_{\gamma-i\infty}^{\gamma+i\infty}\frac{e^{s(x-a)}}{s}ds \tag{6.32}$$

第1の積分は例1に現われたものと同じで，$\theta(x)$ を与える．第2の積分は $\theta(x-a)$ であるから，結局(6.32)は

$$\theta(x)-\theta(x-a)$$

となり(6.30)を再現する. $x=0$ では, これまでの議論から分かるように, 第
1項は1/2, 第2項は0となり, $x=a$ では第1項は1, 第2項は1/2となるの
で, 不連続点 $x=0,a$ で(6.9)が成立していることが分かる.

[例4] 実数 a に対して

$$f(x) = \begin{cases} e^{ax} & (x\geqq0) \\ 0 & (x<0) \end{cases} \tag{6.33}$$

このとき $\gamma_0=a$, よって, $s=\gamma+i\omega$ としたとき $\gamma>a$ である.

ラプラス変換: $\quad L_f(s) = \int_0^\infty e^{-sx}e^{ax}dx = \dfrac{1}{s-a}$ (6.34)

逆変換: $\quad \dfrac{1}{2\pi i}\displaystyle\int_{\gamma-i\infty}^{\gamma+i\infty}\dfrac{e^{sx}}{s-a}ds = \begin{cases} e^{ax} \\ 0 \end{cases}$ (6.35)

ここで1位の極が $s=a$ にあることに注意しよう. $x=0$ では

$$\frac{1}{2\pi i}\int_{\gamma-i\infty}^{\gamma+i\infty}\frac{1}{s-a}ds \tag{6.36}$$

という(6.20)と同様の積分が出てくるが, これはやはり正しい極限として計算
すると1/2となり, ここでも(6.9)が成立している.

[例5] たたみこみの例

$$f(x) = \begin{cases} \dfrac{x^4}{12} & (x\geqq0) \\ 0 & (x<0) \end{cases} \tag{6.37}$$

すでに例2で見たように, ラプラス変換は

$$L_f(s) = \frac{1}{12}\frac{4!}{s^5} = \frac{2!}{s^3}\frac{1}{s^2} \tag{6.38}$$

これは $x>0$ で考えると $f_1(x)=x^2$ のラプラス変換と $f_2(x)=x$ のラプラス変換
との積となっている. じつは(6.37)で与えられる $f(x)$ は

$$f(x) = \int_0^x f_1(y)f_2(x-y)dy \tag{6.39}$$

という形で書ける. 一般に(6.39)の積分形を, $f_1(x)$ と $f_2(x)$ のたたみこみと

いう．フーリエ変換に関してのたたみこみは(3.102)ですでに出てきているが，(6.39)はラプラス変換におけるたたみこみである．

たたみこみのラプラス変換に関しては，任意の関数について

$$L_f(s) = L_{f_1}(s)L_{f_2}(s) \tag{6.40}$$

が成立する．(6.38)はこの一例である．(6.40)の証明は次のようにしてできる．

$$L_f(s) = \int_0^\infty e^{-sx}f(x)dx = \int_0^\infty e^{-sx}\int_0^x f_1(y)f_2(x-y)dydx$$

$$= \int_0^x\int_0^\infty e^{-s(x-y)}f_2(x-y)e^{-sy}f_1(y)dydx$$

ここで $x-y=\eta$，$y=\xi$ と変数変換すると，積分範囲は $0\leqq\eta\leqq\infty$，$0\leqq\xi\leqq\infty$ であることが分かる．よって

$$L_f(s) = \int_0^\infty e^{-s\eta}f_2(\eta)d\eta\int_0^\infty e^{-s\xi}f_2(\xi)d\xi = L_{f_1}(s)L_{f_2}(s)$$

を得た．

［例6］ 微分の例

$$f(x) = \begin{cases} nx^{n-1} & (x\geqq 0) \\ 0 & (x<0) \end{cases} \tag{6.41}$$

例2より，

$$L_f(s) = n\frac{(n-1)!}{s^n} = \frac{n!}{s^n} = s\cdot\frac{n!}{s^{n+1}}$$

となるが，これは(6.28)に s を掛けたものである．このことはもとの関数(6.41)が(6.27)を微分したものであることと関係がある．

一般に

$$f'(x) = \frac{d}{dx}f(x)$$

のラプラス変換に関して，次の定理がある．

$$L_{f'}(s) = sL_f(s)-f(0) \tag{6.42}$$

証明をしよう．部分積分を用いて

$$L_{f'}(s) = \int_0^\infty e^{-sx}f'(x)dx = e^{-sx}f(x)\Big|_0^\infty + s\int_0^\infty e^{-sx}f(x)dx = -f(0)+sL_f(s)$$

ここで $L_f(s)$ が存在することから，$e^{-sx}f(x)\to\infty\ (x\to\infty)$ を用いた．(6.41)では $f(0)=0$ であった．

n 階の微分

$$f^{(n)}(x) \equiv \frac{d^n}{dx^n}f(x)$$

に関しては，部分積分をくりかえして

$$L_{f^{(n)}}(s) = s^n L_f(s) - s^{n-1}f(0) - s^{n-2}f'(0) - \cdots - f^{(n-1)}(0) \qquad (6.43)$$

が示せる．1回の微分に s が1つ掛けられる，というのが大体の規則である．つまり次の対応関係がある．

$$\frac{d}{dx} \longleftrightarrow s$$

関係式(6.43)は，後で微分方程式をラプラス変換で解くときに用いられる．

　[例7]　積分の例

$$f(x) = \begin{cases} \dfrac{x^{n+1}}{n+1} & (x\geqq0) \\[2mm] 0 & (x<0) \end{cases} \qquad (6.44)$$

このとき $L_f(s)=\dfrac{n!}{s^{n+2}}=\dfrac{1}{s}\dfrac{n!}{s^{n+1}}$ であるから，これは(6.28)を s で割ったものである．このことは，$x\geqq0$ では(6.44)が(6.27)を x について 0 から x まで積分したものであることと関係がある．

　一般に

$$F(x) = \int_0^x f(y)dy \qquad (6.45)$$

のラプラス変換に関して，次の定理がある．

$$L_F(s) = \frac{L_f(s)}{s} \qquad (6.46)$$

証明は次のとおり．

$$L_F(s) = \int_0^\infty e^{-sx}F(x)dx = \int_0^\infty e^{-sx}\int_0^x f(y)dydx = \int_0^\infty \int_0^x e^{-s(x-y)}e^{-sy}f(y)dydx$$

$x-y=\eta$, $y=\xi$ とおいて, $0\leqq\eta\leqq\infty$, $0\leqq\xi\leqq\infty$ で積分すると

$$L_F(s) = \int_0^\infty e^{-s\eta}d\eta\int_0^\infty e^{-s\xi}f(\xi)d\xi = \frac{1}{s}L_f(s) \tag{6.47}$$

もっと一般に

$$F_n(x) = \int_0^x dx_n \int_0^{x_n}dx_{n-1}\cdots\int_0^{x_3}dx_2\int_0^{x_2}dx_1f(x_1)$$

については

$$L_{F_n}(s) = \frac{1}{s^n}L_f(s) \tag{6.48}$$

が成立する. このときは(6.43)における $f^{(i)}(0)$ のような余計な項はない. 1回の積分が s^{-1} に対応するという関係がある.

$$\int_0^x dx \longleftrightarrow \frac{1}{s} \tag{6.49}$$

[例8] 矩形の連結

同じ形の関数が繰り返し現われる場合として, フーリエ級数のところでも出てきた, 矩形の連結を考える. 図6-6のように, この節の例3の図形を $x>0$ で重ねたものを考える. (フーリエ級数で考えた場合と比較するとおもしろい.) これは $x>0$ で周期 $2a$ の関数である. もちろん $\gamma_0=0$.

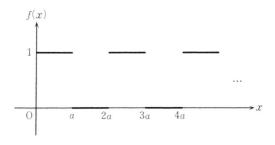

図6-6

ラプラス変換: $L_f(s) = \int_0^a e^{-sx}dx + \int_{2a}^{3a} e^{-sx}dx + \cdots$

$$= \frac{1-e^{-as}}{s} + \frac{e^{-2as}-e^{-3as}}{s} + \cdots \qquad (6.50)$$

$$= \frac{1}{s}\frac{1}{1+e^{-as}} \qquad (6.51)$$

(6.50)の無限和は $\mathrm{Re}\,s > 0$ としておけば収束し，和をとった後の関数を複素平面全体へ解析接続すると(6.51)のようになる．ここで s は任意の複素数である．また，解析接続するとは，簡単にいうと，$\mathrm{Re}\,s > 0$ で(6.51)に一致し，複素平面全体で解析的な関数をつくることをいう．

逆変換: $L_f(s)$ は $s = 0$ と $e^{-as} = -1$ つまり $s = i\frac{\pi}{a}n$ ($n = \pm 1, \pm 3, \cdots$) とで1位の極をもつ．そしてそこでの留数は $s = 0$ で $\frac{1}{2}$．$s = i\frac{\pi}{a}n \equiv s_n$ での留数は，

$$\frac{d}{ds}(1+e^{-as})\Big|_{s=i\frac{\pi}{a}n} = -ae^{-i\pi n}$$

に注意すると

$$\frac{a}{i\pi n}\frac{1}{-ae^{-i\pi n}} = \frac{-e^{i\pi n}}{i\pi n}$$

となる．図 6-7 に逆変換の積分路 C と $L_f(s)$ の極の位置が示してある．$x < 0$ では図 6-3 の $C_R{}'$ のような積分路を補い，$x > 0$ では $C_R{}''$ を付け加えるという

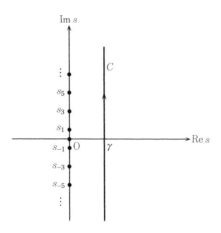

図 6-7

方針で, $\gamma>0$ として

$$\frac{1}{2\pi i}\int_{\gamma-i\infty}^{\gamma+i\infty}e^{sx}L_f(s)ds$$

を計算する.

まず $x<0$ とすると, 当然 $f(x)=0$ である. 積分路を限りなく右方へ動かせるからである. $x>0$ では積分路を左方へ動かして留数を加える.

$$\frac{1}{2\pi i}\int_{\gamma-i\infty}^{\gamma+i\infty}e^{sx}L_f(s)ds = \frac{1}{2}+\sum_{n=\pm1,\pm3,\cdots}e^{i\frac{\pi n}{a}x}\frac{ie^{i\pi n}}{\pi n}$$

ここで $e^{i\pi n}=-1$ $(n=\pm1,\pm3,\cdots)$ を用い, $n>0$ の和のみに書き直すと,

$$\frac{1}{2}+\frac{2}{\pi}\sum_{n=1,3,5,\cdots}\frac{\sin\frac{\pi n}{a}x}{n} \tag{6.52}$$

これはまさにフーリエ級数の例1に現われた(1.21)と同じである. よって不連続点 $x=a,3a,5a,\cdots$ (じつは $x=0$ も)を含めて(6.9)が成立していることが分かる.

フーリエ級数との比較 フーリエ級数で, パルスの連続した形図1-2を考えた. 図6-6との違いは, $x<0$ にもパルスの列が存在することである. フーリエ級数では1周期 $0\leqq x<2a$ のみを考えるので, その展開係数 a_n,b_n は(1.20 a,b)で与えられ, それはちょうど(6.50)の第1項のみをとって $s=i\frac{n\pi}{a}$ とおいたものである. そしてフーリエ級数をつくってみると<u>すべての x に対して</u>(6.52)となる. その結果, x のすべての値に対してパルスの列が再現される. ラプラス変換では(6.52)は $x>0$ のみで成立し, $x<0$ では $f(x)=0$ となる.

[例9] $L_f(s)$ が極でない特異性をもつ例

これまでの例では, $L_f(s)$ はすべて1位または高位の極をもっていた. 最後の例として**分岐点**(branch point)をもつ例を考えよう. それは特殊関数の1つであるガンマ関数(Γ 関数)と関係がある. $f(x)$ として次のものを考える. ただし α は $0<\alpha<1$ なる実数とする. この例でも $\gamma_0=0$ である.

$$f(x) = \begin{cases} x^{\alpha-1} & (x\geqq0) \\ 0 & (x<0) \end{cases} \tag{6.53}$$

ラプラス変換： $L_f(s) = \displaystyle\int_0^\infty e^{-sx} x^{\alpha-1} dx = s^{-\alpha-1} \int_0^\infty e^{-\eta} \eta^{\alpha-1} d\eta$ (6.54)

$$\equiv s^{-\alpha} \Gamma(\alpha) \qquad (6.55)$$

ここで $\eta = sx$ と積分変数を変換した．$\Gamma(\alpha+1)$ は Γ 関数で

$$\Gamma(z) = \int_0^\infty e^{-x} x^{z-1} dx \qquad (6.56)$$

で定義される．(6.54)では α は正の実数であったが，一般の定義(6.56)では
それをすべての複素数 z へ解析接続して考える．(6.55)の示すように，$L_f(s)$
は α が整数でないかぎり $s=0$ で分岐点をもつ．よって逆変換において積分路
をどうとるかが問題となる．複素 s 平面上に分岐点 $s=0$ から $s=-\infty$ へのび
る**切断**(cut)を入れる．こうしておくと多価関数である s^z は第1リーマン面で
は $-\infty < \mathrm{Re}\, s \leqq 0$ を除いて正則であるので，コーシーの積分定理が使える．図
6-8 にこの事情を示した．

　逆変換： $x < 0$ では，逆変換は $f(x) = 0$ を与える．

　$x > 0$ のとき，$\gamma > \gamma_0$ として第1リーマン面で $L_f(s)$ が正則であるから，図6-
8 を参照して

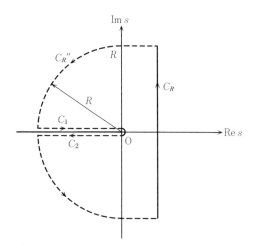

図 6-8

$$\int_{C_R} e^{sx} s^{-\alpha} ds + \int_{C_{R''}} e^{sx} s^{-\alpha} ds = 0 \tag{6.57}$$

$R \to \infty$ で C_R'' のうち切断のすぐ上側 C_1 とすぐ下側 C_2 に対応する積分路以外
は，ジョルダンの補助定理から $R \to \infty$ でゼロとなる（$\alpha > 0$ に注意）．さて $C_1 +$
C_2 を図 6-9(a), (b)に取り出して考えよう．図 6-9(a)の積分路は計算しやすい
ように原点 O を中心とする半径 ρ の円 C_3 を含む積分路に変形する．それが図
6-9(b)である．よって $R \to \infty$ では

$$\int_{\gamma-i\infty}^{\gamma+i\infty} e^{sx} s^{-\alpha} ds = -\int_{C_1+C_2+C_3} e^{sx} s^{-\alpha} ds$$

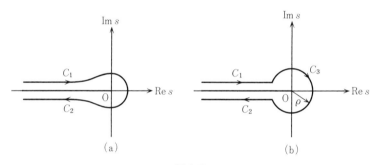

図 6-9

さて $s = re^{i\theta}$ とすれば C_1 上で $\theta = \pi$，よって $s = -r$．ここで r は ∞ から ρ ま
で動く．一方 C_2 上では $\theta = -\pi$，よって $s = -r$，そして r は ρ から ∞ までの
値をとる．一方，$s^{-\alpha} = r^{-\alpha} e^{-i\alpha\theta}$ と書き，$C_1 \to C_3 \to C_2$ において θ は $-\pi$ から π
で変化することに注意する．さらに $e^{sx} = \exp(xre^{i\theta})$ を代入して

$$\left(\int_{C_1} + \int_{C_2} + \int_{C_3}\right) e^{sx} s^{-\alpha} ds = \int_{\infty}^{\rho} r^{-\alpha} e^{i\pi\alpha} e^{-xr}(-dr)$$

$$+ \int_{-\pi}^{\pi} \rho^{-\alpha} e^{-i\alpha\theta} e^{x\rho\cos\theta} e^{ix\rho\sin\theta} \rho i e^{i\theta} d\theta$$

$$+ \int_{\rho}^{\infty} r^{-\alpha} e^{-i\pi\alpha} e^{-xr}(-dr)$$

ここで右辺第 1 項と第 3 項の和は $\rho \to 0$ の極限で

$$2i \sin \pi\alpha \int_0^\infty r^{-\alpha} e^{-xr} dr = 2i(\sin \pi\alpha)\Gamma(1-\alpha)x^{\alpha-1}$$

となる．右辺第2項は $\rho \to 0$ で $\rho^{1-\alpha}$ のようにゼロへいく（$\alpha < 1$ に注意）．よって

$$\frac{\Gamma(\alpha)}{2\pi i}\int_{\gamma-i\infty}^{\gamma+i\infty} e^{sx} s^{-\alpha} ds = \frac{\sin \pi\alpha}{\pi}\Gamma(1-\alpha)\Gamma(\alpha)x^{\alpha-1} \qquad (6.58)$$

ところが Γ 関数の性質として

$$\Gamma(\alpha)\Gamma(1-\alpha) = \frac{\pi}{\sin \pi\alpha} \qquad (6.59)$$

があるので，(6.58)は $x^{\alpha-1}$ となり，たしかに $f(x)$ を $x>0$ で再現している．

完全を期すために，(6.59)の簡単な証明を与えておこう．公式

$$\int_0^\infty e^{-st} dt = \frac{1}{s}$$

において $s=1+y$ とおき，両辺に $y^{\alpha-1}$ をかけて y について 0 から ∞ まで積分する．

$$\int_0^\infty \int_0^\infty e^{-(1+y)t} y^{\alpha-1} dt dy = \int_0^\infty \frac{y^{\alpha-1}}{1+y} dy$$

左辺の y 積分は(6.55)のように $\int_0^\infty e^{-yt} y^{\alpha-1} dy = t^{-\alpha}\Gamma(\alpha)$ を与え，さらに t 積分の方は $\int_0^\infty e^{-t} t^{-\alpha} dt = \Gamma(1-\alpha)$ となる．よって

$$\Gamma(\alpha)\Gamma(1-\alpha) = \int_0^\infty \frac{y^{\alpha-1}}{1+y} dy \qquad (6.60)$$

を得る．これは分岐点を含む積分である．$y=0$ での分岐点からはじまる切断を $y=0$ から $+\infty$ にとって，複素積分

$$\frac{1}{2\pi i}\int_D \frac{z^{\alpha-1}}{1+z} dz = e^{i(\alpha-1)\pi} \qquad (6.61)$$

を考慮すれば，計算できる．ここで D は図6-10のように $D_1 \sim D_4$ でできている．ここで(6.61)の左辺の複素積分関数は，D の内部に $z=-1$ で1位の極をもつことを用いた．D_1 は原点を中心とする大きな半径 R の円，D_3 は同じく小さな半径 ρ の円である．$0<\alpha<1$ に注意すると，$R \to \infty$，$\rho \to 0$ で D_1, D_3 か

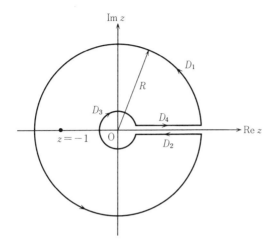

図 6-10

らの寄与はゼロとなる. $z=ye^{i\theta}$ とかくと, D_4 上で $\theta=0$, D_2 上で $\theta=2\pi$. よって(6.61)は

$$\frac{1}{2\pi i}(1-e^{2\pi(\alpha-1)i})\int_0^\infty \frac{y^{\alpha-1}}{1+y}dy = e^{(\alpha-1)\pi i} \qquad (6.62)$$

(6.60), (6.62)より(6.59)が導かれる.

$L_f(s)$ の $s\to\infty$ での振舞いと $f(x)$ の $x=0$ での振舞いの関係　この節の終りに, $L_f(s)$ の $s\to\infty$ での様子を見ておこう. それは $f(x)$ の $x=0$ での様子と密接に関係している. ラプラス変換を $sx=y$ とおいて書き直す.

$$L_f(s) = \int_0^\infty e^{-sx}f(x)dx = \frac{1}{s}\int_0^\infty e^{-y}f\Big(\frac{y}{s}\Big)dy \qquad (6.63)$$

$f(x)$ が $x=0$ でテイラー展開できるとして, (6.63)を $\frac{1}{s}$ のベキで展開する. $\int_0^\infty e^{-y}y^n dy=n!$ を用いて

$$L_f(s) = \frac{1}{s}f(0)+\frac{1}{s^2}f'(0)+\frac{2}{s^3}f''(0)+\cdots \qquad (6.64)$$

を得る. もし $x=0$ で $f(x)$ に不連続性があるときは, $x>0$ の領域の $f(x)$ をそのまま使って, $x=0$ でテイラー展開したときの答が(6.64)である. このことから

「$f(0)=0$ なら $L_f(s)$ は $s\to\infty$ で $\dfrac{1}{s^2}$ のようにゼロへいく」 (6.65)

「$L_f(s)$ が $s\to\infty$ で $\dfrac{1}{s}$ ならば $f(x)$ は $x=0_+$ でゼロとならず,

   $x=0$ で不連続性をもつ」 (6.66)

ということがいえる.これまでの例では,例2,例5,例6のうち $n\geqq2$ の場合,例7が(6.65)にあたり,例1,例3,例4,例6の $n=1$,例8が(6.66)に相当する.(例9は $x^{\alpha-1}$ $(0<\alpha<1)$ が $x=0$ でテイラー展開できないので,上の例とはならない.) 逆にいえば,$L_f(s)$ の $s\to\infty$ の振舞いを見て,$f(x)$ が $x=0$ で連続つまり $f(0)=0$ なのか,不連続つまり $f(0)\neq0$ なのか,を知ることができる.

表6-1にいくつかの関数のラプラス変換の結果をまとめておいた.$x>0$ の $f(x)$ が $x=0$ でテイラー展開できたものはすべて(6.64)を満たしていることが分かる.この表では,$x<0$ ではすべての例で $f(x)=0$ である.γ_0 の値も並記してある.

表6-1

$f(x)$	$L_f(s)$	γ_0
1	$\dfrac{1}{s}$	0
x^n	$\dfrac{n!}{s^{n+1}}$	0
e^{ax}	$\dfrac{1}{s-a}$	a
$x^n e^{ax}$	$\dfrac{n!}{(s-a)^{n+1}}$	a
$\sin ax$	$\dfrac{a}{s^2+a^2}$	0
$\cos ax$	$\dfrac{s}{s^2+a^2}$	0
$x^{\alpha-1}$	$s^{-\alpha}\Gamma(\alpha)$	0
$1-\theta(x-a)$	$\dfrac{1-e^{-sa}}{s}$	0

6-4 常微分方程式への応用

ラプラス変換の最も典型的な応用は,初期条件を与えられたときの常微分方程

式の解を簡単に求めるところにある．鍵になる公式は(6.43)である．

　ここに現われる $f(0), f'(0), \cdots$ の数が，微分の階数と一致していることに注目しよう．それゆえ，$f(0), f'(0), \cdots$ が初期条件として与えられていると，微分方程式の解は一意的にきまる，この場合を考えようというのである．第1章のフーリエ級数や第5章のグリーン関数のところでも微分方程式を考えたが，このときは(5.3)のように x の両端における値(の1次結合)が境界条件として与えられていた．自然現象を考えると，このような(1次結合の)値が与えられる場合もあるが，初期条件，つまり一方の端のみの条件を満たす微分方程式の解をつくるという点でラプラス変換は理工学上たいへん便利である．

　さらに $x=0$ での初期条件のもとで，その後つまり $x>0$ での $f(x)$ を知りたい場合が多いので，$x<0$ で $f(x)=0$ となるというラプラス変換の性質も欠点ではない．一般論よりはむしろ例題を考えることにする．以下必要に応じて $\dfrac{d^n}{dx^n}f(x)=f^{(n)}(x)$ と書く．

　[例1]
$$\frac{df}{dx}+\omega f = 0 \tag{6.67}$$

これは1階の微分方程式であるから初期条件が1つつく．それを $f(0)$ にとる．さて(6.67)の両辺のラプラス変換をとる．つまり e^{-sx} をかけて x で0から ∞ まで積分する．公式(6.43)より

$$sL_f(s)-f(0)+\omega L_f(s) = 0 \tag{6.68}$$

$$\therefore \quad L_f(s) = \frac{f(0)}{s+\omega} \tag{6.69}$$

逆変換は $s=-\omega$ にある1位の極をひろえばよい．$\gamma>\gamma_0=-\omega$ として，$x>0$ に対する $f(x)$ は

$$f(x) = \frac{1}{2\pi i}\int_{\gamma-i\infty}^{\gamma+i\infty}e^{sx}\frac{f(0)}{s+\omega}ds = e^{-\omega x}f(0) \quad (x>0) \tag{6.70}$$

と求まる．(6.70)が正しい答であることは，ふつうのやり方，つまり(6.67)の一般解
$$f(x) = Ae^{-\omega x}$$
から，初期条件 $f(0)=A$ として(6.70)が得られることからも分かる．ここで

注意すべき点は，(6.67)の解が分からないので，そのラプラス変換が存在する
かどうかも明らかでないことである．しかし存在するとして求めた解がたしか
にラプラス変換を許すものであれば，その仮定は正しかったわけであるので，
求めた解も正しい解なのである．

[例2]
$$\frac{d^2f}{dx^2}+\lambda f = 0 \tag{6.71}$$

初期条件は2つ必要である．それは$f(0), f'(0)$で与えられているとする．
(6.71)全体のラプラス変換をとって，(6.43)を用いると

$$s^2 L_f(s) - sf(0) - f'(0) + \lambda L_f(s) = 0 \tag{6.72}$$

$$\therefore \quad L_f(s) = \frac{sf(0)+f'(0)}{s^2+\lambda} \tag{6.73}$$

$\lambda > 0$ のとき，$L_f(s)$ に1位の極が $s = \pm i\sqrt{\lambda}$ に存在する．逆変換として

$$f(x) = \frac{1}{2\pi i}\int_{\gamma-i\infty}^{\gamma+i\infty} e^{sx}\frac{sf(0)+f'(0)}{s^2+\lambda}ds \tag{6.74}$$

を得る．ただし $\gamma > \gamma_0 = 0$ である．留数の定理を用いて積分を実行すると

$$f(x) = \frac{1}{2i\sqrt{\lambda}}\{i\sqrt{\lambda}\,e^{i\sqrt{\lambda}\,x}+i\sqrt{\lambda}\,e^{-i\sqrt{\lambda}\,x}\}f(0) + \frac{1}{2i\sqrt{\lambda}}\{e^{i\sqrt{\lambda}\,x}-e^{-i\sqrt{\lambda}\,x}\}f'(0)$$

$$= f(0)\cos\sqrt{\lambda}\,x + \frac{1}{\sqrt{\lambda}}f'(0)\sin\sqrt{\lambda}\,x \tag{6.75}$$

となる．

　$\lambda < 0$ のときは，$s = \pm\sqrt{-\lambda}$ に1位の極があるので，$\gamma > \gamma_0 = \sqrt{-\lambda}$ として逆変
換する．

$$f(x) = \frac{1}{2\pi i}\int_{\gamma-i\infty}^{\gamma+i\infty} e^{sx}\frac{sf(0)+f'(0)}{s^2-(-\lambda)}ds$$

$$= \frac{1}{2\sqrt{-\lambda}}(\sqrt{-\lambda}e^{\sqrt{-\lambda}x}+\sqrt{-\lambda}e^{-\sqrt{-\lambda}x})f(0) + \frac{1}{2\sqrt{-\lambda}}(e^{\sqrt{-\lambda}x}-e^{-\sqrt{-\lambda}x})f'(0)$$

$$= f(0)\cosh\sqrt{-\lambda}x + \frac{1}{\sqrt{-\lambda}}f'(0)\sinh\sqrt{-\lambda}x \tag{6.76}$$

$\lambda = 0$ では，$f'(0)$ に関する部分では $s = 0$ が2位の極となる．このときは

$e^{sx}\dfrac{f'(0)}{s^2}$ の $\dfrac{1}{s}$ の係数が留数を与える.

$$f(x) = \frac{1}{2\pi i}\int e^{sx}\frac{sf(0)+f'(0)}{s^2}ds = f(0)+xf'(0) \tag{6.77}$$

(6.75),(6.76),(6.77)は通常の微分方程式の解法で得られた解と一致する. 通常の方法とは,例えば $\lambda>0$ の場合,一般解が

$$f(x) = A\sin\sqrt{\lambda}\,x+B\cos\sqrt{\lambda}\,x$$

と分かっているので,積分定数 A,B を

$$f(0) = B, \qquad f'(0) = \sqrt{\lambda}A$$

という条件から求めるものである. この方法にくらべて,ラプラス変換の方法ではこの最後の操作が省けるのである. 自動的に初期条件を含んだ解が得られている.

[例3] 連立微分方程式

$$\begin{cases}\dfrac{df}{dx}+g = 0\\[2mm]\dfrac{dg}{dx}+f = 0\end{cases} \tag{6.78}$$

を考えよう. ラプラス変換をとって

$$\begin{cases}sL_f(s)-f(0)+L_g(s) = 0\\ sL_g(s)-g(0)+L_f(s) = 0\end{cases}$$

$$\therefore \begin{pmatrix}L_f(s)\\L_g(s)\end{pmatrix} = \begin{pmatrix}s&1\\1&s\end{pmatrix}^{-1}\begin{pmatrix}f(0)\\g(0)\end{pmatrix} = \frac{1}{s^2-1}\begin{pmatrix}s&-1\\-1&s\end{pmatrix}\begin{pmatrix}f(0)\\g(0)\end{pmatrix}$$

逆変換を行列のままとる. $s=\pm1$ の1位の極をひろって($\gamma>\gamma_0=1$)

$$\begin{pmatrix}f(x)\\g(x)\end{pmatrix} = \frac{1}{2\pi i}\int_{\gamma-i\infty}^{\gamma+i\infty}e^{sx}\frac{1}{s^2-1}\begin{pmatrix}s&-1\\-1&s\end{pmatrix}\begin{pmatrix}f(0)\\g(0)\end{pmatrix}ds$$

$$= \begin{pmatrix}\dfrac{e^x+e^{-x}}{2}&\dfrac{e^{-x}-e^x}{2}\\[2mm]\dfrac{e^{-x}-e^x}{2}&\dfrac{e^x+e^{-x}}{2}\end{pmatrix}\begin{pmatrix}f(0)\\g(0)\end{pmatrix}$$

$$= \begin{pmatrix}\cosh x&-\sinh x\\-\sinh x&\cosh x\end{pmatrix}\begin{pmatrix}f(0)\\g(0)\end{pmatrix} \tag{6.79}$$

のように求まる．通常の方法ではまず，$f(x)=Ae^{\omega x}$，$g(x)=Be^{\omega x}$ とおいて，(6.76)へ代入して得られる式

$$\begin{pmatrix} f(x) \\ g(x) \end{pmatrix} = \frac{1}{2\pi i} \int_{\gamma-i\infty}^{\gamma+i\infty} e^{sx} \frac{1}{s^2-1} \begin{pmatrix} s & -1 \\ -1 & s \end{pmatrix} \begin{pmatrix} f(0) \\ g(0) \end{pmatrix} ds$$

から固有値 $\omega=\pm 1$ を得る．$\omega=\pm 1$ に対する固有ベクトルは

$$\omega=1 \text{ のとき } \begin{pmatrix} A \\ B \end{pmatrix} = \begin{pmatrix} 1 \\ -1 \end{pmatrix}, \quad \omega=-1 \text{ のとき } \begin{pmatrix} A \\ B \end{pmatrix} = \begin{pmatrix} 1 \\ 1 \end{pmatrix}$$

であるから，1次結合をつくって

$$\begin{pmatrix} f(x) \\ g(x) \end{pmatrix} = C_1 \begin{pmatrix} 1 \\ -1 \end{pmatrix} e^x + C_2 \begin{pmatrix} 1 \\ 1 \end{pmatrix} e^{-x}$$

が一般解である．初期条件

$$\begin{pmatrix} f(0) \\ g(0) \end{pmatrix} = C_1 \begin{pmatrix} 1 \\ -1 \end{pmatrix} + C_2 \begin{pmatrix} 1 \\ 1 \end{pmatrix}$$

より，

$$C_1 = \frac{1}{2}\{f(0)-g(0)\}, \quad C_2 = \frac{1}{2}\{f(0)+g(0)\}$$

が決まる．この解は(6.79)と一致する．この問題に関してはラプラス変換の方がいくらか便利であることは同意していただけると思う．複雑になればなるほど，初期値問題に対するラプラス変換の威力が発揮されるのである．

　［例4］　次の非斉次方程式を考える．

$$\frac{df}{dx} + \omega f = 1 \tag{6.80}$$

1 のラプラス変換は $\dfrac{1}{s}$ であるから，例1の拡張として

$$L_f(s) = \frac{f(0) + \dfrac{1}{s}}{s+\omega} \tag{6.81}$$

非斉次項((6.80)の右辺の項)の効果は，(6.81)の右辺の分子の $\dfrac{1}{s}$ の項に現われている．$s=0$ と $s=-\omega$ の1位の極をひろうと（$\gamma>\gamma_0=-\omega$），

$$f(x) = \frac{1}{2\pi i}\int e^{sx}\frac{sf(0)+1}{s(s+\omega)}ds = e^{-\omega x}f(0)+\frac{1}{\omega}(1-e^{-\omega x})$$

$$= e^{-\omega x}\Big(f(0)-\frac{1}{\omega}\Big)+\frac{1}{\omega} \tag{6.82}$$

微分方程式論では，(6.82)の右辺第 1 項は(6.80)の斉次方程式((6.80)の右辺を 0 としたもの)の一般解であり，(6.82)の右辺第 2 項は非斉次方程式((6.80)そのもの)の特殊解である．そして(6.80)の一般解が両者の和で与えられることは，微分方程式論の教えるところである．これによると通常の方法では，(6.80)の解を

$$f(x) = Ae^{-\omega x}+\frac{1}{\omega}$$

とおいて $f(0)=A+\dfrac{1}{\omega}$ から A が求まり，(6.82)を得る．このようにラプラス変換では，非斉次方程式の場合も，もとの微分方程式全体をラプラス変換してしまえば，非斉次常微分方程式に関する定理

　　　　非斉次方程式の一般解 = 斉次方程式の一般解

　　　　　　　　　　　　　　 ＋非斉次方程式の特殊解　　　　(6.83)

に沿った解が，初期条件をも満たした形で得られるのである．

　[例 5]
$$\frac{df}{dx}+\omega f = K\sin\omega_0 x \tag{6.84}$$

ここで K,ω,ω_0 は正の実数で与えられたものとする．ラプラス変換を実行する．表 6-1 の $\sin ax$ に対する公式を用いて，次のように求まる．結果は(6.69)に $K\sin\omega_0 x$ からくる項が付け加わるだけである．

$$L_f(s) = \frac{f(0)+\dfrac{K\omega_0}{s^2+\omega_0{}^2}}{s+\omega} \tag{6.85}$$

1 位の極が $s=-\omega,\pm i\omega_0$ の位置に 3 個ある．$\gamma_0=0$ であるから，$\gamma>0$ として逆変換をとろう．$x>0$ では次のようになる．

$$f(x) = \frac{1}{2\pi i}\int_{\gamma-i\infty}^{\gamma+i\infty} e^{sx}\frac{f(0)+\dfrac{K\omega_0}{s^2+\omega_0^2}}{s+\omega}ds$$

$$= e^{-\omega x}f(0)+\frac{K\omega_0}{\omega^2+\omega_0^2}e^{-\omega x}+\frac{K\omega_0}{2i\omega_0}\Big(\frac{e^{i\omega_0 x}}{i\omega_0+\omega}-\frac{e^{-i\omega_0 x}}{-i\omega_0+\omega}\Big)$$

$$= e^{-\omega x}\Big(f(0)+\frac{K\omega_0}{\omega^2+\omega_0^2}\Big)+\frac{K\omega\sin\omega_0 x-K\omega_0\cos\omega_0 x}{\omega^2+\omega_0^2} \tag{6.86}$$

通常の方法では(6.83)の定理を用いて, (6.84)の一般解を

$$f(x) = Ae^{-\omega x}+\frac{K}{\omega^2+\omega_0^2}(\omega\sin\omega_0 x-\omega_0\cos\omega_0 x) \tag{6.87}$$

とおいて, 初期条件

$$f(0) = A-\frac{K\omega_0}{\omega^2+\omega_0^2}$$

から A を決める. (6.87)の右辺第2項が非斉次方程式(6.84)の特殊解となっ
ていることは直接確かめることができる. この例はあとで過渡現象を議論する
ときにもう一度現われる.

　[例6] この例はすでに出てきているが, ここではラプラス変換で考えてみる.

$$\frac{d^2f}{dx^2}+\omega^2 f = K\sin\omega_0 x \tag{6.88}$$

ここで例5と同様, K, ω, ω_0 は正で与えられたものとする. 例5とほとんど同
じであるが, この例では1-4節の例1のところで議論したのと同じ共鳴という
物理現象が現われる. 両辺のラプラス変換をとって

$$L_f(s) = \frac{sf(0)+f'(0)+\dfrac{K\omega_0}{s^2+\omega_0^2}}{s^2+\omega^2} \tag{6.89}$$

$\omega\neq\omega_0$ なら, $s=\pm i\omega, \pm i\omega_0$ に4つの1位の極がある. $\omega=\omega_0$ では, 2つの2
位の極となる. 逆変換の結果($x>0$ で),

　　$\omega\neq\omega_0$ では

$$f(x) = f(0) \cos \omega x + \frac{1}{\omega}\Big(f'(0) + \frac{K\omega_0}{\omega_0{}^2 - \omega^2}\Big) \sin \omega x + \frac{K}{\omega^2 - \omega_0{}^2} \sin \omega_0 x$$

$$(6.90)$$

$\omega = \omega_0$ では

$$f(x) = f(0) \cos \omega_0 x + \frac{1}{\omega_0} f'(0) \sin \omega_0 x + \frac{K}{2\omega_0}\Big(\frac{\sin \omega_0 x}{\omega_0} - x \cos \omega_0 x\Big)$$

$$(6.91)$$

(6.91)における $x \cos \omega_0 x$ の項に注目しよう. 物理現象でいえば, f が変位 x を表わし, x が時間 t を表わすのがよく見かける形である. 外力は $K \sin \omega_0 t$ のように, 時間的に振動している. $\omega \neq \omega_0$ であれば, (6.90)の示すように, 解は固有の振動を示す項($\sin \omega t$ と $\cos \omega t$)と, 外力の振動数に合った項($\sin \omega_0 t$ の項)との和である. $\omega = \omega_0$ では共鳴がおこり, (6.91)の示すように $t \cos \omega_0 t$ の項が現われ, $t \to \infty$ では無限に大きな振幅となる.

通常の方法では, (6.83)の定理から(6.88)の一般解をつくる. $\omega \neq \omega_0$ として

$$f(x) = A \sin \omega x + B \cos \omega x + \frac{K}{\omega^2 - \omega_0{}^2} \sin \omega_0 x$$

を仮定し, A と B を初期条件

$$f(0) = B, \quad f'(0) = \omega A + \frac{\omega_0 K}{\omega^2 - \omega_0{}^2}$$

より決定する. これは(6.90)と一致する.

[例7] 最後に, 定数係数でない微分方程式

$$x \frac{d^2 f}{dx^2} + \frac{df}{dx} + xf = 0 \tag{6.92}$$

を考えよう. $f, d^2f/dx^2$ の係数が x であるので, (6.43)はそのままでは使えない. これまでの例では $L_f(s)$ は s の代数的な関数として求まったが, この例では $L_f(s)$ に対する1階の微分方程式を得る. (6.92)は2階であるが, $L_f(s)$ に対しては階数が1つ減る. この事実は問題を解く際, 役に立つのである. (6.92)のラプラス変換をとる. 部分積分により

$$\int_0^\infty e^{-sx} x \frac{d^2f}{dx^2}dx = e^{-sx}x\frac{df}{dx}\Big|_0^\infty - \int_0^\infty e^{-sx}(1-xs)\frac{df}{dx}dx$$

$$= -e^{-sx}(1-sx)f\Big|_0^\infty + \int_0^\infty e^{-sx}(-2s+xs^2)fdx$$

$$= f(0)-2sL_f(s)-s^2\frac{d}{ds}L_f(s) \tag{6.93}$$

を得る．ただしここで

$$\int_0^\infty e^{-sx}xf(x)dx = -\frac{d}{ds}\int_0^\infty e^{-sx}f(x)dx = -\frac{d}{ds}L_f(s)$$

を用いた．また $x\to\infty$ におけるこの積分の一様収束を仮定し，s による微分が x 積分と交換するとした．$f(0)$ の項は df/dx のラプラス変換から出てくる項と打ち消しあって，(6.92)から

$$(s^2+1)\frac{dL_f(s)}{ds}+sL_f(s) = 0 \tag{6.94}$$

という $L_f(s)$ に対する1回の微分方程式となる．この中に初期条件 $f(0)$ が入ってこないのは偶然であるが，このような場合も起こりうるのである．(6.94)は変数分離の方法で積分できて

$$L_f(s) = D\exp\left\{-\int_0^s \frac{s'ds'}{s'^2+1}\right\} = D\exp\left\{-\frac{1}{2}\ln(s^2+1)\right\} = \frac{D}{\sqrt{s^2+1}} \tag{6.95}$$

となる．D はもともとの $f(x)$ に対する初期条件できめる．$f(0)$ が消えてしまったからこうするより仕方がない．$s=\pm i$ に分岐点が現われた．

逆変換は，$\gamma>\gamma_0=0$ として

$$f(x) = \frac{1}{2\pi i}\int_{\gamma-i\infty}^{\gamma+i\infty} e^{sx}\frac{D}{\sqrt{s^2+1}}ds$$

図6-11(a)のように，i と $-i$ を結ぶ直線 P_1P_2 を切断として，積分路 C を図6-11(b)のように C' に変形する（$x>0$ を考えている）．C' のすぐ右側に沿っては $s=i\eta$ と書けてこの η は -1 から 1 まで動く．左側では $s=-i\eta$ と置けて同じ範囲を動く．さらに $\sqrt{s^2+1}=\sqrt{(s-i)(s+i)}$ は P_1 をまわると -1 さらに P_2 のまわりで -1 を出すので

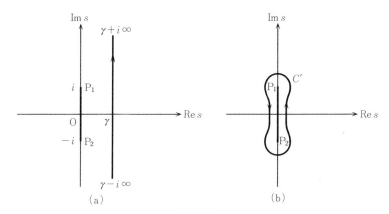

図 6-11

$$f(x) = \frac{D}{2\pi i}\int_{-1}^{1}\frac{e^{i\gamma x}+e^{-i\gamma x}}{\sqrt{1-\gamma^2}}id\gamma = \frac{D}{\pi}\int_{-1}^{1}\frac{\cos \gamma x}{\sqrt{1-\gamma^2}}d\gamma \quad (\equiv DJ_0(x))$$

となる. これはちょうど 0 次のベッセル関数の積分表示である(4-3 節および
第 4 章演習問題[4]参照). 上式の定積分を $x=0$ とおいて計算すれば $J_0(0)=1$
が得られるので, $D=f(0)$ となる. じつは, $J_0(x)$ が現われるのは, (6.92)が
$J_0(x)$ の満たすべき微分方程式だったから当然なのである.

ここで次の点に疑問が残る. (6.92)は 2 階の微分方程式であったので 2 つの
独立な解があり, 初期条件として 2 つ, $f(0)$ と $f'(0)$, が必要なはずである.
しかるに $f(0)$ だけで解が決まってしまうのはおかしい. 答は以下の如くであ
る.

じつは(6.92)の $J_0(x)$ 以外の解は $x=0$ で発散してしまう. ふつう, この解
は $K_0(x)$ と書かれていて $K_0(x)\to\ln x\ (x\to0)$ である. よって(6.92)において
$x\dfrac{d^2f}{dx^2}$ のラプラス変換を試みても, $f(x)=K_0(x)$ については

$$x\frac{d^2f}{dx^2}\to\frac{1}{x}\quad (x\to0)$$

のように発散し, この項のラプラス変換が存在しないのである. ここでは存在
するとして議論したので, そのような解つまり $J_0(x)$ のみ得られたのである.

そこで初期条件も1つとなったわけである. この例から

「ラプラス変換で微分方程式を解くと, その過程でラプラス変換が許される解のみ得られる」

という結論に達する. うっかりすると解を見落すことがあるので, 注意が必要である. 例7はそのような例である.

6-5 過渡現象

この話題は数学的には新しいものは含んでいないが, 物理的な現象によく現われるという意味で取り上げる. この節では時間 t に関する関数 $q(t)$ を考える. これまでの $f(x)$ を $q(t)$ と思い直せばよい.

いま, $t=0$ での初期条件を与えて $q(t)$ が決まったとき, $t \to \infty$ で $q(t)$ が定常的な振舞い, 例えば t によらない一定値であるとか, 振幅の一定な振動解であるといった振舞いをする場合を考えよう. 過渡現象とはこの定常的な振舞いへの近づき方, つまりこの定常的な振舞いに近づく過渡的な振舞いのことをいう.

例として前節の例4, 例5を再度とりあげよう. いずれも非斉次方程式で, 物理的には外力(例4では1, 例5では $K \sin \omega_0 x$)が加わっている場合に対応する. 左辺の $f(x)$, 今の場合は $q(t)$ を含む微分項が, それ自身の運動を決める式である. 例4, 例5をその解とともにならべて書いてみよう.

$$\frac{dq}{dt}+\omega q = \begin{cases} 1 & (6.96a) \\ K \sin \omega_0 t & (6.96b) \end{cases}$$

$$q(t) = \begin{cases} e^{-\omega t}\left(q(0)-\frac{1}{\omega}\right)+\frac{1}{\omega} & (6.97a) \\ e^{-\omega t}\left(q(0)+\frac{K\omega_0}{\omega^2+\omega_0^2}\right)+\frac{K}{\omega^2+\omega_0^2}(\omega \sin \omega_0 t -\omega_0 \cos \omega_0 t) & (6.97b) \end{cases}$$

(6.97a)では $t \to \infty$ で定数 $\frac{1}{\omega}$ に近づき, その近づき方は $e^{-\omega t}$ に比例している. (6.97b)では $t \to \infty$ で振幅が一定な振動解

$$\frac{K}{\omega^2+\omega_0{}^2}(\omega\sin\omega_0 t-\omega_0\cos\omega_0 t)=\frac{K}{\sqrt{\omega^2+\omega_0{}^2}}\sin(\omega_0 t-\delta),\quad \tan\delta=\frac{\omega_0}{\omega}$$

に近づく. やはり $e^{-\omega t}$ のように近づいていく. この近づき方を表わす項((6.97a), (6.97b)の右辺第1項)を**過渡項**という.

上の2つの例のいずれにおいても

(1) $t\to\infty$ の定常解には初期条件が入っていない.

(2) その定常解への近づき方は $e^{-\omega t}$ で, この ω は外力と無関係に決まる.

このうち(1)の結論は, $t\to\infty$ では $t=0$ のことを忘れてしまって, それとは無関係の振舞いとするということに対応する. $t\to\infty$ ではどんな初期条件でも同じ振舞いなのである. ラプラス変換の言葉でいえば, $t\to\infty$ の定常解は $L_f(s)$ の極のうち外力が出すもの(例4では $s=0$, 例5では $s=\pm i\omega_0$)できまる. 過渡項の方は(6.96a), (6.96b)の左辺が与える極(例4, 例5ともに $s=-\omega$)でその t 依存性($e^{-\omega t}$ のこと)が決まる. $e^{-\omega t}$ の係数に初期条件 $q(0)$ が入ってくるのである.

理工学上もっと複雑な過渡現象が現われることもあるが, ほとんどすべての場合で上に述べたことが起こっている. ほとんどすべてといったのは, 前節例6の場合, (6.90)の示すように($x\to t$ とおいて) $\sin\omega_0 t$ で表わされる定常解へいつまでたっても近づかず, $\sin\omega t$ とか $\cos\omega t$ の項がずっと残っていることがあるからである. しかし自然界では常に抵抗が存在し, このときは(6.88)の右辺に($f\to q$, $x\to t$ と書いて) $\mu\dfrac{dq}{dt}$ ($\mu>0$)なる項がつけ加わる. こうすれば過渡項は $t\to\infty$ でゼロとなるような本当の意味で過渡的なものとなる. このことは $\omega=\omega_0$ で共鳴が起こっている解(6.91)についても成立する.

第6章演習問題

[1] (6.19)の右辺第2項に現われた $C_R{}''$ 上での積分を考える. 図6-3のように $C_R{}''=C_1+C_2+C_3$ と書いたとき, C_2 上の積分

$$\frac{1}{2\pi i}\int_{C_2}\frac{e^{sx}}{s}ds$$

は $R\to\infty$ とともにゼロとなることを証明しなさい.

[2] (6.29)に出てきた次の公式を証明しなさい.

$$\frac{1}{2\pi i}\int_{\gamma-i\infty}^{\gamma+i\infty}\frac{e^{sx}}{s^{n+1}}ds=\frac{x^n}{n!}\theta(x)$$

ただし $\gamma>0$ とする.

[3] 次の関数 $f(x)$ のラプラス変換を求め,さらにその逆変換を実行してもとに戻ることを示しなさい.

(a) $f(x)=x(\theta(x)-\theta(x-a))$. (図 6-12 参照.)

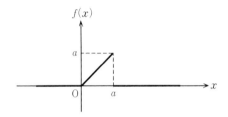

図 6-12

ヒント:前問[2]の公式が役に立つ.

(b) $f(x)=J_0(ax)$. ただし $J_0(x)$ はベッセル関数とよばれ,次のような積分表示をもつ.

$$J_0(x)=\frac{1}{\pi}\int_0^\pi e^{ix\cos\theta}d\theta$$

[4] 次の3つの偏微分方程式を,与えられた初期条件や境界条件のもとに解きなさい.ただし t についてはラプラス変換,x についてはフーリエ変換して解くものとする.

(a) $\dfrac{1}{\lambda}\dfrac{\partial u(x,t)}{\partial t}=\dfrac{\partial^2 u(x,t)}{\partial x^2},\quad u(x,0)=f(x)\quad(\lambda>0)$

(b) $\begin{cases} i\hbar\dfrac{\partial\phi(x,t)}{\partial t}=-\dfrac{\hbar^2}{2m}\dfrac{\partial^2\phi(x,t)}{\partial x^2}\\ \phi(x,0)=f(x)\end{cases}$

これは $t=0$ で $f(x)$ という形をとるシュレーディンガー波動関数のその後の時刻での形を問う問題である.

(c)
$$\begin{cases} \dfrac{1}{v^2}\dfrac{\partial^2 u(x,t)}{\partial t^2} = \dfrac{\partial^2 u(x,t)}{\partial x^2} \\[2mm] u(x,0) = f(x), \qquad \left.\dfrac{\partial u(x,t)}{\partial t}\right|_{t=0} = g(x) \end{cases}$$

さらに勉強するために

本書では，フーリエ級数，フーリエ変換の基礎的なことがらからはじめて，フーリエ解析とそれに関連する基本的で重要と思われる事柄を解説した．まえがきでも述べたように，フーリエ解析は，数学はもちろん，物理学，化学（さらに生物学），工学において実に頻繁に用いられている．理工系のほとんどすべての分野で重要な役割を果たしているフーリエ解析について，本書のような小冊子でその全体を述べることは不可能である．

今後さらに，フーリエ解析とそれに関連した勉強を志す読者のために，以下にいくつかの本を参考書として挙げる．これらはもちろん著者の知る範囲から選んだものであって，フーリエ解析に関する完全なリストといったものでは決してない．

まず[1]～[4]に理工系向きの参考者を挙げる．

[1]　寺沢寛一：自然科学者のための数学概論（増訂版）（岩波書店，1983）

[2]　寺沢寛一編：自然科学者のための数学概論（応用編）（岩波書店，1960）

これらはかなり高度な内容まで含んでおり，しかも簡潔で分かりやすい説明が与えられていて好書といえる．著者も学生時代からたいへんお世話になっている．[2]ではδ関数を含む超関数の説明もある．

[3]　大石進一：フーリエ解析（理工系の数学入門コース6）（岩波書店，1988）

[4]　江沢洋：フーリエ解析（理工学者が書いた数学の本6）（講談社，1987）

[3]はフーリエ解析の入門書として良い教科書である．[4]は著者のするどい考察を随所にちりばめた，内容の濃い本となっている．一読をおすすめする．

数学的な本として

[5]　高木貞治：解析概論（改訂第3版）（岩波書店，1961）（第6章）

[6]　入江昭二, 垣田高夫：フーリエの方法（第4版）（応用解析の基礎）（内田老鶴圃, 1989）

[7]　猪狩惺：フーリエ級数（岩波全書, 1975）

[5],[6]は本書第2章を書く際に参考にさせていただいた.

次のディラックの本は量子力学の教科書ではあるが, 格調高い名著である. 本書の第4章のもとになっている.

[8]　P.A.M.ディラック（朝永振一郎, 玉木英彦, 木庭二郎, 大塚益比古訳）：ディラック量子力学（原書第4版）（岩波書店, 1954）

超関数に関する数学的な本として次の本を挙げておく.

[9]　L.シュワルツ：（吉田耕作, 渡辺二郎訳）物理数学の方法（岩波書店, 1966）

[10]　ゲリファンド, シーロク：（功力金二郎, 井関清志, 麦林布道訳）超関数入門 I, II（共立全書, 1963）

物理現象への応用として, 例えば次の本を参照されたい.

[11]　今村勤：物理とフーリエ変換（物理と数学シリーズ3）（岩波書店, 1994）

演習書として

[12]　吉田耕作, 加藤敏夫：大学演習応用数学 I（裳華房, 1961）

[13]　スピーゲル（中野實訳）：工学を学ぶ人のためのフーリエ解析（マグロウヒル大学演習シリーズ）（マグロウヒルブック, 1987）

などがある.

演習問題略解

第1章

[1] （a）$f(x)$ は奇関数であるから，$\sin nx$ のみ現われる．公式(1.15b)を利用する．部分積分を繰り返し用いて

$$\frac{1}{\pi}\int_{-\pi}^{\pi}(x^3-\pi x)\sin nxdx = (-1)^n\frac{12}{n^3}\qquad(n=1,2,3,\cdots)$$

よって

$$f(x) = -12\Big(\sin x-\frac{\sin 2x}{2^3}+\frac{\sin 3x}{3^3}-\cdots\Big)$$

（b）上で求めた $f(x)$ のフーリエ級数に $x=\pi/2$ を代入すればよい．

[2] （a）$1+\dfrac{1}{3^2}+\dfrac{1}{5^2}+\cdots$

$$=\frac{1}{2}\sum_{n=0,\pm1,\pm2,\cdots}\frac{1}{(2n+1)^2}$$

$$=\frac{1}{2}\frac{1}{2\pi i}\int_C\frac{i\pi e^{i\pi z}}{e^{i\pi z}+1}\frac{dz}{z^2}$$

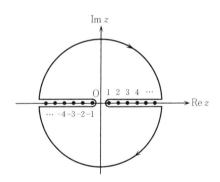

ここで積分路 C は $z=\pm1,\pm3,\pm5,$ $\cdots$ を反時計まわりにまわる小さな円の集まりとする．右図のように C を変形すると，この積分は $z=0$ のまわりを時計まわりにまわる小さな円 C_0 上で実行してよいことが分かる．$z=0$ は $1/z^2$ の項のため2重極であることから，上の積分は次のようになる．

$$\frac{1}{2}\frac{1}{2\pi i}i\pi\frac{d}{dz}\frac{e^{i\pi z}}{e^{i\pi z}+1}\Big|_{z=0}\oint_{C_0}\frac{dz}{z}=\frac{\pi^2}{8}$$

（b）
$$1-\frac{1}{2^2}+\frac{1}{3^2}-\frac{1}{4^2}+\cdots = \frac{1}{2}\sum_{m=\pm1,\pm2,\cdots}\frac{(-1)^{m-1}}{m^2}$$

$$=\frac{1}{2}\frac{1}{2\pi i}\int_C\frac{e^{-i\pi(z-1)}i\pi e^{i\pi(2z+1)}}{e^{i\pi(2z+1)}+1}2\frac{dz}{z^2}$$

ここで C は $z=\pm1,\pm2,\pm3,\cdots$ を反時計まわりにまわる小さな円の集まりである．これは(a)と同様に $z=0$ のまわりの小さな円 C_0 上の時計まわりの積分となる．結果は

$\pi^2/12$ である.

(c)前2問(a),(b)と同様に

$$1+\frac{1}{2^2}+\frac{1}{3^2}+\cdots = \frac{1}{2}\sum_{m=\pm 1,\pm 2,\cdots}\frac{1}{m^2} = \frac{1}{2}\frac{i\pi}{2\pi i}\int_C \frac{e^{i\pi(2z+1)}}{e^{i\pi(2z+1)}+1}\frac{2dz}{z^2}$$

$$= \frac{1}{2}\frac{i\pi}{2\pi i}\cdot 2\cdot \frac{d}{dz}\frac{e^{i\pi(2z+1)}}{e^{i\pi(2z+1)}+1}\bigg|_{z=0} = \frac{1}{2}\oint_{C_0}\frac{dz}{z} = \frac{\pi^2}{6}$$

(d)上の問題(a)の積分式で $\frac{1}{z^2}$ を $\frac{1}{z^4}$ とすればよい.

$$1+\frac{1}{3^4}+\frac{1}{5^4}+\cdots = \frac{1}{2}\frac{1}{2\pi i}\int_C \frac{i\pi e^{i\pi z}}{e^{i\pi z}+1}\frac{dz}{z^4}$$

$z=0$ での留数を計算するために

$$\frac{e^{i\pi z}}{e^{i\pi z}+1} = 1+D_1 z+D_2 z^2+D_3 z^3+D_4 z^4+\cdots$$

とテイラー展開して D_3 を求めると, $D_3=\dfrac{i\pi^3}{3!2^3}$. これから

$$1+\frac{1}{3^4}+\frac{1}{5^4}+\cdots = \frac{1}{2}\frac{1}{2\pi i}i\pi(-2\pi i)D_3 = \frac{\pi^4}{96}$$

（注） 問題(a)〜(d)のすべてにおいて，上，下半平面の大円からの寄与は，半径を大きくするとゼロになる.

[3] $$1+\frac{1}{2^k}+\frac{1}{3^k}+\frac{1}{4^k}+\cdots = \frac{1}{2}\sum_{m=\pm 1,\pm 2,\cdots}\frac{1}{m^k}$$

$$= \frac{1}{2}\frac{i\pi}{2\pi i}\int_C \frac{e^{i\pi(2z+1)}}{e^{i\pi(2z+1)}+1}\frac{2dz}{z^k}$$

$$= \frac{1}{2}\frac{i\pi}{2\pi i}\times 2\int_C \frac{1}{2\pi iz}\frac{2\pi iz}{1-e^{-2\pi iz}}\frac{dz}{z^k}$$

ここで $S_k\equiv\dfrac{d^k}{dy^k}\dfrac{y}{1-e^{-y}}\bigg|_{y=0}$ とおくと,

$$1+\frac{1}{2^k}+\frac{1}{3^k}+\frac{1}{4^k}+\cdots = -\frac{1}{2}(-1)^{k/2}\frac{S_k}{k!}(2\pi)^k$$

$k=2$ では $\pi^2/6$（(a)と一致）, $k=4$ では $\pi^4/90$ となる.

[4] (a) $x(t)$ を斉次方程式の一般解 $x_0(t)$ と非斉次方程式の特殊解 $\tilde{x}(t)$ の和で書く, $x(t)=x_0(t)+\tilde{x}(t)$. $x_0(t)$ は $x_0(t)=e^{\lambda t}$ とおいて λ を決めると, $\lambda=-\gamma\pm i\sqrt{\omega^2-\gamma^2}$ となる. これから A,B を積分定数として

$$x_0(t) = e^{-\gamma t}(A\cos\sqrt{\omega^2-\gamma^2}t+B\sin\sqrt{\omega^2-\gamma^2}t)$$

$\tilde{x}(t)$ を(1.65)のようにフーリエ級数展開する. $\omega_0=2\pi/T$ と書いて

$$\tilde{x}(t) = \frac{a_0}{2}+\sum_{n=0,1,2,\cdots}\left(a_n\cos\frac{2\pi n}{T}t+b_n\sin\frac{2\pi n}{T}t\right)$$

これを微分方程式に代入して $\cos, \sin$ の係数を比べて,

$$a_0 = 0, \quad \begin{pmatrix} \omega^2 - \left(\dfrac{2\pi n}{T}\right)^2 & 2\gamma\dfrac{2\pi n}{T} \\ -2\gamma\dfrac{2\pi n}{T} & \omega^2 - \left(\dfrac{2\pi n}{T}\right)^2 \end{pmatrix} \begin{pmatrix} a_n \\ b_n \end{pmatrix} = \begin{pmatrix} 0 \\ \delta_{n1} \end{pmatrix}$$

δ_{n1} はクロネッカーの δ で, $n=1$ で 1, $n \neq 1$ で 0 をとる. 2×2 の係数行列の行列式は $(\omega^2 - \omega_0^2)^2 + 4\gamma^2 \omega_0^2 \neq 0$ であるから, $n \neq 1$ では $a_n = b_n = 0$. a_1, b_1 を求めると, 結局

$$\tilde{x}(t) = \frac{1}{(\omega^2 - \omega_0^2)^2 + 4\gamma^2 \omega_0^2}(-2\gamma\omega_0 \cos \omega_0 t + (\omega^2 - \omega_0^2) \sin \omega_0 t)$$
$$= C \sin(\omega_0 t - \delta)$$

ただし

$$C = \frac{f_0}{\sqrt{(\omega^2 - \omega_0^2)^2 + 4\gamma^2 \omega_0^2}},$$
$$\tan \delta = \frac{2\gamma\omega_0}{\omega^2 - \omega_0^2}$$

この式は $\gamma = 0$ とおけば, (1.70) に一致する. 振幅 C を ω_0 の関数として右図に示してある. $\gamma = 0$ の場合に比べて, 共鳴の場所が ω から $\sqrt{\omega^2 - 2\gamma^2}$ にずれていて, 共鳴値がぼけて幅をもっているのが分かる.

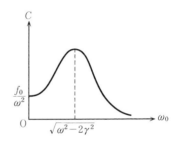

（b）$t \to \infty$ では $x_0(t)$ はゼロとなり $\tilde{x}(t)$ のみが残って, 外力と同じ振動数で振動する解 $C \sin(\omega_0 t - \delta)$ に近づく. この意味で $x_0(t)$ は過渡項とよばれる（6-5 節参照）.

第 2 章

[1] 規格化された $u_n(x)$ が (2.23) で与えられることに注意する. まず例 $3'$ について.

$$\langle f|f \rangle = \int_{-\pi}^{\pi} 1^2 dx = 2\pi$$
$$\sum_{n=1}^{\infty} c_n^2 = \frac{4^2}{\pi}\left(1 + \frac{1}{3^2} + \frac{1}{5^2} + \cdots\right) = \frac{4^2}{\pi}\frac{\pi^2}{8} = 2\pi$$

ここで (1.30) または第 1 章問題 $[2]$（a）を用いた.
次に例 4 について.

$$\langle f|f \rangle = \frac{1}{4}\int_{-\pi}^{\pi} x^4 dx = \frac{\pi^5}{10}$$

$$\sum_{n=1}^{\infty} c_n{}^2 = \left(\frac{\pi^2}{6}\sqrt{2\pi}\right)^2 + (2\sqrt{\pi})^2\left(1+\frac{1}{2^4}+\frac{1}{3^4}+\cdots\right) = \frac{\pi^5}{18}+4\pi^4\frac{\pi^4}{90} = \frac{\pi^5}{10}$$

ここで第1章演習問題[3]の $k=4$ についての答を利用した.

[2]　(a) $\displaystyle\int_0^b \cos ax \sin Nx dx = \frac{1}{2}\int_0^b \{\sin(N+a)x + \sin(N-a)x\}dx$

$$= \frac{1}{2}\left\{\frac{1-\cos(N+a)b}{a+N}+\frac{1-\cos(N-a)b}{N-a}\right\} \underset{N\to\infty}{\sim} \frac{1-\cos Nb}{N}$$

(b) $\displaystyle\int_0^b x^n e^{-ax} \sin Nx dx = \left(-\frac{d}{da}\right)^n \int_0^b e^{-ax}\frac{e^{iNx}-e^{-iNx}}{2i}dx$

$$= \left(-\frac{d}{da}\right)^n \frac{1}{2i}\left\{\frac{e^{(iN-a)b}-1}{iN-a}-\frac{e^{-(iN+a)b}-1}{-iN-a}\right\} \underset{N\to\infty}{\sim} -\frac{b^n}{N}\cos Nb$$

[3]　(a) $y=Nx$ と変数を変換すると

$$C_N \equiv \int_{-b_1}^{b_1} \frac{\sin Nx}{x}dx = \int_{-b_1 N}^{b_1 N} \frac{\sin y}{y}dy$$

となるが, $N\to\infty$ でこの極限は次のように計算できる.

$$\lim_{N\to\infty} C_N = \mathrm{Im}\int_{-\infty}^{\infty} \frac{e^{iy}}{y}dy$$

ここで Im は虚数部のことである. こ
こで複素積分 $0=\displaystyle\int_C \frac{e^{iz}}{z}dz$ を考える.
積分路 C は右図に示してある. $R\to$
∞ では大きな半円周上の積分はゼロ
となり, 原点のまわりの小さな半円
C_ε の半径を ε とすると

$$0 = \int_{C_\varepsilon} \frac{e^{iz}}{z}dz + \int_{-\infty}^{-\varepsilon} \frac{e^{iy}}{y}dy + \int_{\varepsilon}^{\infty}\frac{e^{iy}}{y}dy$$

$\varepsilon\to0$ で右辺第1項は $-i\pi$, 残りの2
つの積分を加えて

$$0 = -i\pi + \lim_{\varepsilon\to0}\left(\int_{-\infty}^{-\varepsilon}+\int_{\varepsilon}^{\infty}\right)\frac{e^{iy}}{y}dy$$

ここで両辺の虚数部をとればよい.

　(b) 積分の区間 $(-b_1, b_1)$ の中に, 被積分関数が ∞ となる点(いまの場合は $x=0$)を
含んでいる. このようなとき, リーマンの補助定理は一般には成立しない.

[4]　(a) $f(x)$ を任意関数として, $x=0$ を含む領域 (A, B) での積分

$$\int_A^B f(x)\delta(ax)dx = \int_{A/a}^{B/a} f\left(\frac{y}{a}\right)\delta(y)dy\frac{1}{a}$$

を考える. ここで公式(2.72)を用いるが, a の正負によって積分の上限, 下限の符号が変わることに注意すると, 右辺は $\frac{1}{|a|}f(0)$ となる. これは $\frac{1}{|a|}\int_A^B f(x)\delta(x)dx$ と同じものである.

(b) 2点 $x=a$, $x=b$ を含む任意の領域で積分する. 左辺の積分 $\int f(x)\delta((x-a)(x-b))dx$ は $x=a$ のまわりの小さな領域の積分と, $x=b$ のまわりの小さな領域の積分の和でおきかえてよい. 前者は右辺第1項, 後者は右辺第2項を与えることを, (a)と同様に示すことができる.

[5] (a) $\delta(x)$ であることを示すには, 与えられた表式が $x\neq0$ で 0, x について $(-\infty,\infty)$ にわたる積分が 1 であることを示せばよい. この問題では $\lim_{\alpha\to\infty}e^{-\alpha x^2}=0$ $(x\neq 0)$ は明らか. さらにガウス積分の公式から

$$\sqrt{\frac{\alpha}{\pi}}\int_{-\infty}^{\infty}e^{-\alpha x^2}dx = 1.$$

(b) 等比級数の公式から

$$\sum_{r=-n}^{n}e^{i2\pi rx} = \frac{e^{-i2\pi nx}-e^{i2\pi(n+1)x}}{1-e^{i2\pi x}} = \frac{\sin(2n+1)\pi x}{\sin\pi x} \equiv C(x)$$

$\int_B^A f(x)C(x)dx$ を考える. ただし $|A|<1/2$, $|B|<1/2$. $-1/2<x<1/2$ で $\sin\pi x$ が $x=0$ に零点をもっていることに注意すると, 区間 (B,A) が $x=0$ を含まなければ, この積分は $n\to\infty$ でゼロとなる(リーマンの補助定理). $x=0$ を含んだ次の積分を考えよう.

$$\int_{-A}^{A}\frac{\sin(2n+1)\pi x}{\sin\pi x}dx = \frac{1}{\pi}\int_{-K}^{K}\frac{\sin y}{\sin\dfrac{y}{2n+1}}\frac{dy}{2n+1}$$

ここで $(2n+1)\pi x=y$, $K=(2n+1)\pi A$ とおいた. $n\to\infty$ で $\sin\dfrac{y}{2n+1}\sim\dfrac{y}{2n+1}$ と近似できて, この積分は

$$\frac{1}{\pi}\int_{-\infty}^{\infty}\frac{\sin y}{y}dy = 1$$

となる.

第3章

[1] (a) $$F(\omega) = \frac{1}{\sqrt{2\pi}}\int_{-\infty}^{\infty}\frac{e^{i\omega x}}{\sqrt{|x|}}dx = \frac{2}{\sqrt{2\pi}}\int_0^{\infty}\frac{\cos\omega x}{\sqrt{x}}dx$$

$\omega\geqq0$ と仮定し $\omega x=y^2$ と変換して

$$F(\omega) = \frac{4}{\sqrt{2\pi\omega}}\int_0^\infty \cos y^2 dy = \frac{4}{\sqrt{2\pi\omega}}\frac{1}{2}\sqrt{\frac{\pi}{2}} = \frac{1}{\sqrt{\omega}}$$

$\omega<0$ のときも同様に計算し，合わせるとすべての ω で

$$F(\omega) = \frac{1}{\sqrt{|\omega|}}$$

$f(x)$ と $F(\omega)$ は同じ形であるので，逆変換すればもとへ戻ることは，計算するまでもないであろう．

　（b）　$F(\omega) = \frac{1}{\sqrt{2\pi}}\int_{-\infty}^\infty \frac{xe^{i\omega x}}{1+x^2} dx$

$\omega \geqq 0$ とすると，右図のように上半平面の半径 R の大円を加えた積分路 C_R をとることができる．最後に $R\to\infty$ とする．

$$F(\omega) = \lim_{R\to\infty}\frac{1}{\sqrt{2\pi}}\int_{C_R}\frac{ze^{i\omega z}}{1+z^2}dz$$

ここで $z=i$ の留数を計算し

$$F(\omega) = \frac{1}{\sqrt{2\pi}}ie^{-\omega}2\pi i\frac{1}{2i} = i\sqrt{\frac{\pi}{2}}e^{-\omega}$$

$\omega<0$ では z の下半平面の大円を加えて $z=-i$ の留数で積分が決まる．

$$F(\omega) = (-i)e^\omega(-2\pi i)\frac{1}{-2i} = -i\sqrt{\frac{\pi}{2}}e^\omega$$

$\omega\geqq 0$, $\omega<0$ をまとめて

$$F(\omega) = (\text{sign }\omega)i\sqrt{\frac{\pi}{2}}e^{-|\omega|}$$

ただし sign ω は ω の符号を意味する．

　逆変換は

$$\frac{1}{\sqrt{2\pi}}\int_{-\infty}^\infty F(\omega)e^{-i\omega x}d\omega = \frac{i}{\sqrt{2\pi}}\sqrt{\frac{\pi}{2}}\left(\int_0^\infty e^{-\omega-i\omega x}d\omega - \int_{-\infty}^0 e^{\omega-i\omega x}d\omega\right)$$

$$= \frac{i}{2}\left(\frac{1}{1+ix}-\frac{1}{1-ix}\right) = \frac{x}{1+x^2} = f(x)$$

　[2]　与えられた積分を

$$f_\varepsilon(t) = -\frac{1}{2\pi}\fint_{-\infty}^\infty \frac{\cos\omega t-\cos\nu t}{\omega^2-\nu^2}d\omega$$

の極限として定義する．ここで $\fint_{-\infty}^\infty d\omega$ は ε を小さな正の数として，$-\infty<\omega<\infty$ から

$\nu-\varepsilon<\omega<\nu+\varepsilon$ と $-\nu-\varepsilon<\omega<-\nu+\varepsilon$ の領域を除いた積分とする. 最後に ε →0 とする.

まず $t>0$ として次のような複素積分を考える. ただし積分路 C は右図のようにとる. $\omega=\pm\nu$ の点は, 小さな上半面の半円 $C_\varepsilon{}^\pm$ を用いて避けてある. $R\to\infty$ をとると大円からの寄与は消える.

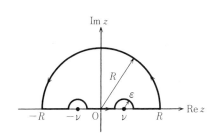

$$0 = \lim_{R\to\infty}\frac{-1}{2\pi}\int_C\frac{e^{izt}-\cos\nu t}{z^2-\nu^2}dz = f_\varepsilon(t)-\frac{1}{2\pi}\sum_{\alpha=\pm}\int_{C_\varepsilon{}^\alpha}\frac{e^{izt}-\cos\nu t}{z^2-\nu^2}dz$$

$$= f_\varepsilon(t)-\frac{1}{4\pi\nu}\{-\pi i(e^{i\nu t}-\cos\nu t)-(-\pi i)(e^{-i\nu t}-\cos\nu t)\}$$

$$= f_\varepsilon(t)-\frac{\pi}{2\nu}\sin\nu t$$

ここで $e^{izt}=\cos zt+i\sin zt$ としたとき, $i\sin zt$ は z について奇関数なので, 積分には効かないことを用いた. $\varepsilon\to0$ として望む積分を得る.

$t<0$ では大円を下半平面にとればよい.

[3] (a)
$$\int_{-\infty}^\infty f^2(x)dx = \int_{-\infty}^\infty\frac{x^2}{(1+x^2)^2}dx = \frac{1}{2}\int_0^\infty\frac{x\cdot 2x}{(1+x^2)^2}dx$$

$$= \frac{1}{2}\int_{-\infty}^\infty\frac{1}{1+x^2}dx = \frac{\pi}{2}$$

上の[1](b)の結果を用いて

$$\int_{-\infty}^\infty|F(\omega)|^2d\omega = 2\cdot\frac{\pi}{2}\int_0^\infty e^{-2\omega}d\omega = \frac{\pi}{2}$$

(b)
$$\int_{-\infty}^\infty f^2(x)dx = 2\int_0^\infty e^{-2ax}dx = \frac{1}{a}$$

$$\int_{-\infty}^\infty F^2(\omega)d\omega = \frac{1}{2\pi}\int_{-\infty}^\infty\frac{4a^2}{(\omega^2+a^2)^2}d\omega$$

複素 ω 平面の下半平面に大円をつけ加えて, $\omega=-ia$ の留数を計算する.

$$\int_{-\infty}^\infty F^2(\omega)d\omega = \frac{4a^2}{2\pi}\Big(-\frac{\partial}{\partial a^2}\Big)\int_{-\infty}^\infty\frac{d\omega}{\omega^2+a^2} = \frac{1}{a}$$

[4]
$$F(\omega) = 2\pi\sum_{n=\pm1,\pm2,\cdots}c_n\delta\Big(\omega-\frac{n\pi}{L}\Big) = \frac{2\pi}{2L}\sum_{n=\pm1,\pm2,\cdots}2Lc_n\delta\Big(\omega-\frac{n\pi}{L}\Big)$$

$$\xrightarrow[L \to \infty]{} \int d\omega'\, 2\pi i\delta'(\omega')\delta(\omega-\omega') = 2\pi i\delta'(\omega)$$

ここで(3.49)を用いた.

[5] 形式的に次のように考えることができる.

$$\int_{-\infty}^{\infty} f^2(x)dx = \int_{-\infty}^{\infty} x^{2n}dx = \left(\frac{\partial}{i\partial\omega}\right)^{2n}\int_{-\infty}^{\infty} e^{i\omega x}dx\bigg|_{\omega=0} = 2\pi(-1)^n\delta^{(2n)}(\omega)\bigg|_{\omega=0}$$

ただし $\delta^{(n)}(\omega)\equiv\dfrac{d^n}{d\omega^n}\delta(\omega)$ である. 一方

$$\int_{-\infty}^{\infty} |F(\omega)|^2 d\omega = 2\pi\int_{-\infty}^{\infty}\delta^{(n)}(\omega)\delta^{(n)}(\omega)d\omega = 2\pi(-1)^n\delta^{(2n)}(\omega)\bigg|_{\omega=0}$$

ここで公式

$$\int_{-\infty}^{\infty} f(\omega)\delta^{(n)}(\omega)d\omega = (-1)^n f^{(n)}(0)$$

を用いた.

第4章

[1] (a) $f(x)=e^{-x^2/2}H_n(x)$, $f'(x)=-xf(x)+e^{-x^2/2}H_n'(x)$, $f''(x)=-f(x)-xf'(x)-xe^{-x^2/2}H_n'(x)+e^{-x^2/2}H_n''(x)$ を $f(x)$ の微分方程式に代入すれば, $H_n(x)$ の微分方程式の形が与式と一致することが分かる.

(b) 本文4-4節の議論に従う. 任意のベクトル $\langle x|$ との内積をとって

$$\frac{1}{2}\langle x|(P^2+Q^2)|f\rangle = \frac{1}{2}\int dx'\langle x|(P^2+Q^2)|x'\rangle\langle x'|f\rangle$$
$$= \frac{1}{2}\left(-\frac{d^2}{dx^2}+x^2\right)\langle x|f\rangle$$
$$\frac{1}{2}\langle x|(P^2+2iQP)|H_n\rangle = \frac{1}{2}\int dx'\langle x|(P^2+2iQP)|x'\rangle\langle x'|H_n\rangle$$
$$= \frac{1}{2}\left(-\frac{d^2}{dx^2}+2x\frac{d}{dx}\right)\langle x|H_n\rangle$$

が成立する.

[2] (a) P と Q の交換関係(4.136)を用いて

$$[a,a^\dagger] = \left(\frac{1}{\sqrt{2}}\right)^2[Q+iP,Q-iP] = \frac{-i}{2}[Q,P]+\frac{i}{2}[P,Q] = \frac{i}{2}\times 2[P,Q] = i\frac{1}{i} = I$$

$P=\dfrac{1}{\sqrt{2}\,i}(a-a^\dagger)$, $Q=\dfrac{1}{\sqrt{2}}(a+a^\dagger)$ より

$$\frac{1}{2}(P^2+Q^2) = \frac{1}{2}\left\{\frac{-1}{2}(a-a^\dagger)^2+\frac{1}{2}(a+a^\dagger)^2\right\} = \frac{1}{2}(aa^\dagger+a^\dagger a)$$

ところが上の結果から $aa^\dagger=a^\dagger a+I$. よって

$$\frac{1}{2}(P^2+Q^2) = a^\dagger a+\frac{1}{2}$$

（b）まず $n\geqq0$ である．なぜなら，与式と $|n\rangle$ の内積をとると $n=\langle n|a^\dagger a|n\rangle\equiv\langle f|f\rangle$ $\geqq0$（ただし $|f\rangle=a|n\rangle$ とおいた）となるから．さて次の量を計算してみる．

$$a^\dagger aa|n\rangle = aa^\dagger a|n\rangle+[a^\dagger a,a]|n\rangle$$

さて右辺第1項は $na|n\rangle$ となる．第2項は

$$a^\dagger aa-aa^\dagger a = (aa^\dagger-1)a-aa^\dagger a = -a$$

よって $a^\dagger aa|n\rangle=(n-1)a|n\rangle$．これは $a|n\rangle$ が $a^\dagger a$ の固有値 $n-1$ の固有ベクトルであることを示している．同様に $a^m|n\rangle$ は $a^\dagger a$ の固有値 $n-m$ の固有ベクトルである．ところが $a^\dagger a$ のすべての固有値は負にはなり得ないので，$n-m$ はある非負の整数 m でゼロにならなければいけない．つまり n は非負の整数である．このことは次のように確かめられる．$n=0$ に対しては $a^\dagger a|0\rangle=0$，よって $0=\langle0|a^\dagger a|0\rangle\equiv\langle g|g\rangle$（ただし $|g\rangle$ $=a|0\rangle$ とおいた）．これから $|g\rangle=0$．よって $m>n$ に対しては $a^m|n\rangle=0$．

同種の手法と $[a^\dagger a,a^\dagger]=a^\dagger$ を用いると，$a^\dagger|n\rangle$ は $a^\dagger a$ の固有値 $n+1$ の固有ベクトルであることがいえる．規格化条件 $\langle n|n\rangle=1$ を課すと，$|n\rangle=\frac{1}{\sqrt{n!}}(a^\dagger)^n|0\rangle$ は $a^\dagger a$ の固有値 n（ただし $n=0,1,2,\cdots$）の固有ベクトルであることが分かる．

（c）
$$0 = \langle x|a|0\rangle = \frac{1}{\sqrt{2}}\langle x|(Q+iP)|0\rangle = \frac{1}{\sqrt{2}}\int dx'\langle x|(Q+iP)|x'\rangle\langle x'|0\rangle$$
$$= \frac{1}{\sqrt{2}}\int dx'\Big\{x\delta(x-x')+i\cdot\frac{\partial}{i\partial x}\delta(x-x')\Big\}f(x')$$
$$= \frac{1}{\sqrt{2}}\Big(xf(x)+\frac{d}{dx}f(x)\Big)$$

ここで $\langle x|f\rangle=f(x)$ とおいた．これを解いて規格化条件を課すと，$f(x)$ が決まる．

（d）$n=1$ とおくと

$$\langle x|1\rangle = \langle x|a^\dagger|0\rangle = \frac{1}{\sqrt{2}}\int dx'\langle x|(Q-iP)|x'\rangle\langle x'|0\rangle$$

と書きなおして（c）で行なった方法を用いて，$\langle x|0\rangle$ を代入して計算すればよい．$n=2$ では

$$\langle x|2\rangle = \frac{1}{\sqrt{2}}\langle x|a^\dagger a^\dagger|0\rangle = \frac{1}{\sqrt{2}}\int dx'\langle x|a^\dagger|x'\rangle\langle x'|a^\dagger|0\rangle$$

として，$n=1$ で得た $\langle x|a^\dagger|0\rangle$ を代入すればよい．

[3] （a）$a|z\rangle=z|z\rangle$ より

$$\frac{1}{\sqrt{2}}\langle x|(Q+iP)|z\rangle = z\langle x|z\rangle$$

左辺は前問[2]の(c)と同様の手法で

$$\frac{1}{\sqrt{2}}\int dx'\langle x|(Q+iP)|x'\rangle\langle x'|z\rangle = \frac{1}{\sqrt{2}}\left(x+\frac{d}{dx}\right)\langle x|z\rangle$$

となり，$\langle x|z\rangle$ に対する微分方程式を得る．これを解いて

$$\langle x|z\rangle = N\exp\left[-\left(\frac{x}{\sqrt{2}}-z\right)^2\right]$$

(b) $\langle z|\frac{1}{2}(P^2+Q^2)|z\rangle = \langle z|\left(a^\dagger a+\frac{1}{2}\right)|z\rangle$. ここで $a|z\rangle = z|z\rangle$, $\langle z|a^\dagger = z^*\langle z|$ を用いると

$$\langle z|\frac{1}{2}(P^2+Q^2)|z\rangle = \left(|z|^2+\frac{1}{2}\right)\langle z|z\rangle = \left(|z|^2+\frac{1}{2}\right)e^{-|z|^2}$$

[4] (a) $\langle x_1,x_2|$ との内積をとって

$$\langle x_1,x_2|\frac{1}{2}\boldsymbol{P}^2|f\rangle = \lambda\langle x_1,x_2|f\rangle$$

左辺は

$$\frac{1}{2}\iint dx_1'dx_2'\langle x_1,x_2|(P_1^2+P_2^2)|x_1',x_2'\rangle\langle x_1',x_2'|f\rangle$$

ここで

$$\langle x_1,x_2|P_1^2|x_1',x_2'\rangle$$
$$= \iint dx_1''dx_2''\langle x_1,x_2|P_1|x_1'',x_2''\rangle\langle x_1'',x_2''|P_1|x_1',x_2'\rangle$$
$$= \int dx_1''\int dx_2''\frac{1}{i}\frac{\partial}{\partial x_1}\delta(x_1-x_1'')\delta(x_2-x_2'')\frac{1}{i}\frac{\partial}{\partial x_1''}\delta(x_1''-x_1')\delta(x_2''-x_2')$$
$$= \delta(x_2-x_2')\frac{1}{i^2}\frac{\partial^2}{\partial x_1^2}\delta(x_1-x_1')$$

を用いて

$$\frac{1}{2}\left(-\frac{\partial^2}{\partial x_1^2}-\frac{\partial^2}{\partial x_2^2}\right)\langle x_1,x_2|f\rangle = \lambda\langle x_1,x_2|f\rangle$$

を得る．

(b) $$-\frac{1}{2}\left(\frac{\partial^2}{\partial r^2}+\frac{1}{r}\frac{\partial}{\partial r}+\frac{1}{r^2}\frac{\partial^2}{\partial\theta^2}\right)\langle x_1,x_2|f\rangle = \lambda\langle x_1,x_2|f\rangle$$

(c) $\langle x_1,x_2|f\rangle = g(r)h(\theta)$ を代入して，両辺を $\frac{g(r)h(\theta)}{2r^2}$ で割ると

$$-\frac{r^2}{g(r)}\left(\frac{d^2}{dr^2}+\frac{1}{r}\frac{d}{dr}\right)g(r)-2\lambda r^2 = \frac{1}{h(\theta)}\frac{d^2h(\theta)}{d\theta^2}$$

ここで左辺は r のみの関数，右辺は θ のみの関数であるから，矛盾がないためには，両辺とも定数（$-m^2$ とする）でなければならない．よって

$$\begin{cases} \dfrac{d^2 h(\theta)}{d\theta^2} = -m^2 h(\theta) \\ \left(\dfrac{d^2}{dr^2} + \dfrac{1}{r}\dfrac{d}{dr}\right)g(r) + \left(2\lambda - \dfrac{m^2}{r^2}\right)g(r) = 0 \end{cases}$$

を得る．第1式から $h(\theta) = e^{im\theta}$．ここで $h(\theta)$ が1価関数であることを要求して $h(\theta + 2\pi) = h(\theta)$．このことから $m = 0, \pm 1, \pm 2, \cdots$ と求まる．$z = \sqrt{2\lambda}\,r$ とおくと，第2式は $J_m(z)$ の定義式に一致することが分かる．

第5章

[1] 公式 $\sin A \sin B = \dfrac{1}{2}(\cos(A - B) - \cos(A + B))$ を用いて

$$G(t, \xi) = -\frac{2L}{2\pi^2}\frac{1}{2}\sum_{m = \pm 1, \pm 2, \cdots}\frac{1}{m^2}\left\{e^{-i\frac{m\pi}{L}(t-\xi)} - e^{-i\frac{m\pi}{L}(t+\xi-2a)}\right\}$$

この表式で $\sin$ の部分は，m についてプラスの項とマイナスの項とが打ち消し合ってゼロとなっている．z が整数 l の付近で

$$\frac{i\pi e^{i(2z+1)\pi}}{e^{i(2z+1)\pi} + 1} \sim \frac{1}{2(z-l)}$$

のように振舞うので，

$$G(t, \xi) = -\frac{2L}{2\pi^2}\frac{2}{2\pi i}\int_C \frac{i\pi e^{i(2z+1)\pi}}{e^{i(2z+1)\pi} + 1}\left\{e^{-i\frac{z\pi}{L}(t-\xi)} - e^{-i\frac{z\pi}{L}(t+\xi-2a)}\right\}\frac{dz}{z^2}$$

ここで積分路 C は図 5-A に示してある．

まず $t > \xi$ とする．このとき図 5-B のように，C に C_1, C_2 を付け加えてもよいことが

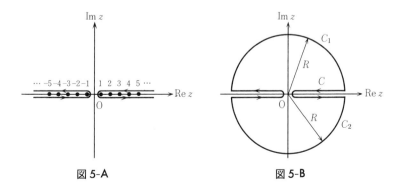

図 5-A   図 5-B

次のようにして分かる．C_1 上では

$$\begin{cases} e^{i(2z+1)\pi}e^{-i\frac{z\pi}{L}(t-\xi)} = e^{i\pi z\left(2-\frac{t-\xi}{L}\right)}e^{i\pi} \xrightarrow[R\to\infty]{} 0 \\[2mm] e^{i(2z+1)\pi}e^{-i\frac{z\pi}{L}(t+\xi-2a)} = e^{i\frac{2\pi z}{L}\left(L-\frac{t+\xi}{2}+a\right)}e^{i\pi} \xrightarrow[R\to\infty]{} 0 \end{cases}$$

C_2 上では

$$\frac{e^{i(2z+1)\pi}}{e^{i(2z+1)\pi}+1} \xrightarrow[R\to\infty]{} 1, \quad e^{-i\frac{z\pi}{L}(t-\xi)} \xrightarrow[R\to\infty]{} 0, \quad e^{-i\frac{z\pi}{L}(t+\xi-2a)} \xrightarrow[R\to\infty]{} 0$$

ここで閉曲線 $C+C_1+C_2$ の中の特異点は原点のみであることに着目し，そこでの留数を計算すれば望みの答が得られる．

$t<\xi$ のときは $G(t,\xi)$ の出発の式で $e^{-i\frac{m\pi}{L}(t-\xi)}$ を $e^{-i\frac{m\pi}{L}(\xi-t)}$ とすると都合がよい．

[2] 公式 $\sin\omega(t-a)=\sin\omega t\cos\omega a-\sin\omega a\cos\omega t$ を用いて

$$\int_a^b G(t,\xi)f(\xi)d\xi = \frac{-1}{\omega\sin\omega L}\{A\sin\omega t+B\cos\omega t\}$$

$$\begin{aligned} A &= \cos\omega a\int_t^b \sin\omega(b-\xi)f(\xi)d\xi - \cos\omega b\int_a^t \sin\omega(\xi-a)f(\xi)d\xi \\ &= \cos\omega a\int_a^b \sin\omega(b-\xi)f(\xi)d\xi + \int_a^t\{-\cos\omega a\sin\omega(b-\xi) \\ &\quad -\cos\omega b\sin\omega(\xi-a)\}f(\xi)d\xi \\ &= \cos\omega a\int_a^b \cos\omega(b-\xi)f(\xi)d\xi - \sin\omega(b-a)\int_a^t \cos\omega\xi f(\xi)d\xi \end{aligned}$$

右辺第 1 項は t によらない定数であるので，C' と一緒にできる．それを C と書く．B についても同様に計算して，合わせると(5.31)と一致する．

[3] (a) $u(x,t)$ の 2 重フーリエ変換

$$u(x,t) = \left(\frac{1}{2\pi}\right)^2 \iint e^{i\omega t+ikx}g(k,\omega)dkd\omega$$

を問題の偏微分方程式に代入して

$$\iint e^{i\omega t+ikx}i(\omega-k)g(k,\omega)dkd\omega = 0$$

これがすべての t,x について成り立つことから，$(\omega-k)g(k,\omega)=0$．よって

$$g(k,\omega) = 2\pi\delta(\omega-k)H(k)$$

と書ける．$H(k)$ は k のみの，ある関数である．これより

$$u(x,t) = \frac{1}{2\pi}\int e^{ik(t+x)}H(k)dk \equiv h(t+x)$$

ここで $H(k)$ と $h(t+x)$ は互いにフーリエ変換の関係にある．$t=0$ とおいて $u(x,0)=$

$f(x) = h(x)$. よって求める答は

$$u(x, t) = f(x+t)$$

（b）上の（a）と同様にして

$$\left(\frac{\omega^2}{v^2} - k^2\right) g(k, \omega) = 0$$

を得る. $g(k, \omega)$ は $\omega = \pm kv$ でのみゼロでない値をもつ. $A(k), B(k)$ を k のある関数として

$$g(k, \omega) = 2\pi\delta(\omega - kv)A(k) + 2\pi\delta(\omega + kv)B(k)$$

と書ける. よって

$$u(x, t) = \frac{1}{2\pi}\int e^{ik(vt+x)}A(k)dk + \frac{1}{2\pi}\int e^{-ik(vt-x)}B(k)dk$$

$$t = 0 \text{ で} \qquad u(x, 0) = f(x) = \frac{1}{2\pi}\int e^{ikx}A(k)dk + \frac{1}{2\pi}\int e^{ikx}B(k)dk$$

$f(x)$ のフーリエ変換を $F(k)$ と書くと

$$\int e^{ikx}(F(k) - A(k) - B(k))dk = 0$$

これがすべての x について成立するので

$$F(k) - A(k) - B(k) = 0$$

同様に

$$\left.\frac{\partial u(x, t)}{\partial t}\right|_{t=0} = g(x) = iv\frac{1}{2\pi}\int e^{ikx}kA(k)dk - iv\frac{1}{2\pi}\int e^{ikx}kB(k)dk$$

$$\therefore \quad G(k) - ikv(A(k) - B(k)) = 0$$

ここで $G(k)$ は $g(x)$ のフーリエ変換である. これらのことから

$$A(k) = \frac{1}{2}\left(F(k) + \frac{G(k)}{ikv}\right), \qquad B(k) = \frac{1}{2}\left(F(k) - \frac{G(k)}{ikv}\right)$$

よって

$$u(x, t) = \frac{1}{2}\frac{1}{2\pi}\int e^{ik(vt+x)}\left(F(k) + \frac{G(k)}{ikv}\right)dk + \frac{1}{2}\frac{1}{2\pi}\int e^{-ik(vt-x)}\left(F(k) - \frac{G(k)}{ikv}\right)dk$$

$$= \frac{1}{2}(f(x+vt) + f(x-vt)) + \frac{1}{2v}\int_{x-vt}^{x+vt}g(x')dx'$$

最後の $g(x')$ に関する項は，実際次のように確かめられる.

$$\int_{x-vt}^{x+vt}g(x')dx' = \frac{1}{2\pi}\int_{x-vt}^{x+vt}\int e^{ikx'}G(k)dkdx' = \frac{1}{2\pi}\int \frac{e^{ik(x+vt)} - e^{ik(x-vt)}}{ik}G(k)dk$$

このように（5.89）と一致する答を別の方法で得た.

第6章

[1] θ を図6-Aのようにとって $s=Re^{i\theta}$ とすると，$\dfrac{\pi}{2}\leqq\theta\leqq\dfrac{3}{2}\pi$. $\dfrac{ds}{s}=i\theta$ を用いて

$$M \equiv \frac{1}{2\pi i}\int_{C_2}\frac{e^{sx}}{s}ds = \frac{1}{2\pi}\int e^{xR(\cos\theta+i\sin\theta)}d\theta$$

よって

$$|M| \leqq \frac{1}{2\pi}\int_{\pi/2}^{(3/2)\pi}e^{xR\cos\theta}d\theta$$

$x=\dfrac{\pi}{2},\dfrac{3}{2}\pi$ の近く以外は $R\to\infty$ でゼロになることが分かるが，$\dfrac{\pi}{2},\dfrac{3}{2}\pi$ 近傍を議論するため，$\cos\theta$ の代りに図6-Bのような直線の折れ線関数 $g(\theta)$ を用いる.

$$|M| \leqq \frac{2}{2\pi}\int_{\pi/2}^{\pi}e^{xR\left(1-\frac{2}{\pi}\theta\right)}d\theta = \frac{1}{\pi}\frac{e^{-xR}-1}{-\frac{2}{\pi}xR}\xrightarrow{R\to\infty}\frac{1}{2xR}$$

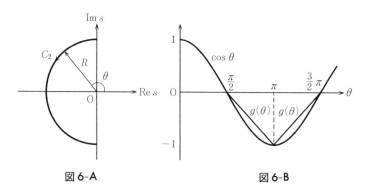

図 6-A　　　　　　　　図 6-B

[2] $x<0$ なら本文の図6-3の大円 $C_R{}'$ を加えてよい. もちろんあとで $R\to\infty$ とする. その結果得られる閉曲線 $C_R+C_R{}'$ の内部には特異点$(s=0)$はないので，積分はゼロとなる. $x>0$ のときは直線 C_1, C_3 と大円 C_2 を加えてよい. 内部に特異点$(s=0)$が含まれるが，そこでの留数を計算すればよい.（$x=0$ では $n=1$ のとき別の考察が必要となるが，積分を実際に計算すると1となる. よってこの問題では $\theta(0)=1$ と定義すればすべての x について公式が使える.）

[3] **(a)** $\quad F(s) = \displaystyle\int_0^\infty e^{-sx}f(x)dx = \int_0^a xe^{-sx}dx = -\frac{a}{s}e^{-sa}-\frac{e^{-sa}-1}{s^2}$

逆変換は

$$\frac{1}{2\pi i}\int_{\gamma-i\infty}^{\gamma+i\infty}e^{sx}\left(-\frac{a}{s}e^{-sa}-\frac{e^{-sa}-1}{s^2}\right)ds = \frac{1}{2\pi i}\int_{\gamma-i\infty}^{\gamma+i\infty}\left(-a\frac{e^{s(x-a)}}{s}-\frac{e^{s(x-a)}}{s^2}+\frac{e^{sx}}{s^2}\right)ds$$

積分はすべて前出の問題[2]の形をしている．その結果，上式は

$$-a\theta(x-a)-(x-a)\theta(x-a)+x\theta(x) = x(\theta(x)-\theta(x-a))$$

となる．

(b) $\displaystyle\int_0^\infty J_0(ax)e^{-sx}dx = \frac{1}{\pi}\int_0^\infty\int_0^\pi e^{iax\cos\theta-sx}dxd\theta = \frac{1}{\pi}\int_0^\pi\frac{-1}{ia\cos\theta-s}d\theta = \frac{1}{\sqrt{a^2+s^2}}$

逆変換は

$$A \equiv \frac{1}{2\pi i}\int_{\gamma-i\infty}^{\gamma+i\infty}\frac{e^{sx}}{\sqrt{a^2+s^2}}ds$$

であるが，$x>0$ として積分路を $\mathrm{Re}\,s<0$ へ移動させる．その結果 $s=\pm ia$ を分岐点とする切断のまわりの積分路 C となる（右図参照）．$s=i\bar{s}=ia\cos\theta$ とおくと

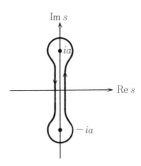

$$\begin{aligned}
A &= \frac{2}{2\pi i}\int_{-a}^a\frac{e^{i\bar{s}x}}{\sqrt{a^2-\bar{s}^2}}id\bar{s}\\
&= \frac{1}{\pi}\int_\pi^0\frac{e^{iax\cos\theta}}{a\sin\theta}(-a\sin\theta)d\theta\\
&= \frac{1}{\pi}\int_0^\pi e^{iax\cos\theta}d\theta = J_0(ax)
\end{aligned}$$

となる．

[4] (a) 両辺に e^{-st} $(s>0)$ を掛けて，t について 0 から ∞ まで積分する．左辺を部分積分して

$$\frac{1}{\lambda}\int_0^\infty e^{-st}\frac{\partial u}{\partial t}dt = -\frac{1}{\lambda}u(x,0)+\frac{1}{\lambda}\int_0^\infty se^{-st}udt = \int_0^\infty e^{-st}\frac{\partial^2 u}{\partial x^2}dt = \frac{\partial^2}{\partial x^2}\int_0^\infty e^{-st}udt$$

$L_u(x,s)=\displaystyle\int_0^\infty e^{-st}u(x,t)dt$ とおくと

$$-\frac{1}{\lambda}f(x)+\frac{s}{\lambda}L_u(x,s) = \frac{\partial^2}{\partial x^2}L_u(x,s)$$

ここで x についてフーリエ変換する．同じ記号 $f(k),L_u(k,s)$ でフーリエ変換を表わすとすると，

$$\left(k^2+\frac{s}{\lambda}\right)L_u(k,s) = \frac{1}{\lambda}f(k)$$

$$\therefore\quad L_u(k,s) = \frac{f(k)}{\lambda k^2+s}$$

フーリエ，ラプラスの両逆変換を行なって

$$u(x,t) = \frac{1}{2\pi i}\frac{1}{2\pi}\int_{\gamma-i\infty}^{\gamma+i\infty}\int_{-\infty}^\infty\frac{e^{ikx}e^{st}}{\lambda k^2+s}f(k)dsdk = \frac{1}{2\pi}\int_{-\infty}^\infty e^{-ikx}e^{-\lambda k^2 t}f(k)dk \qquad (t>0)$$

$$= \frac{1}{2\pi} \iint e^{ikx - \lambda k^2 t} e^{-ikx'} f(x') dx' dk = \sqrt{\frac{1}{4\pi\lambda t}} \int_{-\infty}^{\infty} e^{-(x-x')^2/4\lambda t} f(x') dx'$$

これは(5.104)と一致する.

(b) 上の(a)において $\frac{1}{\lambda} \to -\frac{2mi}{\hbar}$ とおけばよい.

$$\psi(x, t) = \sqrt{\frac{m}{2\pi i \hbar t}} \int_{-\infty}^{\infty} e^{im(x-x')^2/2\hbar t} f(x') dx'$$

(c) 本問も(a)と同様に e^{-st} を掛けて t で積分する. 左辺は

$$\frac{1}{v^2} \int_0^{\infty} e^{-st} \frac{\partial^2 u}{\partial t^2} dt = \frac{1}{v^2}\Big[-g(x) + s\int_0^{\infty} e^{-st}\frac{\partial u}{\partial t} dt \Big] = \frac{1}{v^2}\Big[-g(x) - sf(x) + s^2 \int e^{-st} u dt \Big]$$

よって

$$\frac{1}{v^2}[-g(x) - sf(x)] + \frac{s^2}{v^2} L_u(x, s) = \frac{\partial^2}{\partial x^2} L_u(x, s)$$

$$\therefore \quad L_u(k, s) = \frac{g(k) + sf(k)}{v^2 k^2 + s^2}$$

$$\therefore \quad u(x, t) = \frac{1}{2\pi i} \frac{1}{2\pi} \int_{\gamma-i\infty}^{\gamma+i\infty} \int_{-\infty}^{\infty} \frac{g(k) + sf(k)}{v^2 k^2 + s^2} e^{ikx + st} dk ds$$

s 積分は $s = \pm ivk$ での留数で与えられる. 結果は

$$u(x, t) = \frac{1}{2\pi} \int \frac{e^{ikx}}{2ivk} [(g(k) + ivkf(k)) e^{ivkt} - (g(k) - ivkf(k)) e^{-ivkt}] dk$$

$$= \frac{1}{2}(f(x+vt) + f(x-vt)) + \frac{1}{2v} \int_{x-vt}^{x+vt} g(x') dx'$$

最後の等式については5章の演習問題[3](b)を参照. このようにしてふたたび(5.89)に到達した.

索　引

福田礼次郎

1944年東京都に生まれる. 1967年東京大学理学部物理学科卒業. 1972年東京大学大学院理学系研究科物理学専攻博士課程修了. 京都大学基礎物理学研究所助手, 慶應義塾大学理工学部助教授, 同教授を歴任. 現在慶應義塾大学名誉教授. この間, ヨーロッパ合同原子核研究機構(CERN)客員研究員, フェルミ国立加速器研究所客員研究員などを務める. 理学博士.
専攻, 場の理論
著書:『マクロ系の量子力学』(丸善)

理工系の基礎数学 新装版
フーリエ解析

1997 年 1 月 28 日	第 1 刷発行
2012 年 6 月 5 日	第 8 刷発行
2022 年 11 月 9 日	新装版第 1 刷発行

著　者　福田礼次郎

発行者　坂本政謙

発行所　株式会社 岩波書店
〒101-8002 東京都千代田区一ツ橋 2-5-5
電話案内 03-5210-4000
https://www.iwanami.co.jp/

印刷製本・法令印刷

吉川圭二・和達三樹・薩摩順吉 編

理工系の基礎数学[新装版]

A5 判並製（全 10 冊）

理工系大学 1〜3 年生で必要な数学を，現代的視点から全 10 巻にまとめた．物理を中心とする数理科学の研究・教育経験豊かな著者が，直観的な理解を重視してわかりやすい説明を心がけたので，自力で読み進めることができる．また適切な演習問題と解答により十分な応用力が身につく．「理工系の数学入門コース」より少し上級．

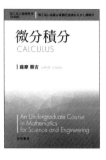

微分積分	薩摩順吉	248 頁	定価 3630 円
線形代数	藤原毅夫	240 頁	定価 3630 円
常微分方程式	稲見武夫	248 頁	定価 3630 円
偏微分方程式	及川正行	272 頁	定価 4070 円
複素関数	松田　哲	224 頁	定価 3630 円
フーリエ解析	福田礼次郎	240 頁	定価 3630 円
確率・統計	柴田文明	240 頁	定価 3630 円
数値計算	髙橋大輔	216 頁	定価 3410 円
群と表現	吉川圭二	264 頁	定価 3850 円
微分・位相幾何	和達三樹	280 頁	定価 4180 円

━━━━━ 岩 波 書 店 刊 ━━━━━

定価は消費税 10% 込です
2022 年 11 月現在

戸田盛和・広田良吾・和達三樹 編
理工系の数学入門コース
A5 判並製（全 8 冊）　　　　　［新装版］

学生・教員から長年支持されてきた教科書シリーズの新装版．理工系のどの分野に進む人にとっても必要な数学の基礎をていねいに解説．詳しい解答のついた例題・問題に取り組むことで，計算力・応用力が身につく．

微分積分	和達三樹	270 頁	定価 2970 円
線形代数	戸田盛和 浅野功義	192 頁	定価 2750 円
ベクトル解析	戸田盛和	252 頁	定価 2860 円
常微分方程式	矢嶋信男	244 頁	定価 2970 円
複素関数	表　実	180 頁	定価 2750 円
フーリエ解析	大石進一	234 頁	定価 2860 円
確率・統計	薩摩順吉	236 頁	定価 2750 円
数値計算	川上一郎	218 頁	定価 3080 円

戸田盛和・和達三樹 編
理工系の数学入門コース／演習［新装版］
A5 判並製（全 5 冊）

微分積分演習	和達三樹 十河　清	292 頁	定価 3850 円
線形代数演習	浅野功義 大関清太	180 頁	定価 3300 円
ベクトル解析演習	戸田盛和 渡辺慎介	194 頁	定価 3080 円
微分方程式演習	和達三樹 矢嶋　徹	238 頁	定価 3520 円
複素関数演習	表　実 迫田誠治	210 頁	定価 3300 円

──────── 岩波書店刊 ────────
定価は消費税 10% 込です
2022 年 11 月現在

長岡洋介・原康夫 編

岩波基礎物理シリーズ[新装版]

A5 判並製（全 10 冊）

理工系の大学 1〜3 年向けの教科書シリーズ
の新装版．教授経験豊富な一流の執筆者が数
式の物理的意味を丁寧に解説し，理解の難所
で読者をサポートする．少し進んだ話題も工
夫してわかりやすく盛り込み，応用力を養う
適切な演習問題と解答も付した．コラムも楽
しい．どの専門分野に進む人にとっても「次
に役立つ」基礎力が身につく．

力学・解析力学	阿部龍蔵	222 頁	定価 2970 円
連続体の力学	巽　友正	350 頁	定価 4510 円
電磁気学	川村　清	260 頁	定価 3850 円
物質の電磁気学	中山正敏	318 頁	定価 4400 円
量子力学	原　康夫	276 頁	定価 3300 円
物質の量子力学	岡崎　誠	274 頁	定価 3850 円
統計力学	長岡洋介	324 頁	定価 3520 円
非平衡系の統計力学	北原和夫	296 頁	定価 4620 円
相対性理論	佐藤勝彦	244 頁	定価 3410 円
物理の数学	薩摩順吉	300 頁	定価 3850 円

―――――― 岩波書店刊 ――――――

定価は消費税 10% 込です
2022 年 11 月現在